多種共存の森

1000年続く森と林業の恵み

清和研二

築地書館

まえがき

老熟した天然林の調査によくでかける。一つは森が創られる仕組みを明らかにするためである。もう一つの理由は、太い木々に囲まれると気分が妙に落ち着くからである。最近、よく行くのが岩手と宮城の県境にある自鏡山（じきょうさん）というピラミッド型の小さな山である。そこに残された森に一歩足を踏み入れると、まさに別世界である。巨木たちが天を衝いて聳（そび）え立っている。一番太そうに見えるブナとコナラの胸の高さでの直径を測ってみたところ、それぞれ一・三m、一・四mもあった。大人三人が手をつないでやっと抱えるほどの太さである。それだけでない。森の中を歩くと直径一mほどのイヌブナ、イタヤカエデ、イヌシデ、ハリギリ、ケヤキなどが三〇mから四〇mおきに次から次へと現れてくる。まさに巨木の大神殿である。今どき、このような森が残っていること自体が奇跡のように思える。それ以上に、不思議に感じることがある。「そんなに広くもない森の中にいろいろな種類の巨木が共存している」ことである。

普段、我々がよく目にするのはスギやヒノキなどの人工の林だ。一種類の針葉樹が整然と並んでいる光景は、自鏡山などと比べると、まるで畑のようである。身近な里山の広葉樹林も思いのほか単純な構造をしている。炭焼きや椎茸原木などに使うため萌芽更新を繰り返しているので同じサイズのコナラやクヌギが主体になっている。これらの林は欲しい種類の木がなるべくたくさん採れるように、人間が手をかけて誘導するので単純な構造になるのは誰にでも分かる。しかし、人の手が長い間ほとんど入っていない天然林では多くの種が共存しているのはなぜなのだろう。

たまたま偶然に混じり合っているだけなのだろうか。それとも天然林には多くの樹種が混じり合うようになる、なにか「特別な仕組み」が隠されているのだろうか。その仕組みを探ろうと長い間研究してきた。何haもの大きな試験地を作って木の成長や死亡の過程を何年も調べた。また、いろいろな種類の木のタネを播いて発芽した実生（みしょう）がなぜ早く死んだり、大きく成長できたりするのかを調べたりしながら研究を続けてきた。しだいに、森は誰にも見せない精妙な仕組みを少しだけ見せてくれるようになった。最初は、光・水・土壌などの無機的な環境の違いがたくさんの樹種の共存を促すと考えていた。実はそれだけではないことが、近年分かってきた。種子を運ぶネズミや鳥、葉を食べる虫たちや目に見えない菌類などさまざまな生き物たちとの関わりによって、長い時間をかけて多くの樹木が共存する森が創り上げられていることが分かってきた。樹木はさまざまな生物に食べられるだけでなく、それらをうまく利用したり、時には共生しながら生き延び、しだいに大木になっていく。その過程でいろいろな樹種が混じり合った森が創られていくのだ。天然の森が創られていく道筋は一見不可思議だが、長い進化の過程で発達してきた「生き物どうしの精妙な関係」が多種共存の森を創り上げていることが分かってきた。

しかし、このような自然の傑作ともいえる老熟した巨木林はもう日本には数えるほどしかない。古い時代に伐り尽くされた所もあれば、つい最近まで残っていた所もあった。いずれにしても、今の日本には巨木の森はほとんど残っていない。とても残念なことである。天然林を伐採した跡は、不便な奥地ではそのまま放置されたが、ほとんどの場合は針葉樹が植えられていった。もちろん、自鏡山の周囲もすべてスギ人工林である。巨木の森はスギ林の大海に浮かぶ小島のように孤立している。職場から自鏡山までの一時間の道中、車窓に映る風景に広葉樹林は少ない。尾根筋や急な斜面など山の上の方には見られるが、山腹のほとんどはスギの植林地である。このように日本中、色々な種類の木々が複雑に混じり合った天然林があっという間にトウモロコシ畑のような単調な人工林に置き換わったのである。

人工林造成の目的は成長の早い針葉樹を高密度に規則正しく植えることによって、大量の木材を早く収穫することである。しかし、日本中どこを見ても、当初の目的が達成されている林は極めて少ないようである。ほとんどが込み合っている。植えてから一度も間伐がされていないような林も多い。中に入ると真っ暗で、細い木が立ったまま枯れている。雪の重みで重なって倒れている所もある。林床にシダが少し見られる程度でもちろん獣や鳥の気配もない。このように誰も訪れることもなく打ち捨てられた針葉樹人工林が日本中どこに行っても見られるようになった。放置されても所有者が儲からないだけならそれでも仕方ないだろう。しかし、森林には本来、環境を保全するさまざまな公共的なサービス機能がある。したがって、管理せず放置すれば地域の人に有形無形の迷惑をかけることになる。特に込み合った針葉樹人工林では、洪水や渇水を防いだりする機能が格段に落ちていることが報告されている。また根が土壌を縛り土砂の流出を防止する力も落ちている。いわゆる「間伐遅れ」によって森林が本来もつ公益的な機能が大きく劣化しているのである。

どうして日本の森林はこんなことになってしまったのだろう。天然林は伐採され細くみすぼらしいものになっただけでなく、せっかく造った人工林までも放置され病んでいる。戦後長い時間をかけて、人工林における「効率的な木材生産の方法」が研究されてきたはずである。スギやヒノキ、カラマツの成長に適した立地環境が詳しく調べられた。通直で早く大きくなる「精英樹」が選抜、育種され、その効果が膨大な数の検定林で調べられた。太い木を早く収穫するための密度管理の理論や収穫量を予測する数学モデルが発達した。造林木の病虫害防除や気象害の研究も盛んに行われた。針葉樹の植栽・下刈り・間伐・枝打ちなどの保育作業には政府から補助金が出され、産官学こぞって人工林の経営の合理化・効率化のために働いてきた。しかし、膨大な人工林は間伐もされず放置された。これだけ「科学的」にそして「精力的」にやってきたはずなのに。なぜだろう。

人工林が放置されてきたのは経済的なことに原因があると考えられてきた。今でもそうである。安い外材が輸入されるようになると、地形が急峻で伐採・搬出コストの高い国産材は割高で売れないのだという。また、居所の分からない零細な森林所有者が複雑に絡み合っていて土地利用の集約化が進まなかったことも大きな原因だと言われる。したがって、経営の集約化を図り、林道網の整備や高性能大型林業機械の導入が進めば生産効率が上がり外国産材に価格面でも対抗できるようになり、間伐も進み、林業も産業として成り立っていくだろう、というのが大方の意見のようだ。木材を生産する上で林道網の整備や不在地主の解消は必要だろう。しかし、経済的な効率さえ上がれば針葉樹材は売れるようになり間伐も進むのだろうか？　費用対効果を上げることだけで明るい未来が見えるのだろうか？　背後には短期的に経済的「効率を上げる」こと以上にもっと本質的なことがあるような気がする。

そのヒントを、図らずも二〇一一年の東日本大震災の原発事故が教えてくれているような気がする。なぜ、原発なのか？　自然を生かした産業である林業を人工の極致にある原発に例えるのは林業の関係者には申し訳ない。しかし、両者の底に流れるもの、両者の方向性になにか似たようなものを感じるのである。

原子力発電は「発電効率の高さ」を売りにしてきたが実は極めて非効率だということが明白になった。これまで原発は放射性廃棄物の処理や貯蔵にかかる「長期的なコスト」を棚上げにしたまま、「短期的な効率」の高さをアピールしてきた。しかし、福島第一原発は地震と津波でいとも簡単に崩壊し、天文学的な被害をもたらし、汚染された地域の人々の長く続く精神的な苦痛まで含めると、そのコストの高さは計り知れない。どう逆立ちしても効率的だとは言えないことが明らかになった。大地震や大津波といった自然の猛威を甘く見たのは、彼らの科学の体系が「地球の時間」を理解していなかったためであろう。人間の寿命の尺度で測ることが出来ない大きな猛威が自然界では時に起きるのである。森林の調査をしているとそのことが良く分かる。それ以上に問題だと思えるのは「自然界に存在しない毒物を地球という生態系の表層にバラ撒くとどうなるのか」、といった簡単な想像力が欠如していたことである。原発は自然生態系に存在しない毒物を人工的に生み出し、人間をはじめ多くの生物が棲む地球の表層に貯蔵しながら発電するシステムだ。しかし、その毒物は地球生態系が長い進化の上に獲得した環境浄化機能では無毒化できないものなのだ。一旦それが地表面にまき散らされてしまうと人間の力でも生態系の力でも手に負えなくなってしまう。原発の発電システムは物質循環とか食物連鎖といった地球生態系固有のシステムを完全に無視したものなのである。自然生態系の研究者なら常識のことである。このまま毒性の高い廃棄物を作り続け、そして、地球のどこかで「想定外」の天災に見舞われるならば、無毒化されない毒物は生物の棲む地球の表層に広がり蓄積され、生物濃縮により地球生態系全体を汚染し、ひいてはその頂点にある人類そのものが棲めなくなるのは間違いない。原発を地球温暖化防止の切り札のように宣伝してきたが、地球を一つの生態系「エコシステム」として考えるならば、所詮「エコ」ではなかったのだ。地球生態系の環境浄化能力や環境収容力の限界をもうとっくに超えてしまっているにもかかわらず、原発を維持し経済を成長させなければならないといった強迫観念は、どこからくるのであろうか。地球温暖化を防止しつつ経済成長も可能だという「魔法の効率」を実現できると言われてきたのが原発なのである。誰が言ったのか、所詮、そんな都合の良いものではなかったのだ。

まったくの極論で恐縮だが、「短期的には効率的に見えても、長期的に見れば必ずしも効率的ではない」という意味において、林業も同じように思える。今、経済的な効率だけを追ってもモノが売れない時代になりつつある。安ければ買うといった時代から、地球環境や自然生態系と調和した産業でなければモノを買わないといった時代になりつつある。環境と調和しない状況で作られたものを買い続けるならば万物の霊長とはいえ永くは生きていけないのである。特に、「自然」に大きく依存する農林水産業では、そのことに気付き始めている。生産性の向上・効率化を目指すことそれ自体が問題なのではなく、効率化が「自然のメカニズムに沿ったものなのか？」が問題なのである。

特に林業において見習うべき自然のメカニズムは、やはり老熟した天然林が教えてくれるような気がする。もし、本来の森林と呼べるものは「生き物たちの精妙な関係が創り上げる」ものであり、それが「生物社会の論理」であるとすれば、林業のような自然を基軸にした産業もその論理に従った方が安定して持続的な木材生産ができると考えられる。この数十年間、老熟した天然林の精妙な仕組みを知れば知るほど、人工林が何か不安定なものに思えて来たのは多分そういったことが朧(おぼろ)げながら感じられたからなのだろう。もともと、林業という産業は他の産業に比べればあまり人手をかけずに自然の生態系の中で行う産業である。農作物の生産には年に数十回も人手をかける。人工林の下刈りは毎年だが長くても五、六年で済む。間伐は五–一〇年に一度である。一次産業の中でもとびきり自然任せの産業なので、周囲の自然生態系と最も調和した産業であるべきなのだ。

ここで、少し冷静になって考えてみよう。今更、ここで私が主張するまでもなく「林業は自然と調和した産業だ」と良く言われてきた。当たり前のことのように思える。しかし、現実は違うのである。天然林が創り上げられる仕組みが明かされつつあるにもかかわらず、針葉樹人工林の「森づくり」にはほとんど応用されてこなかったのだ。つまり、天然林での研究は人工林を造り管理していくことにはあまり役に立ってこなかったのが事実である。そもそも、畑のような場所で木材を生産する「林業」者にとっては、天然の森が創られる仕組みなぞはもともと何の参考にもならないし、参考にする気もなかったからである。最近では、少なくなった老熟した天然林は保全の対象であり、木材生産を目指す人工林とはそれぞれの目的が全く違うので「両者を同じ土俵に載せる必要がない」と考えるのが大方の意見だろう。別の視点から見れば、多分、森が創られる仕組みがあまり良く分かっていなかったので「仕方がない」面もあっただろう。日本では人工林を造る「造林学」より天然林の仕組みを解明する「森林生態学」の方が後から発達したからである。しかし、この「仕方がない」が日本の林業、いや世界の林業を誤らせた大きな原因だと思えるようになってきた。なぜならば、天然林が創られる仕組みをもし理解したら、今行われている林業がどれくらい自然のメカニズムから大きく掛け離れているのかが納得できるであろうからだ。なぜ、「仕方がない」ではダメなのかを本書を最後まで読んで考えていただきたい。天然林も人工林も同じ森なのである。両者はあまり違い過ぎては良くないのである。

このような意見は経済を知らない自然信奉者の考える極論だ、と相手にしない人も居るだろう。一方、お前の言っていることはなにも目新しいことではない、すでに議論は進んでいると思われる人もいるだろう。なぜならば、森林や林業を巡る動きにも地球環境や自然生態系に配慮する動きが出始めているからである。二〇〇六年から林業白書には、「生物多様性の保全」を森林の役割の第一番目に据え、林野政策の中心課題に据え始めた。さらに、「針広混交林化」という施策も打ち出した。「針葉樹人工林に広葉樹を導入し、多様な種から構成される針広混交林を作ろうとする」もので「広葉樹林化」ともいわれている。例えて言えば、自鏡山周辺のスギ人工林に広葉樹を混ぜて、少しだけ自鏡山のような天然林に近づけようといった試みである。木材生産を人工的なシステムから自然生態系本来のシステムに近づけようとするものである。驚くことに、このような針広混交林化はすでに各地で始まっているのである。

しかし、生物多様性を回復することの「科学的な根拠」はまだ曖昧なままである。ただ時代の流れ、いわゆる「はやり」に乗って皆が同じように動き始めているだけのような気がする。戦後の大面積皆伐とその跡地での単純林造成といった「拡大造林」は、その後の生態系に与える影響などをあまり考慮することなく実行された。そしてその影響の検証も未だに済んでいない。生物多様性の回復も、その根拠の希薄さのまま実行に移されようとしていることにおいては、針葉樹人工林の大造成の時代と基本的には同じことのように思える。拡大造林を押し進めていた時代に職を得て森林科学（林学）や生態学に長年身を置いてきた者として、これまで自分が研究してきたことや見聞きしてきたことを一度振り返って「生物多様性の回復の論拠」を冷静に考える必要があると感じている。

本書では、森林の生物多様性を復元することによって、生態系と調和した林業や森林管理ができるよ

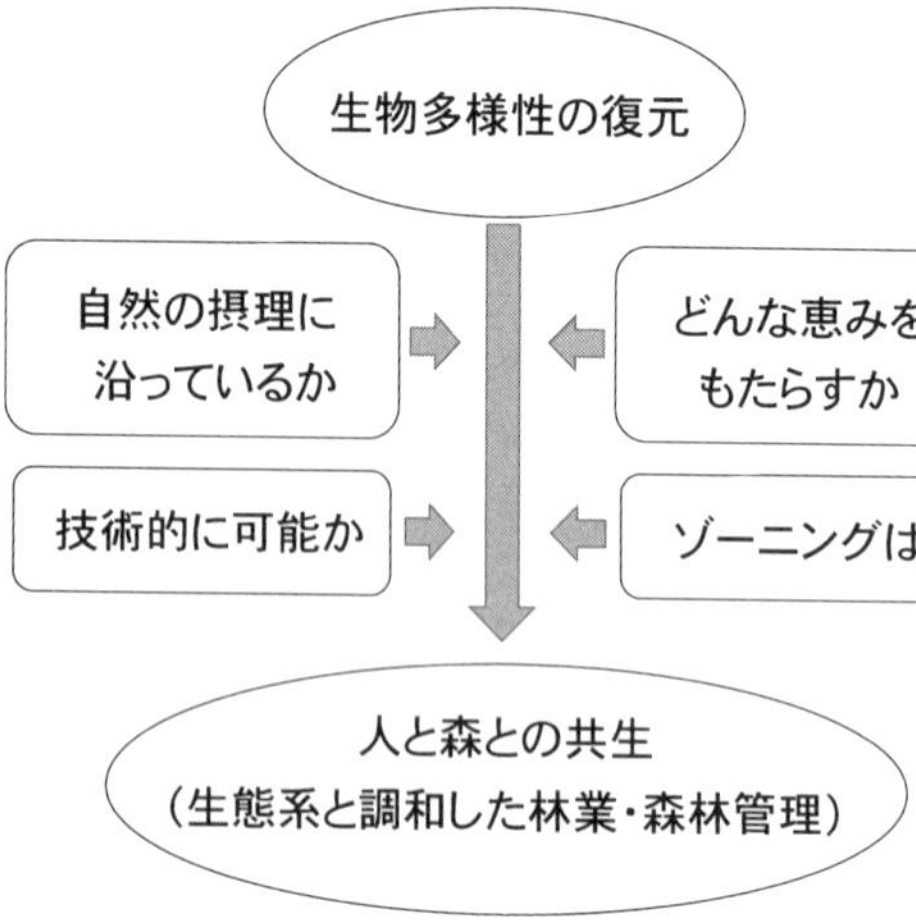

図　生物多様性の復元によって人と森とが共生できるのか？
復元する前に知っておくべきこと、考えるべきこと

うになるのか。そして人間の生活も豊かになり、人と森との共生が実現できるのかを考えてみたい。それには、今、明らかにしておくべきことが幾つかあるように思える（図）。

その第一は、天然の森が創られるメカニズムすなわち、多種共存の森が創られるメカニズムを明らかにすることである。森林は手をかけないで放っておいたら多様な樹種が混じり合うようになるのだろうか？　もし、そうであるならば、多様な種で構成される森林ほど安定し持続すると考えられるので、生物多様性の復元は自然の摂理に沿ったことである。木材生産を目的とする人工林でもそのメカニズムを参考にして森づくりをしていくべきだろう。

本書の第Ⅰ部では、東北や北海道の天然の落葉広葉樹林において種の多様性がどのようにして創られ維持されているのかを見てみたい。想像もつかない

ことが森の中で起きていることに驚かれることだろう。

次に第Ⅱ部では、多様な樹種で構成されている森林は単一種で構成されている林より人間にどんな恵みをもたらすのかを見てみたい。例えば、洪水や渇水を防いだり、水をきれいにしてくれるのだろうか？　病虫害の大発生を抑えることができるであろうか？　また、クマやシカなどの野生動物の被害を減らしてくれるのだろうか？　このような機能は、自然生態系がもつ機能ということで「生態系機能」と呼ばれている。また、生態系から人間へのサービスということで「生態系サービス」とも言われている。ここでは東北大フィールドセンターのスギ人工林に広葉樹を混交させ、種多様性の増加にともなう生態系機能の回復を調べた結果を紹介する。世界に先駆けた画期的な成果をお知らせしたい。他にも目から鱗の興味深い事例がたくさん報告されている。しかし、本書では少しでも私自身が関わったり、直接現場を見たことがある事例をなるべく紹介したい。

生物の多様性には当然ながら目に見える恵みもたくさんある。信州の建具屋さんは百種以上の木々を使って建具・家具を作っている。今まで見向きもされずパルプチップにしか利用されなかった広葉樹も使い、その魅力を存分に引き出している。森の恵みをどう生かせば生活の糧に変えていけるのかを学んでみたい。また、我々の身近にさまざまな樹種が共存する森が見られるようになれば、普段の生活はどう変わるのだろうか？　例えば、食べるものや目にする風景といった、日々の生活にどのような恵みをもたらすのかをさまざまな人の目を通して見直してみたい。

第Ⅲ部では、針葉樹人工林における生物多様性の回復の道筋を考えてみたい。もし、生物多様性の回復が自然のメカニズムに沿ったものであり、また、さまざまな恵みを人間に与えてくれるのであれば、今すぐにでも広葉樹を導入し、生物多様性に富んだ生態系に戻していった方が合理的だろう。しかし、今ある人工林に広葉樹を導入することは技術的に可能なのだろうか？　本書では、なるべく自然の力を利用した天然更新で多種共存の森をつくる方法を探ってみたい。これも東北大のフィールドセンターに一〇年前に造った試験地での観察をもとに考えてみたい。

生物多様性の回復の道筋をつける上で、最も大きな問題はゾーニング（用途による地域区分）である。戦後一〇〇〇万haに急激に広がった針葉樹人工林すべてに広葉樹を導入し針広混交林化するのか？　それとも標高の高い針葉樹が育たない所や奥地の保護林などに限って混交林化し、低山や道路に近い比較的人里に近い所ではあえて混交林化は行わずに針葉樹の「効率的な」生産に目標を絞るのだろうか？　木材生産と生物多様性回復の折り合いをどうつけるのか、そして、どう土地利用区分していくのかは、議論の余地が残る大きな問題だ。ここでは、生態系機能を十分に引き出せるようなゾーニングについて考えてみたい。結論から言えば、生態系機能を十分に引き出すには、むしろ、曖昧なゾーニング、すなわち、境界をはっきりさせないゾーニングの方が良いだろうということである。

最後に、人と森が共生できる社会について考えてみたい。たとえ、生物多様性の回復が森を健全にして生態系機能を高めるとしても、山村で暮らす人間にとってもなにか目に見える形でプラスにならなければ意味がない。多様性の回復から経済的な価値を生み出し、都会で勉強している子どもたちに山村から仕送りができるようになれないものだろうか？　また、どうしたら山村にも若い人たちが永住できるようになれるのかを考えてみたい。

その前に、この本の序章では、我々が失ってしまった太古の森、巨木の森の姿を追ってみたい。これから取り戻そうとする天然の森の姿が見えてくるかもしれない。

目次

まえがき……i

序章　消えた巨木林―生物多様性の喪失―……1

憧れの巨木林……1

単調になった森……6

巨木の森を伐って何を残したのか……14

I部　多種共存の仕組み……19

1章　病原菌が創る種の多様性……21

ジャンゼンが見つけた森の秘密……21

親から離れた子どもだけが大きくなれる……26

どの種も同じ仕組みをもつ……31
親木の下では他種の子どもが生き残る……33
種特異性という不思議……34
真上から降ってくる葉の病気……40
種子散布の進化を促す……43

2章 森を独占したがる種とそれを防ぐメカニズム……46
先駆種は純林をつくる、しかし遷移が進む……46
菌根菌が純林をつくる⁉……48
ブナは森を独り占めしない——地すべりでリセット……53

3章 環境のバラツキが種多様性を創る……62
棲み分ける——ニッチ分化説……62
中庸を旨とする——中規模攪乱説……65

4章　森羅万象が創る多種共存の森……67
最大樹高……67
スーパーマンは居ない——トレードオフという自然界の掟……69
温度や降水量と菌類や植食者との関係……73
自然のメカニズムと森林施業……75

II部　多種共存の恵み……79

5章　生産力を高め、人の生活を守る……84
生産力を高める——草地ではあたりまえ……84
洪水と渇水を減らす——地上と地下の関係……87
水を浄化する……93
害虫の大発生を防ぐ——天敵の常駐……97
病気の蔓延を防ぐ……105
ナラ枯れと生物多様性……107
クマを山に留め置く——エサの多様性……110

生産が持続する――変動環境の克服……117
生態系機能と森林認証……119

6章　さまざまな広葉樹の無垢の風合い……125
一〇〇種を使う建具店……125
シオジの輪切り……133
嫌われ者、ニセアカシア……137
買い取り林産という悲劇……139
コナラ・クヌギの家具……141
雑木の魂――一千万分の一の命……143

7章　食と風景の恵み……147
森を食べる人々――鬼首の大久商店……148
森のグルメ本――『摘草百種』……151
蜂蜜の採れる森……157
毎日見る風景……159

都会にこそ広葉樹林を……162
鞭撻者……165

III部　多種共存の森を復元する……169

8章　針葉樹人工林を広葉樹との混交林にする……170
トドマツ人工林の自壊と再生……171
先駆者、伊勢神宮林……175
混交林化の技術開発が始まっている……179
広葉樹林に近いほど多くのタネが飛んでくる……181
間伐すると広葉樹林から遠くても実生が更新する……183
強度間伐するとなぜ種数が増えるのか――発芽を促す……184
経営目標を実現する間伐の強度……189
帯状皆伐で境界効果を活かす……193
馬搬……196
混交林化し易い地域と難しそうな地域……197

広葉樹を植える――精英樹・密植・パッチワーク・菌根菌……199
再造林は超疎植に――無駄をなくす……203

9章　生物多様性を基軸に据えた境目のない曖昧なゾーニング……208

新しい森林計画制度とゾーニング……209
森林・林業再生プランとゾーニング……214
生物多様性を基軸に……220
たとえ一等地でも混交林に――有用広葉樹の導入……222
二等地、三等地では広葉樹の混交で生産力アップ……224
すべての広葉樹を生産目標に……225
水辺林の機能を取り戻す……227
奥地林は巨木の森に……231
天然林の木材生産――生物多様性と生態系機能を高めながら……233
日本の山村とヨーロッパの山村――ゾーニング嫌い……237

10章　森と人が共生する社会……240
山村で暮らせるか――収入源は生物多様性に富む森……240
薪は裏山から……246
震災から立ち上がる三陸の人々……248
あとがき……257

序章

消えた巨木林―生物多様性の喪失―

原始の森とは一体どんなものだったのだろう。それらは姿を消して我々に何を残したのだろう。近年まで原始の森が残されていた北海道や東北で私が実際に見たり聞いたりしたことを中心に述べてみたい。関東や西日本などでは、特に人里に近い山林では古くから薪や炭などの燃料用に短周期の広葉樹林伐採やスギ・ヒノキなどの人工造林が行われてきた歴史があり、大きく経緯が異なるのでここでは触れないことにする。

憧れの巨木林

日本の森林のほとんどは多かれ少なかれ人の手が入っている。まとまった広さの原始林はもうないと言われている。なぜならば、手つかずの原始林には直径二m以上もある大巨木が見られるはずだからである。

原始林の姿を想像させる写真が北海道大学（北大）の北方資料館に保存されている。写真に写る風景

写真 序1 明治末期の札幌の開拓風景（北海道大学附属図書館蔵）

は、平成の森を見慣れた者にはにわかに信じがたいものである。今や二〇〇万の人が住む札幌で、明治末期には直径一mほどの木が、一〇-二〇mの間隔でびっしりと立ち並んでいる（写真 序1）。ヤチダモのように見える大木を開拓者たちは当たり前のように切り倒している。鮮明ではないが網走湖畔で直径二m以上と思われるドロノキを伐採している写真もあれば、伐採の後に火を放ち巨大な切り株だけが並んでいる開墾地の写真も残っている。昭和の半ばの一九五五年の写真にも直径一・五mほどの大木を斧で伐る杣夫（そまふ）の姿が写っている（写真 序2）。一九四二年の北海道旭川近くで伐採をした木材業者は「ヤチダモの優良林分」を切り出した様子を記録している。それによると「ナラ、マカバ、セン、カツラ、エゾマツなど選り抜きの良い立木ばかり選別調査する。ことにヤチダモはとびぬけた良材で長さ二

写真 序2　北海道東神楽町における巨木の伐採（1955年）（北海道大学附属図書館蔵）

十四尺（七・三m）、末口三尺（九一cm）位の丸太が十本も出材した」とある。末口とは根元の方ではなく木の上の細い方の直径である。多分、胸の高さの直径は一m以上はあったであろう。北海道林業試験場に勤めていた技能員の佐藤英雄さんは「一九六〇年ごろ厚岸（あっけし）で杣夫をしていた当時、出来高制だったので太いエゾマツやトドマツだけを選んで伐っていた。チェーンソーは一mほどの長さの歯がついていたが、木の両側から伐らないと倒せなかった」と言っていた。直径一m以上の木を伐っていたのだろう。一九八五年ごろ、私もトドマツ人工林の中に突然壁のように現れた直径二m以上はあると思われるヤマモミジの大巨木を見たことがある。地上三mくらいの所で幹が折れて上部が無くなり、そこから太い枝をイソギンチャクのようにたくさん出していた。利用できないので残っていたのだろう。十勝地方の急斜面を踏査していた時には直径二m近い巨大なミズナラを見たことがある。太い枝を幹の下の方から四方に張り巡らして幹もくねっていた。利用価値のない、いわゆる「暴れ木」と呼ばれるものだった。伐りにくい場所でもあり残されたのだろう。このようにしてみると、北海道では開拓時代はもちろん戦後しばらくは、直径二mほどにも育った大巨木が混じる本当の原始林が広がっていたと考えられる。

長野県林業試験場の小山さんのグループは、江戸時代の古文書から昔の森林の復元を試みている。文政四年（一八二一年）に調査した資料が大地主の家に残っていたのである。そこから見えて来たのは大巨木が混じる広葉樹天然林である。直径二m以上のミズナラやブナ、トチノキ、ハリギリなどが記載されていた。直径一五〇cm以上の大巨木が一haに数十本もあったことが記録されている。

しかし、今、日本に大巨木がみられる「森」はない。神社の境内などに残された御神木ぐらいである。保護林や世界遺産などとして残されている知床、屋久島、白神などでも大巨木の多くは抜き伐りされたと考えられている。残っているのは太い木でも暴れ木など利用しづらいものだ。私たちが調べた原生的な風情を残す天然林にも大径木は多く見られるが胸の高さの直径（以後直径と略す）が二m近い木は無かった。北海道の浦幌町の針広混交林には直径が一m前後のハリギリやアカエゾマツが見られ、直径二〇cmほどのヤマブドウのツルが巻きついていた。宮城県の一桧山保護林に六haの試験地を作って調べてみても最大でも直径一・三mのブナであった。他にも直径一mを超えるトチノキ、ミズナラ、クリが見られた。冒頭で紹介した自鏡山を含め、これらの森は今日本に残されている最大クラスの森だと思われ

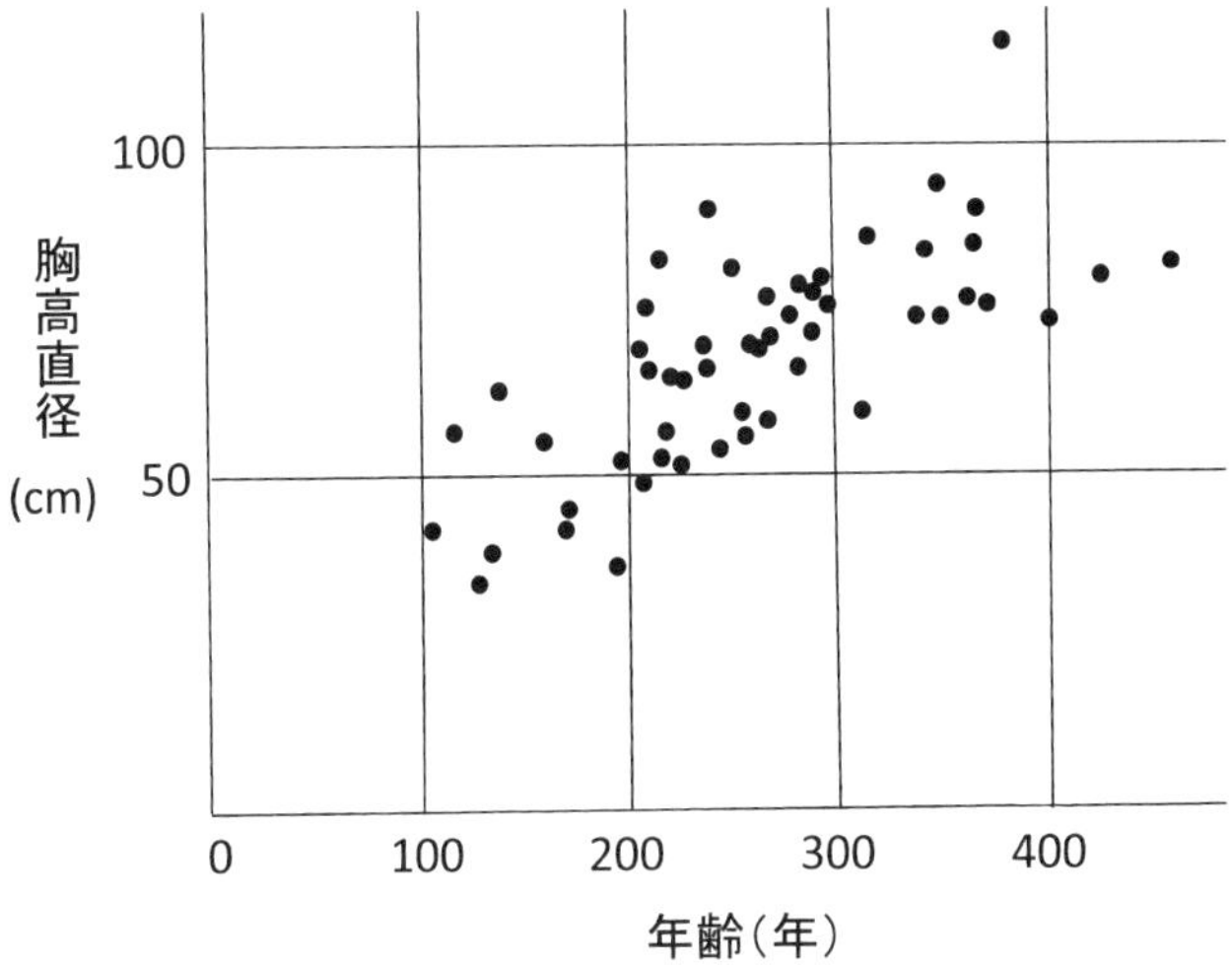

図 序1　天然林のミズナラの年齢と直径（矢島・松田 1978）

る。北大の矢島さんが四〇年ほど前に北海道北部の天然林の伐採現場で広葉樹の年輪を調べた貴重なデータがある（図 序1）。それを見ると直径五〇cmを超えるミズナラは一〇〇歳を超え、七〇cm以上のものはすべて二〇〇歳を超えている。八〇cmを超えれば三〇〇歳以上と見ても間違いないだろう。最高齢のものは思ったより細く八〇cmほどのものだったが四五八歳であった。このデータは木の成長には膨大な時間がかかることを示している。私が見てきた各地の老熟林の最大級のミズナラやコナラなども一mほどなのでそれらも四〇〇-五〇〇歳にはなっているだろう（写真 序3）。それなら直径二m以上の大巨木の寿命はどれくらいだったのだろう。年齢とともに直径成長も衰えるので、一〇〇〇歳を超えるものもあったと思われる。そう遠くない昭和の日本に、千年を生きた大巨木の森があったであろうと思うと、

写真 序3 自鏡山の直径124cm のコナラ

自分の目で見てみたいと思わずにはいられない。

明治一〇年に北海道に渡った内村鑑三は手つかずの森に足を踏み入れた時の気持ちを晩年に次のように書いている。「ここで私どもにとり、終世忘るべからざる最も楽しい教育を受けました。札幌において私どもを薫陶して呉れました最良の教師は人なる教師に非ずして、生ける儘の天然でありました。其の時北海道はまだ造化の手を離れたばかりの国土でありましていとも美しき楽園でありました。（中略）石狩平野の処女林、其樹木に巣を造りし鳥類、其樹影に咲く雑草、石狩、千歳、豊平の諸流に群がりし魚類、是等が最良の教師でありました」。内村鑑三の人生観を変えるような原始の森を一度でも見てみたいものだ。それこそが、後世への最大の遺産だった気がする。

単調になった森

日本の森林は国土面積の六七%を占め二五〇〇万haもある。スウェーデンと並んで、フィンランドの七三%に次ぐ世界第二位だ。大森林国であるロシアの四八%、カナダの三四%よりずっと多い。日本人は世界でも指折りの森の民のように見える。少なくとも統計ではそうだ。しかし、そんな実感を持つ人は今の日本にはほとんどいない。なぜなら農山村に住む人が激減し、その生活様式も大きく変わったためである。山菜やキノコを採り、薪を焚き炭を焼くような生活様式は時代の波とともに消えていった。しかし、そんな変化を後押ししたのはやはり山の景観の大きな変化だったのではなかろうか。山村の近くの山はスギやヒノキの人工林ばかりで、山菜もキノコもあまり種類がなくなり、川も砂防ダムだらけで魚影も消えた。山に魅力、すなわち食材や薪となる広葉樹がなくなったのも大きな要因だと思われる。針葉樹の下刈りや間伐を行う森林組合の人以外、山に「用事」や「楽しみ」がなくなってしまったのだ。

このような広葉樹を主とした天然林から針葉樹の人工林への大転換を引き起こしたのは第二次世界大戦後の四〇年ほどの短い間の出来事である(図 序2)。日本の森林面積は戦後はほとんど変化していないが、中身の大転換が起きたのだ。北海道・東北ではあまり手の入っていない原生的な森がほんの数十年であっという間に消えてしまった。ハリギリやウダイカンバ・エゾマツ・イチイなどの混じる針広混交林、ウダイカンバ林・ミズナラ林・ブナ林といった広葉樹林が伐採され、伐採跡地にはトドマツ・カラマツ・スギ・アカマツなどの針葉樹が植栽されていった。一方、関東や西日本の集落周辺では薪炭利用や戦時伐採で禿げ山同然になったボサ山に植えていったので、北海道や東北などとは元の山の状態が

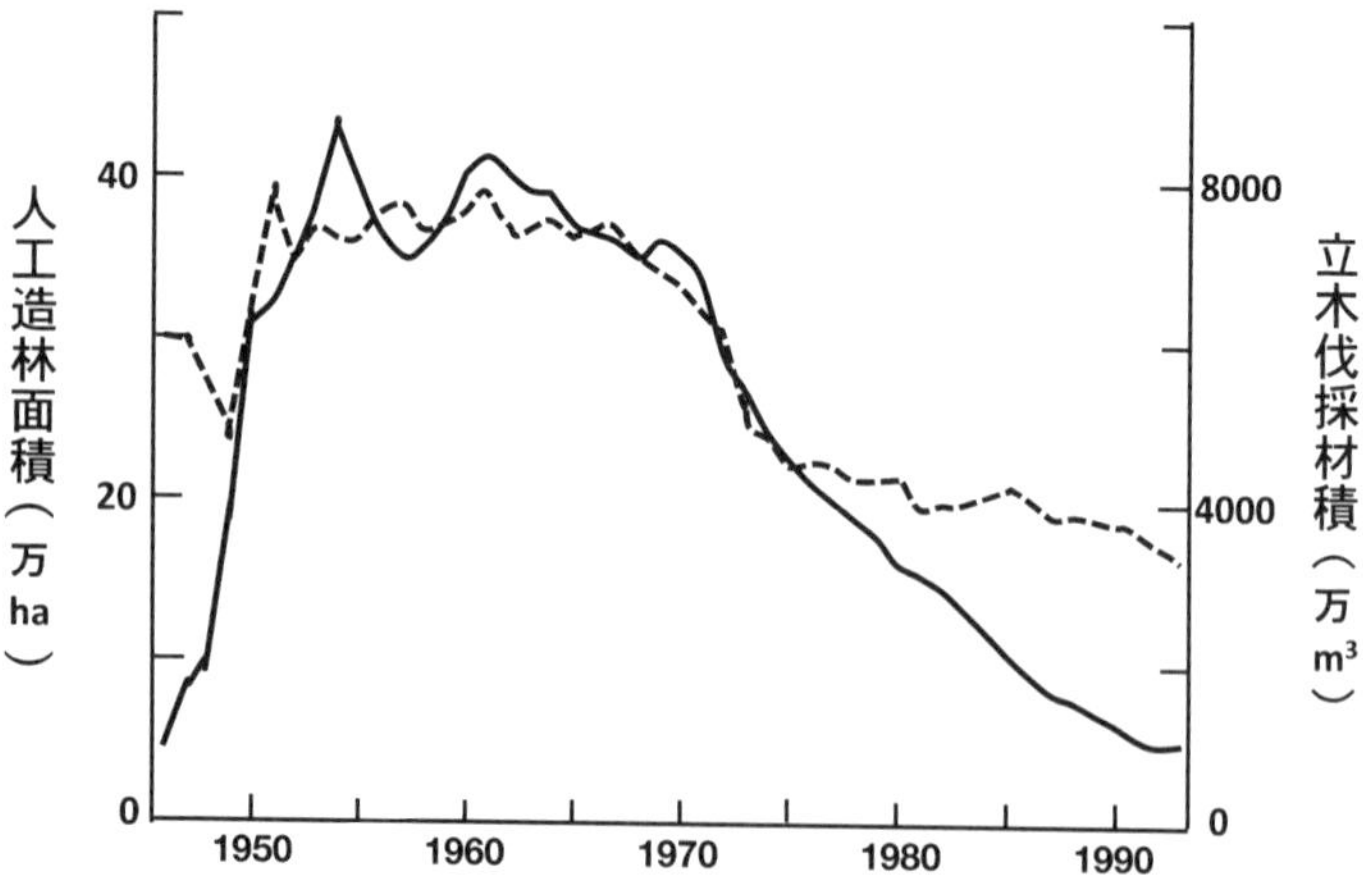

図 序2　拡大造林時代の立木伐採面積（---）と人工造林面積（—）
（林業技術 1995 より作図）

違う場合が多いので同じように考える訳にはいかない。いずれにしても、このような「拡大造林」の時代には数十ha、まれに数百haもの広い面積を一度に伐採する皆伐という方法がとられた。特に昭和二五年から四五年頃までの二〇年間は毎年、八〇〇〇万㎥近い天然林の樹木が伐採された（図 序2）。直径一m高さが二五mの広葉樹であれば一本で八㎥もある。このような大木が毎年一〇〇〇万本も伐採された勘定になる。もちろん直径一mもある太い木がそんなにあるはずはないが、それらを目指して奥地に進んで伐っていったのは事実である。

拡大造林末期の一九八四年、天然林の伐採現場を見に行ったことがある（写真 序4）。樹齢数百年のエゾマツやミズナラがチェーンソーで次々と伐られていた。直径八〇㎝ほどの大木が大きく傾き、倒れる時には悲鳴のようなきしむ音がした。地面に倒れた時にはドーンといった地響きが下腹に響いた。しばらく雪煙を上げ、根元の雪穴から杣夫さんが出てきたのには驚いた。雪を一ｍほど掘り下げて、なるべく根元に近い所を伐っていたのである。とても危険な作業だと言っていた。伐採された木はその場で枝が切り払われ、十数ｍの丸太にされた。それらを五、六本、太いワイヤーで括り付けた大型のブルドーザーが雪の上を滑り落ちるように下っていった。下りていった先は校庭のように平らに整地された広い土場（どば）と呼ばれる作業場である。土場には次々と周囲の山から丸太が運び込まれ多くの人たちが忙しそうに働いていた。丸太を一定の長さに伐る玉切りが行われ、さらに樹種ごとに仕分けされ積み上げられた。ある程度、丸太が貯まってくると木材専用トラックに積み込まれた。トラックは重そうに雪道をゆっくりと下って行った。ひっきりなしにブルドーザーやトラックが行き来し、しだいに、鬱蒼とした天然林は真っ白な雪原になっていった。アイヌ民族の遺産はあっという間にすっからかんのがらんどうになってしまった。当時の林業人にとっては、広葉樹は山からタダで採ってくるものだった。一九八四年に出版された木材業者の回顧録には戦時中の思い出が次のように書かれている。「今の金にすると五億円にも相当する金額であったろう。なかなか伐ることのできない優良木を自分の欲しいだけ、むしろ欲しくなくても払い下げられる。こんな充実感で山受けをしながら目の覚めるようなマカバ、タモ、ナラ、センなどの大径材や長大材を造材する面白さは、今の低質材主体の造林業者には味わえないものであった。」我々が見たものは伐り残された低質の天然林だったのだ。その頃札幌で聞いた広葉樹販売業の古老の講演では「儲けさせてもらいましたよ」と言

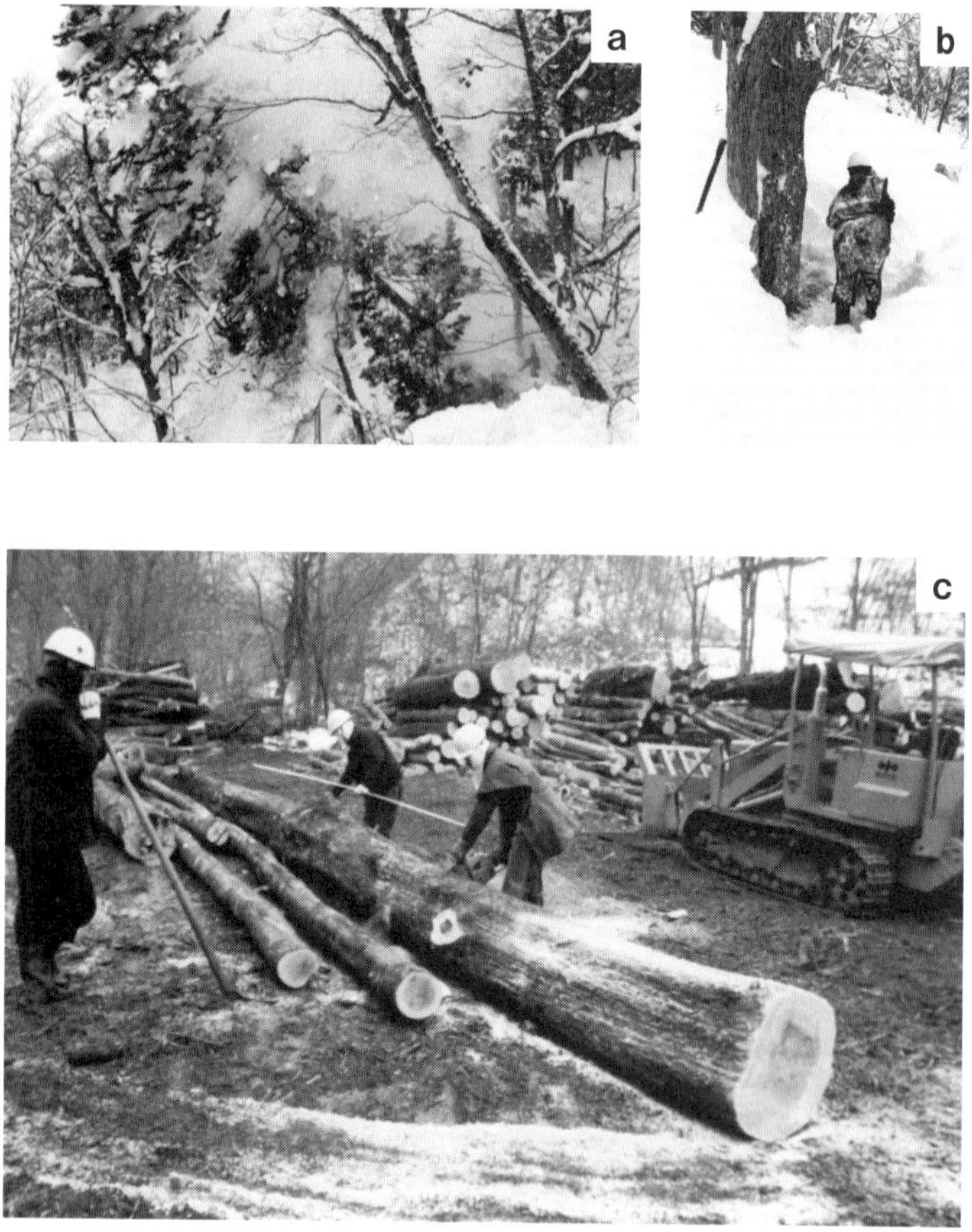
a
b
c

写真 序4　北海道滝川市国領の針広混交林の伐採現場（1984年2月）
a 直径80cmほどのエゾマツが伐倒される瞬間。伐倒される木の根元付近にチェーンソーを持った杣夫がみえる b ミズナラの伐採のために掘られた雪穴　c 土場での玉切り作業　d 木材専用トラックへの丸太の積み込み、太い丸太ばかりだ　e 山腹下部から上部に伐採が進み森はがらんどうになっていった

っていた。美味しい思いをした林業人の話はいやになるほど聞かされた。しだいに大径の良材がなくなるとスキーを穿いて奥地に行って見つけては伐っていた。人力で搬出するのが無理な山地ではヘリコプターで集材した。私が二〇代の頃、林業関係者の飲み会では、必ずと言っていいほど「太くて通直な木はどの辺に多いか、いかに高く売れたか」といった自慢話で盛り上がっていた。このような林業を当時の北大農学部長、小関隆祺(こせきたかよし)は「アイヌ民族が残した遺産をタダで奪ったのだから、これを略奪林業という」と林政学の講義で断じた。

広大な伐採跡地には成長の早い針葉樹の苗が植えられ人工林が増えていった。戦後復興期から高度経済成長に沸いた一九五〇年代から一九七〇年代頃まではその面積は毎年四〇万ha近くにも上った（図序2）。伐採跡地に植える針葉樹の苗木を作るために、日本中いたるところに大規模な苗畑が作られた。以前勤めていた北海道美唄(びばい)市の林業試験場の前身は苗畑であったし、今の職場の近くにある「奥の細道」沿いにも広大な苗畑跡地が見られる。当時、山間地には豊富な労働力があり、どこの苗畑でも多くの老若男女が働き、膨大な数の苗を育てた。育てた苗は籠に入れ斜面を登り山に運び上げ、小さな鍬で穴を掘り植えていったのである。このようにして、今では日本の森林面積のほぼ五分の二にあたる約一〇〇〇万haが針葉樹人工林になった。私も試験地造成のため苗木を植えたことがあるが斜面の上り下りや鍬使いは大変な重労働であった。見上げるような急な斜面一面に成林した針葉樹人工林を見ると、その当時の人たちの骨惜しみしないまじめさには大いに敬意を払いたい。将来の資産を作るためにコツコツと植え、下刈りをし、ツルを切り、手をかけてきた農家の人も多い。その努力や勤勉さは、讃えられるべきことだと思う。しかし、北海道や東北などの奥地では事情が違う。当時の色々な人の話を聞くと、まずは天然林に眠っている大径木で儲けるのが第一の目的だったのは間違いない。伐り過ぎた天然林をそのままにしておけないので、後始末として針葉樹を植えた所も多い。これは「樹種の転換」という言葉が使われたが、森の立場に立てば「生物多様性の恐るべき減少」なのである。森林を構成する樹木の種類が一気に減ったのである。一haの天然林を皆伐し針葉樹の単純林にした場合、東北・北海道であればおよそ三〇分の一から五〇分の一、西日本であれば一〇〇分の一ほどに木の種類が減ったのである。樹木が無くなれば森の中に一緒に棲んでいた草本や昆虫・哺乳類・鳥類も棲家を追われる。菌類など微生物も含めると、一体どれくらいの生物種が減ったのであろうか。同時に、どれほどの貴重な遺伝子が失われたのであろうか。

一九七〇年代になると針葉樹の植栽は急激に減っていった。多分、広い面積に太い木がまとまって見られるような森が少なくなったためだろう。しかし、植栽が下火になっても広葉樹天然林の伐採は択伐と名を変えて続いた(図 序2)。択伐とは森林全体を広く皆伐するのではなく太い木を抜き切りする方法である。それも、特に通直で良質な木だけを選んで抜き切りしてきたので、暴れ木などの遺伝的形質の悪い木だけが残り、森林の遺伝資源も大きく減少し劣化していったものと考えられる。広葉樹の皆伐や択伐の後に針葉樹を植えなかった所では、ササが繁茂して森林が再生できずに無立木地帯となった所も多かった。三〇年ほど前に南大雪に広大な皆伐跡地があり、山の斜面が崩れ林道や作業道も土砂で覆われ砂漠のようになった所を見たことがある。ケヤマハンノキやヤナギの実生（みしょう）が生えていたのでその後は成林していったのかもしれない。

このようにして日本から巨木や大径木がたくさん見られた天然林が消えていった。はたして、膨大な量の太い木々は伐られてどこに行ったのだろう。何百年も生きてきた木を膨大に伐ったのだから、数百年も使われる巨大な木造建築や民家、または家具・建具・装飾品になって、日本の木の文化を作り上げていったのだろうか。巨木たちを伐って我々は何を残したのだろう。

巨木の森を伐って何を残したのか

巨木林が現存することはその土地に住む人間の「文化」の高さを示しているように思える。冒頭で紹介した自鏡山は山伏が修行した修験道の山であり、古くから山全体が信仰の対象であった。長い神仏習合の時代もその後の廃仏毀釈の時代にも境内にある巨木林を残してきた。神道も仏教も樹木に神性・仏性を見いだし、むやみに伐ることなく大事に使うことを教えてきた。社寺林に立派な林が多いのもそのためだろう。多分、信仰心の篤い時代の日本人は巨木の森を大事にしてきたと思える。アイヌ民族もまた木々の中に神性を見、むやみに木を伐ることは無かった。丸木舟や柱などに使う時は、木の神様にお祈りをし、許しを得てから丁重に伐っていた。東北の農山村でも「山の神」にお供えをし、お祀りをしてむやみな伐採は控えていた時代が最近まであった。しかし、巨木林を身近に残し共に暮らすことを近代の価値観は許さなかった。いとも簡単に、それも短期間に巨木林を無くしたのは、アイヌ民族や山あいに暮らしてきた人たちにとっては、長年にわたる生活の拠り所を削ぎ取られたような気がしただろう。巨木林の存在すら知らない世代にすばらしい「文化」を見せてやることができないということは、我々は取り返しのつかないことをしてしまったのである。数百年いや数千年かけて守られてきた貴重極まりない「文化財」ともいえる巨木の森を日本は短期間に失った。明治以降の近代化や戦後の高度経済成長は、世界的にも稀なほど太く良質な広葉樹を極めて短期間に消滅させてしまった。しかし、その代償として、何を残したと言えるのだろう?

北海道の巨木を売って大儲けした人たちの回顧録をもう一度紐解いてみよう。「当時の雑木の用途としては、大きくは造船、車両から細かくはペン軸、妻楊枝の類にいたるまでずいぶん広範囲に使われてきたが、量的にはマッチの軸木、下駄、家具、それに枕木であったと思う。」北海道開拓の当初はハリギリ、カツラ、シナなどの軟らかい材質の木が家具や下駄に大量に使われた。「私が今日までにとり扱ったハリギリの中で、最も巨大な材は、長さ六尺、径は四尺一寸×四尺四寸(一・二四m×一・三三m)で、北見の興部(おこっぺ)で生産された材と記憶しているが、これは大きいばかりでなく玉杢(たまもく)があり、素晴らしい材であった。」当時は直径一・三mほどのハリギリがあちこちで伐られていたのだ。今はミズナラが高級材として珍重されているが明治時代はハリギリの方が広く使われた。その後、日清戦争後、朝鮮半島から旧満州に鉄道をひくため、クリやヤチダモとともにミズナラも枕木として輸出されるようになった。その後はミズナラのインチ材が主役となった。インチ材とは寸法がインチ単位で輸出されたことによる呼び名であるが、小樽港から大量に欧州に輸出され外貨獲得の花形となっていった。小樽には、インチ材輸入の海外商人の支店が立ち、港は貨物船で賑わっていた。輸出は第二次世界大戦後も大量に行われ、戦後復興に役立ったといわれている。はるか彼方のイギリスやドイツで、机やテーブル、ダイニングボード、ベッドなどの重厚な家具になり、スコッチウイスキーの樽となってヨーロッパの人々の生活を潤いのあるものにしていった。日本にも僅かながら巨木の痕跡が残されている。小樽の洋館や鰊（にしん）御殿などの梁に、真っ直ぐな幹をもつヤチダモやハリギリの大径木が使われているのを見ることができる。

　その後、昭和四〇年ごろから、輸出だけでなく国内需要の掘り起こしが始まった。その頃から出回り出したのが突板（つきいた）である。美しい木目を持つ広葉樹を薄くスライスしたものだ。突板を合板の表面に張り合わせたのが「銘木合板」というものである。突板は丸太を大根のように桂剥きにしたり、巨大なスライサーに掛けて〇・二―〇・六㎜くらいに薄く切って作る。突板は天然木の表情を生かしながらも、一枚板の無垢材に比べると廉価で反りがほとんどないという利点がある。今では合成樹脂を浸潤させたり、フィルムコートや特殊な紙で裏打ちをし、強度や柔軟性を増し、さまざまな用途に使われている。突板が出回り始めた時には、「有限な木材を最大限に有効活用できる手法」であり、「これまでの雑木が一挙に銘木となった」とまで言われた。つまり、画期的な技術によって、特定の人しか手に入らない広葉樹大径材の美しい木目が大衆的な値段で手に入るようになったのだ。それも合板に張られているので狂わないし、軽いし、加工性に優れているのでサイズも自由に選べていろいろな用途に使うことができる。アサダ、イタヤカエデ、イヌエンジュ、カツラ、オニグルミ、キハダ、キリ、ケヤキ、シナノキ、ハリギリ、トチノキ、ブナ、ウダイカンバ、ミズナラ、ミズメ、ヤチダモ、シオジ、ハルニレなど多くの広葉樹は薄く数㎜の突板にされ、合板の表面を飾った。家具や店舗用の陳列棚、普通の家屋の壁や床などだけでない。車両、船舶、航空機などの内装材としても使われている。天然木で作られているので、柾目、板目、杢目といった年輪がつくりあげるさまざまな紋様が浮かび上がる。見た目はとてもきれいだ。

しかし、いかに太い広葉樹から作られていても、突板は「ツキイタ」でしかない。薄く剝いた材はそんなに長持ちするとは思えない。作られた時が最高の見栄えで、しだいに色あせていく。長くても二〇〜三〇年くらいで、廃棄物になってこの世から消えていったものがほとんどではないだろうか。それも、塗料や樹脂などの化学物質を多用しているため木質燃料としてもすぐには再利用できない。無垢材ならば最低でも百年は使えるし、数百年でも使えるだろう。木が生きてきた年齢くらいは使えるだろう。そして使い込むほど艶がでて風格も出てくる。もし、材としての寿命が尽きたり、壊れたりしても薪ストーブの暖になる。森にとっても人間にとっても、突板をどんどん浪費し廃棄物を増やすことは好ましいことではない。そろそろ考え直す時代に来ている。

北海道立林産試験場の管野弘一は一九八七年にすでに「北海道の広葉樹資源も減少の一途をたどり、産出される素材も小径、低質化している」と述べ、「小径、低質材の付加価値を高めた利用方法の開発が、道内林産業の重要な課題になっている」と呼びかけている。太い木はなくなって来たので細い木の利用を考えようと二五年も前に言っているのである。もちろん、旭川・飛騨高山・松本などでは、ミズナラ・ブナ・ミズメなどの無垢材を使ったデザイン的にも優れた家具・調度品が生産されている。新しい意匠で無垢の家具を作り広葉樹の文化を造ろうとがんばっている優れた人たちは日本各地に大勢いる。しかし、かつて日本に存在した膨大な巨木の森に比べると、今の広葉樹を使った産業はあまりにも零細である。巨木は姿を変えて大建築物や新しい意匠の家具建具などとして残ったかといえば、そうではなかったのである。つい近年まで日本に残されていた巨木の森はその豊穣さを伝えること無く、いつしか我々の記憶からも消えてなくなってしまったようである。

巨木の森は、その痕跡を残さず消えてしまったが、我々には一〇〇〇万haにも及ぶ針葉樹人工林、それに放置された広大な二次林が残された。これらの森をどのように活用して行くのかは日本の森林管理や林業の大きな問題である。本書では、この問題を、森が出来上がる仕組みや恵みを天然の森から探ることによって、「根本」から考え直してみたい。

I部

多種共存の仕組み

一つの森林でなぜ多くの種類の樹木が共存できるのか？　種多様性が創られるメカニズムを明らかにしようと世界中の研究者が奥地に残された天然林に分け入り調査を続けている。特に熱帯林では種多様性が高いのでさまざまな仮説やモデルが提唱され検証されてきた。近年は熱帯生まれの仮説も温帯林でも同様に成り立つことが明らかになってきている。

多分、地球上の森林の生物多様性は基本的には共通のメカニズムで創られているのであろう。さらに、今でも、生物多様性に関する新しい仮説が次々に出されている。しかし、この本の目的はすべてを網羅し解説することではない。本書では主に東北・北海道の落葉広葉樹林で我々が実際に観察してきた事実に基づいて多種共存の仕組みを紐解いてみたい。

1章 病原菌が創る種の多様性

ジャンゼンが見つけた森の秘密

二〇〇〇年、マレーシアの熱帯雨林に向かった。飛行機がクアラルンプール空港に近づき高度を下げるにつれて目を疑うような景色が広がってきた。見渡す限り油椰子（オイルパーム）の大植林地が見えてきたのだ。同じ形をした椰子の木が整然と植えられどこまでも続いていた。以前見た景色とは全く違う。一九七八年にマレーシアをバスで縦断した時は鬱蒼とした大密林が続いていた。くねくねとした道をバスが縫うように走り、大型トラックが直径が二mもありそうな巨大な丸太を積んで、土ぼこりを舞立てながらすれ違って行った。多分、ラワンとかアピトンとか呼ばれるフタバガキ科の樹木だったのだろう。これらの木は南洋材の花形として大量に伐採され、合板やフローリング用に日本や韓国・中国などに大量に輸出された。その結果、低地フタバガキ科の巨木林は姿を消し、その後に出現したのが油椰子の大プランテーションである。実から採れる油はマーガリンや揚げ油、アイスクリームなどの原料と

写真 1.1　マレーシアの熱帯雨林（パソー）
50ha あたり 820 種もの樹木が見られる

して「再び」日本に輸出されている。

風景のあまりの違いように驚きながら、プランテーションの海の中の小島のような森林保護区をめざした。一歩、原生林保護区に足を踏み入れるとそこは別天地であった。直径一−二mほどの巨木が壁のような板根に支えられながら天に向かって聳え立っていた。高さ五〇mの観察用の塔から撮影した写真からは巨木が密立しているのが分かる（写真1・1）。その中の最も高い木はカメラより上に見えていたので六〇m近くはあるだろう。これらの大巨木の下にも高さ三〇−四〇mほどの日本でいえば最大級の樹木が数多く立っていた。その下にも一〇−二〇mくらいの暗い下層で繁殖する樹木や上層を目指して伸びているたくさんの樹木の群が見られた。垂直方向に三層にも四層にも住み分けて多くの樹種が共存していた。さらに驚くべきことには、隣り合う

写真 1.2　東北地方の広葉樹天然林（宮城県一桧山）
6ha あたり 60 種の樹木が見られる

木々はどれもこれも違う種類の木であった。この保護区には、アメリカのスミソニアン研究所とマレーシア森林研究所らが作った五〇ha（五〇〇m×一〇〇〇m）の調査区があり八二〇種もの樹木が確認されている。一方、我々が調べている宮城県の一桧山（いっぴつやま）保護林では六haの試験地に六〇種の樹木が見られる（写真1・2）。熱帯の方が桁違いに種類が多い。調べた面積が広いほど種数も増えるので単純に比較できないが、宮城では五〇haまで増やしても多くて七〇種程度と思われる。マレーシアの熱帯雨林では東北の温帯林の一〇倍以上も木の種類が多いと言える。同じマレーシアのサワラク州のランビルの森には五三haに一一七五種も見られるという。樹種の同定が進めば一二〇〇種にもなると言われている。日本全国、北海道から琉球列島まで樹木種を全て足し合わせても一三〇〇種ほどなので、熱帯の森の多様性は

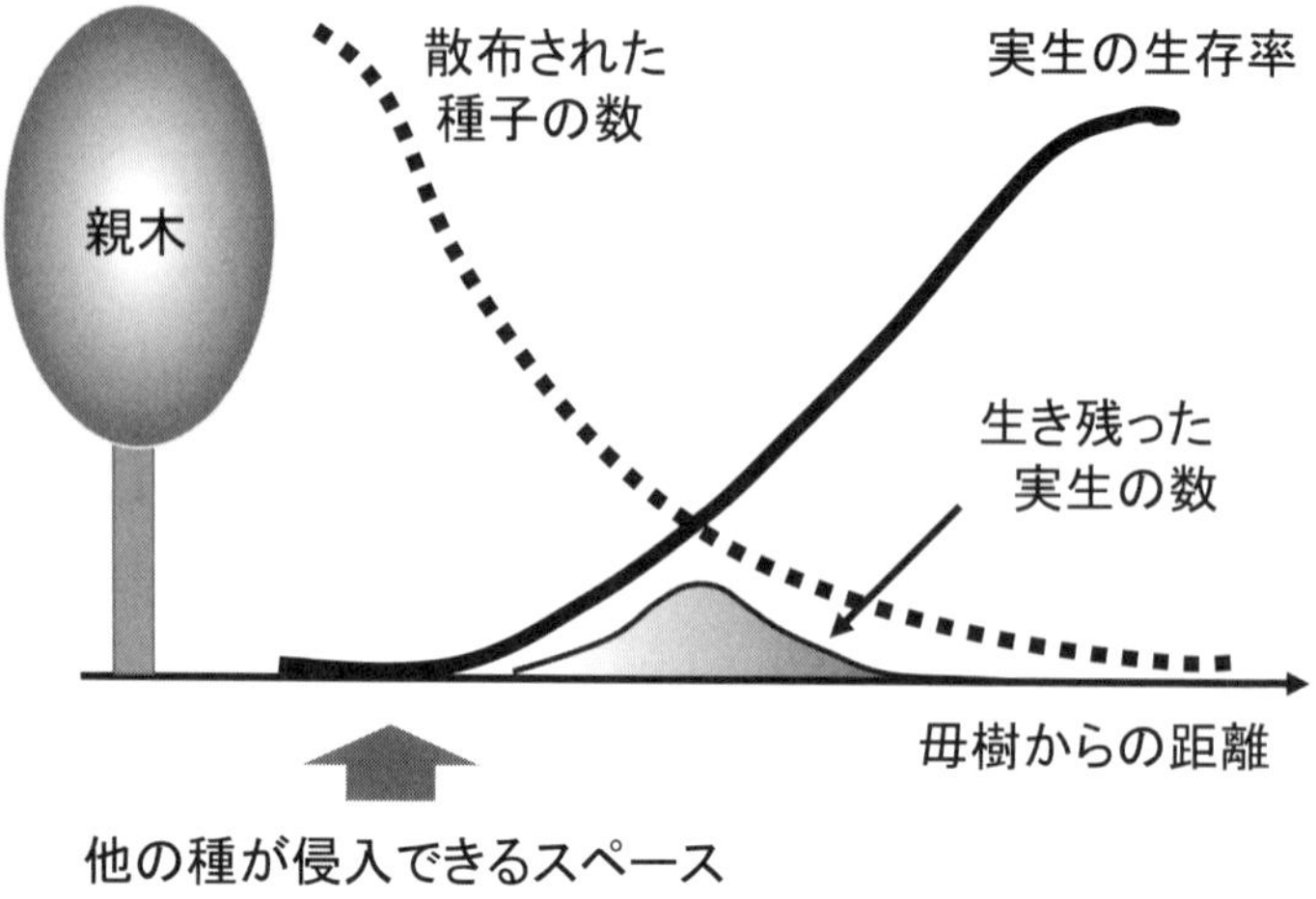

図 1.1　ジャンゼン–コンネル仮説

かなり高いことが分かる。

なぜこれほどまで、熱帯林では種の多様性が高いのだろう？　日本で見られるすべての種類とほぼ同じ種数の樹木が、たった五三haの中に共存できるのだろうか？　熱帯林の多様性の不思議に魅せられた人たちが多くの仮説を唱えているが、その中でも出色なのがダニエル＝ジャンゼンが三一歳の時に提唱した仮説である。ジャンゼンは昆虫学で博士号をとり、中米コスタリカの熱帯林の中で、哺乳類や鳥・虫などと植物との相互関係に興味をもち丹念な観察を続けていた。そして、多くの生物が関わって森林の樹木種の多様性を創り上げる精妙な仕組みを一九七〇年に発表した。ほぼ同時に同じ説を提唱したコンネルの名前も入れて、ジャンゼン–コンネル仮説と呼ばれる。その仕組みはいたって簡単で、図1・1のようなグラフで説明されている。

ジャンゼンが一本の大きな木の下に行くと、そこには小さな芽生え（実生）が敷き詰められるようにびっしりと見られた。しかし、その木から離れると実生は疎らになった。親から遠く離れるほど散布される種子の数が少なくなるからである。種子は風に散布されようがネズミに運ばれようが鳥に食べられた後に糞と一緒に散布されようがだいたい同じパターンを示すようである。

しばらくして、ジャンゼンは親木の下の実生を見に再び同じ親木の下に行ってみた。すると、小さな実生はほとんどいなくなっていた。親木に近い所では、実生の密度が高いので昆虫や小動物が集まって来て食べてしまったのだ。また、実生を枯れさせる病気も蔓延していた。もう、子どもたちはすべて死んでしまったのだろうか？　しかし、親木から遠く離れた場所で子どもたちは元気に生きていた。それだけでなく、かなり大きくなっているものも見られた。ジャンゼンは考えた。「同じ親木の子どもでも近くに散布されると食べられたり病原菌に感染したりして死んでしまい、遠くに散布されたものだけが生き残るのではないか」。つまり、実生が生き残る確率は親の下で最低で、親から離れるに従い高くなるだろう（図1・1）。親木の近くでは、タネは大量に散布されるものの生き残る確率が低いので実生の数は少ない。一方、あまり親から離れてしまっても生き残る確率は高いが、そこまで散布される種子が少ないのでここでも実生の数は少なくなる。したがって、近くもなく、遠くもない中間地点で、実生がたくさん生き残ることになる。その結果、子ども（実生）は親とは少し離れた所で大きくなり、親と子の間には空いたスペースができる。そこに他の樹種の種子が散布され実生が定着すれば、一つの種がむやみに広がらないで他種と混じり合うようになる。このような現象が一つの森林で多くの樹種で同じように見られるならば多様な種が共存できる、というのがジャンゼン–コンネル仮説である。

もし、散布された種子が全て発芽し、親木からの距離に関係なく同じ確率で実生が生き延びたらどうなるだろう。親木に近い所ほどたくさんの実生が育ち、しだいに親木を中心に同じ種類の木が同心円を描いたように分布するようになる。さらに、その実生（子どもたち）が成熟して親になり種子を散布するようになれば孫の代の実生がその外側に広がっていくと考えられる。そうなれば、親木を中心にその子孫がどんどん同心円状に広がっていき、森の種多様性は減少することになる。しかし、そうはならないことをジャンゼンは見いだしたのである。

この仮説は多くの研究者の興味を引いた。特に熱帯林ではたくさんの研究が行われ、種多様性が創られる仕組みを説明する重要な説として受け入れられてきた。しかし、温帯林で検証されたのはジャンゼンが提唱してから三〇年も過ぎてからであった。

親から離れた子どもだけが大きくなれる

一九九九年、宮城県北部の栗駒山のブナ林に調査に来ていた時、大学院生の菅野くんと斉藤くんとウワミズザクラの太い木の下で昼飯を食っていると妙なことに気がついた。「去年来た時はウワミズザクラの実生が絨毯を敷いたようにビッシリ生えていたけど、あの実生はどこにいったのかなー？」「ほんと、何もないですねー」とのんびり話していた。「しかし、待てよ」この時ひらめいたのが十数年前に読んだ論文だった。「熱帯の勉強をしなさい」と昆虫学者の上条さんに言われ読んだジャンゼン–コンネル仮説に関する論文である。もし、ウワミズザクラもこの仮説に従うなら、親木から遠くに行けば、少し大きな実生や稚樹が見られるかもしれない。その辺を歩き回った。「あった、あった」、親木から離れるに従い大きな実生・稚樹が見られるようになった。そこで、翌年、大学院に進学した田村さん（現姓、三輪さん）のテーマを「ウワミズザクラにおけるジャンゼン–コンネル仮説の検証」とすることにした。ウワミズザクラは二年に一度は大量に花を咲かせるので芽生えが大量に発芽してくるはずだからである。

しかし、調査を始めた二〇〇〇年にはイギリスの有名な科学雑誌ネイチャーにアメリカのペーカーさんとクレイさんの論文が載った。サクラの一種でジャンゼン–コンネル仮説が成り立つという。日本でも森林総合研究所の正木さんや中静さんがミズキで同じことに気づいていた。森林の研究はのんびりしているようにも思えるが、新しい発見は、世界の至る所で、ほぼ同じ頃に気づくものかもしれない。ここでは、ウワミズザクラの例を紹介しよう。

雪解けを待って試験地を設定しに出かけた。途中ニッコウキスゲの大群落や、サワラン、ツルコケモモ、ウメバチソウなどが咲く「世界谷地」湿原を通り原生的な雰囲気のする森に着く。そこは直径一ｍほどのブナやミズナラをはじめ、ホオノキ、シナノキ、イタヤカエデ、ヤマモミジなどがみられる老熟した森である。なるべく太いウワミズザクラを選んで、その真下（親木の幹から半径〇–一ｍ）、近い所

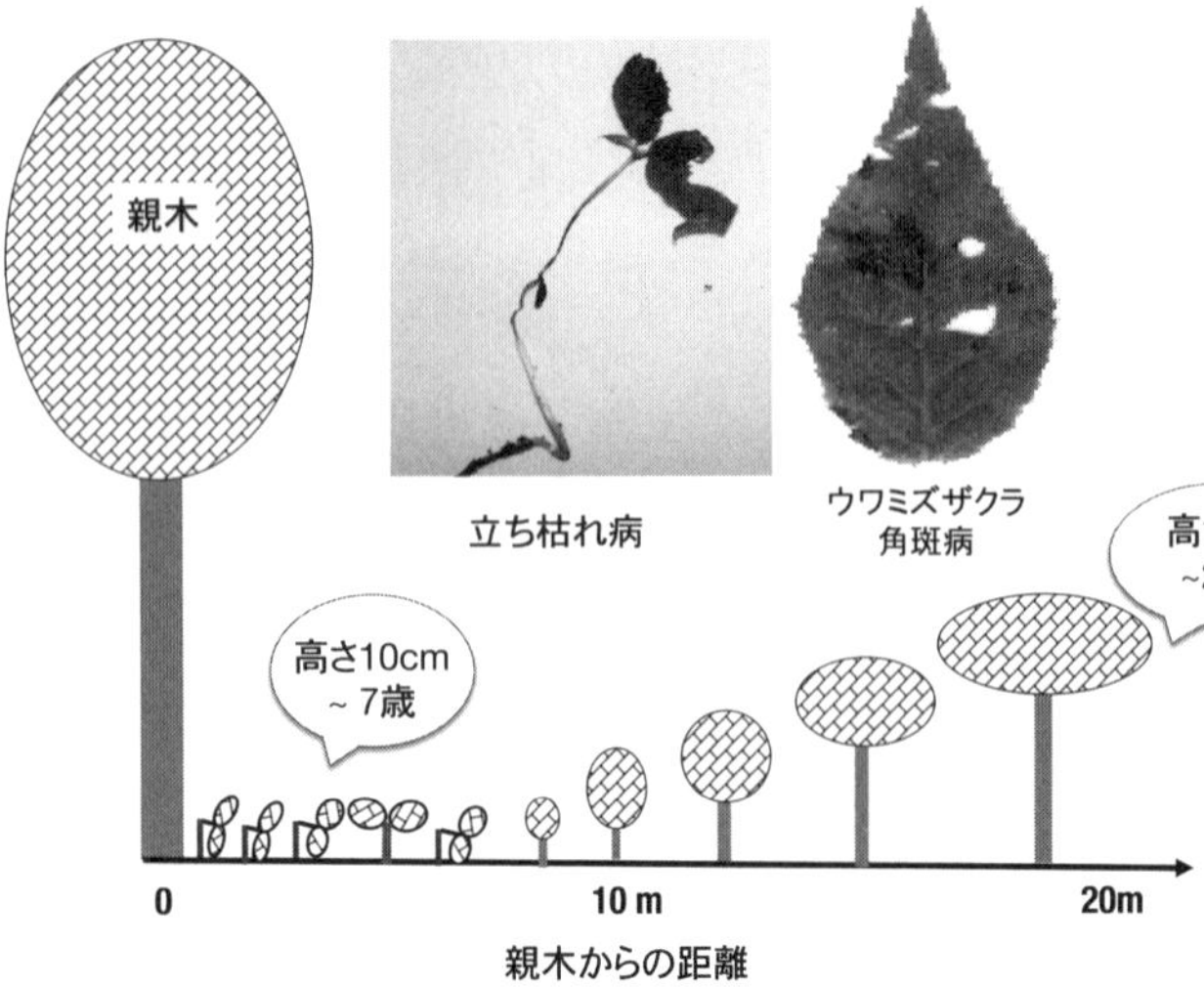

図 1.2 ウワミズザクラの実生の成長（清和ほか 2008 から作図）
親木の近くで発芽した実生の多くは立ち枯れ病や角斑病に罹り大きくなる前にすべて死亡する。親木から遠く離れた実生だけが大きく成長する。

（親木から六―一〇m）、遠い所（親木から一六―二〇m）といった三カ所に方形の枠を作り、それぞれの枠の中でどれくらい実生が芽生えてくるのか、病気に感染したり虫やネズミなどに食べられたりしてどれくらい死ぬのかを二週間に一度通って調べた（図1・2）。ウワミズザクラは田植えの頃に穂状の一風変わった花を咲かせ、九月には黒熟した実を食べに小鳥がやってくる。しかし、思ったほど鳥に散布されるものは少なくほとんどが真下に落下する。翌春に ウワミズザクラの芽生えを数えてみると親木の幹から半径二m以内で発芽したものは一㎡当たり二八〇個もあるのに対し、親木から六―一〇mの所では六個、一六―二六mでは平均で〇・六個しか見られなかった。

しかし、親木の下で大量に芽生えた実生は、どんどん死んでいき生存率は親木の真下の〇―二mで最も低くなった。親木の真下では立ち枯れ病やウワミズザクラ角斑病といった二種類の病気に感染して死ぬ割合が高かったからである（図1・2）。立ち枯れ病菌は土の中や落ち葉の中に潜んで芽生えたばかりの実生に感染する。特に梅雨の頃に胚軸（茎）を黒く萎縮させ死なせてしまう。ウワミズザクラ角斑病（以下角斑病）に感染した実生の葉には黒い角張った斑点ができ、葉を落として枯れてしまう。角斑病はまず親木の葉に感染するが、親木から落下した感染葉に接触した実生が感染するのである。

角斑病は芽生えだけでなく大きくなった稚樹でも普通にみられる。親木の近くでは毎年罹病葉が落下するので稚樹は毎年のように感染する。毎年、感染した稚樹は葉を早く落としてしまうので成長もままならず早く死んでしまうのである。年齢を調べてみると親木の下では最大で七年ほどしか生きることができず、高さも最大でも一〇cmぐらいにしか育たない（図1・2）。一方、親木から一六mから二〇mも離れた場所では罹病葉はほとんど落ちてこないので、稚樹は一・五mから二mほどに順調に成長していた。ただ、ウワミズザクラの稚樹も暗い林内では二m以上には伸びることはない。枝を横に広げて森の中の弱い光を利用しながら、このまま数十年もじっと耐えて生きていることが知られている。近くで木が倒れて明るい光が差し込むのを待っているのである。森の中にできた明るい隙間は「ギャップ」と呼ばれているが、ギャップができると急に上層の林冠をめざして伸びていき成木になるのである。このようにウワミズザクラは、親木の近くではいろいろな病気に感染してほぼすべて死んでしまうが、遠くに散布されたもののみ成木になるチャンスが与えられている。その結果、成木はお互いに二〇–三〇mほど離れてぽつんぽつんと分布するようになるのである。数本、数十本と固まって集団を作ることはほとんどない。

ところで、日本の花見といえばソメイヨシノである。桜が咲き始めると、皆そわそわして公園や並木に繰り出し空一杯に広がる薄ピンクの花を見上げている。何十本、何百本もの桜の木が連なる風景は日本中いたるところで見られる。しかし、山桜の花見はかなり趣が異なる。日本の山地にはオオヤマザクラ（エゾヤマザクラ）やカスミザクラ・シウリザクラ・イヌザクラなど多くの種類のサクラが見られるが、それぞれソメイヨシノのようにまとまって咲いているのは見たことがない。一本一本の成木は森の中では互いに離れて咲いている。春の山を遠くから見ると、山桜のピンク色の樹冠が互いに離れて点々としているのを見ることができる。多分、ウワミズザクラのようにジャンゼン–コンネル効果が働いた結果なのだと思われる。北海道十勝の原始林を開拓した農民画家の坂本直行さんは「サクラはやはり、原始林の中で眺めるのが一番美しいようだ」と書いている。春の芽吹きの頃、薄い黄緑色に染まりはじめた広い原始林を歩いていくとエゾヤマザクラの濃いピンクの大きな樹冠がポッンと浮き上がって現れ、とても鮮やかに見えたのだろう。

どの種も同じ仕組みをもつ

ウワミズザクラの実生は、親木の近くでは病気に感染し生き延びる事ができないが、親から離れた所では大きくなれる。このような現象はウワミズザクラ一種だけで見られても種多様性は説明できない。一つの森で見られる他の多くの樹種でも同じように見られるかどうかが重要だ。そこで東北大学フィールドセンターの黒森と呼ばれている所で八種の広葉樹を対象に調べてみた。黒森は第二次大戦以前には陸軍の軍用馬が放牧されていたなだらかな場所である。戦後放置され自然に広葉樹が侵入してできた若い森だ。肥沃で木の成長が良いので立派な森になりつつある。ウワミズザクラでは自然発生した実生を調べたが、黒森ではタネを播いて調べた。広葉樹八種それぞれの成木を三本ずつ選び、同種のタネをその直下と二五m以上離れた所に播いて、翌年に発芽した実生の死亡を調べたのである。

雪解け間もなく実生が地上に顔を出し始めた。急に忙しくなった。毎日のように旗を立てて個体識別していったら合計七九三五個にもなった。秋まで二週間に一度、すべての実生がどんな要因で死ぬのかを、大学院生の山崎実稀さん（現姓　今埜さん）は根気強く調べ続けた。梅雨のころから立ち枯れ病で実生が大量に死に始めた。その後、葉の病気に罹って死ぬもの、ネズミに軸を齧（かじ）られたり昆虫の幼虫に葉を食べられて死ぬものなどさまざまな要因で死んでいった。雪が降る直前まで調べた結果、播種した八種のうち七種で、成木の下の方が遠く離れた所よりも実生の死亡率が高くなった。ウワミズザクラ、ミズキ、ホオノキ、アオダモの四種では成木の下では「立ち枯れ病」と「葉の病気」に感染して死亡するものが多かったためであった。イタヤカエデは昆虫の幼虫に葉を食べられることで成木の下ではあまり生き残ることができなかった。詳しくは調べていないが、どうも成木の葉を食べているものが落ちてきて実生も食べているようだ。クリやブナの木の下ではネズミに食べられることで多くの実生が死んだ。芽生えた後でもタネに養分が残っているので食べにくるのである。特に成木の下ではタネがたくさん落ちるのでネズミが多くうろついているのかもしれない。

東北の落葉広葉樹林でよく見られる樹種では、「成木の下で発芽した実生は遠く離れた所で発芽したものより病気に罹りやすかったり食べられたりして死んでしまう確率が高い」ということが普通に起きているのである。これは、ジャンゼン-コンネル仮説が温帯林の種多様性を説明するのにかなり有効だということを強く示唆している。我々の研究にも熱が入ってきた。

このような播種実験の成功には「好機の巡り合わせ」が必要である。多くの樹種のタネを集めることができて初めて成功する。あまり遠くの木のタネは遺伝的に異なっている場合があるので黒森の周辺で多くの樹種のタネを探さなければならない。目を皿のようにして探し回るが樹木の結実には豊作年や凶作年といった種子生産の周期性、いわゆる「豊凶」があるので普通の年には多くのタネは集まらない。たまたま多くの樹種の豊作年が一致した年に遭遇して、この実験を行うことができたのである。こんな幸運な年は五、六年に一度あれば良い。タネは地表に播いただけでは、すぐにネズミが集まって来て食べてしまうので、ネズミが入れない細かいメッシュの方形のカゴをタネにかぶせることにした。特にブナや、クリなどの大きな種子があると地中にトンネルを掘ってでも侵入するため、カゴは一〇㎝以上の深さに埋めなければならない。四角に溝を掘ってからその真ん中にタネを播き、カゴで蓋をして、カゴの周囲に再び土をかける。これをカゴの数だけ、合計二五六回繰り返した。何人もの学生さんたちの数日間にわたる土木工事によって播種実験の準備ができ、少しずつ自然の仕組みが明らかになっていったのである。

さて、本題に戻ろう。これまでの調査から、親木から離れた実生だけが生き残り、親木の下の実生は病気などによってほとんどが死んでしまうことが分かってきた。しかし、親木の下で、自分の子どもは死んでも他種の子どもは生き残れるかどうかは、まだ誰も調べていなかった。親木の下では自種の実生から他種の実生への「種の置き換わり」が起きるのかどうか、はジャンゼン–コンネル仮説の成立を左右する極めて大事なことである。これもまた、タネを播いて調べることにした。

親木の下では他種の子どもが生き残る

ウワミズザクラの成木の下ではウワミズザクラの実生は死んでしまうがミズキやアオダモの実生は生き残れるのだろうか？　ミズキの成木の下ではウワミズザクラやアオダモの実生の方がミズキよりも生存率が高いのだろうか？　樹種の置き換わりを調べるためにウワミズザクラ・ミズキ・アオダモそれぞ

れの成木の下に、それぞれ三種のタネを播いた。いわゆる「交互播種試験」を行いどの種の成木の下でも三種すべてが発芽してくるようにした。予想通り、いずれの成木の下でも、同種の実生はほぼすべて死亡したが、他種の実生は一〇〜四〇％ほど生き残った。ウワミズザクラの下ではウワミズザクラの実生はほぼ全滅しアオダモやミズキが少し生き残った。ミズキの成木の下ではミズキの実生はほぼ全滅し、ウワミズザクラやアオダモが少し生き残った。ただ、アオダモの下ではアオダモだけでなくミズキの死亡率も高くウワミズザクラだけが生き残っていた。つまり、いずれの成木の下でも自分と同じ種の子供はほぼ死亡し、他種の子供は少なくとも一種は生き残っていた。これは、どの種の成木の下でも、自種の実生から他種の実生への置き換わりが起きていることを示している。このような置き換わりが一つの森を構成する多くの樹種で見られるならば、その森は多様な種で構成されるようになるだろう。この実験結果はジャンゼン-コンネルが提唱した仮説に沿って温帯林の種多様性が創られていることを強く示している。

種特異性という不思議

「成熟した大きな木の下では、その親の子どもつまり同種の実生は死ぬが、よそから飛んできたタネから芽生えた他種の実生は生き残る」といった現象は、よく考えるととても不思議だ。これは親木の下にいる病原菌が親と同種の実生と他種の実生を違うものと認識し、同種の実生をより強く攻撃しているためだと考えられている。これは、病原菌の「種特異性」とか「宿主選択性」とか呼ばれているが、理論的に推測されているだけで実際の森林で確認された例はほとんどない。我々は詳しく調べてみることにした。

種の置き換わりを調べた前記の交互播種試験では、ウワミズザクラ・ミズキ・アオダモ、どの成木の下でも立ち枯れ病が蔓延していた。いずれの成木下でも三種の実生の半数は立ち枯れ病によって死んでいた。山崎さんは死亡した実生すべての病斑部分を丁寧に顕微鏡で調べた。死んだ実生からはコレトトリカム―アンスリサイ（*Colletotrichum anthrisci*）という病原菌が多く検出された。この菌であることは剛毛が頻繁に見られることや、三日月型の特徴的な胞子で分かるが、DNA鑑定も行い特定した。この病原菌は三種の種の成木の下の三種の実生いずれにも立ち枯れ病を引き起こし死亡させていた。つまり、コレトトリカム―アンスリサイは森の中のどの木の下にでも居て、誰彼みさかいなく攻撃する「宿主範囲の広い」「多犯性の」病原菌であることが分かった。さらに、驚くべきことは、この菌はそれぞれの種の成木の下では、成木と同じ種類の実生をより強く攻撃し極めて高い死亡率を引き起こしているのである。ミズキの下ではミズキの実生に強い毒性をもち、ウワミズザクラの下ではウワミズザクラの実生をより強く攻撃しているのである。これは、コレトトリカム―アンスリサイという病原菌はそれぞれの親木の下で「種特異性」を発達させているということを強く示唆している。このような種特異性はどのようにして発達するのだろうか？

親木の下では、ほぼ一年おきに種子が大量に落下し翌年には大量の芽生えが見られるので、落ち葉の中で冬越しをしているコレトトリカム－アンスリサイは長年同じ種のタネや実生を攻撃しているうちに、その種への毒性をしだいに発達させ強めていったものと考えられる。しかし、我々が調べたフィールドセンターの黒森は戦後、放牧地が放棄されて自然に出来上がった若い林であり、ミズキもウワミズザクラもせいぜい四〇年生から六〇年生ほどだと考えられる。木が成熟して種子を生産し始めるには二〇年程かかるとすれば、種子散布を始めてからまだ二〇年から四〇年ほどしか経っていない。これほどの短い期間で、それも親木の下せいぜい半径一〇m程度の極めて狭い場所で病原菌は特定の種への毒性の強さ（種特異性）を発達させることができるものなのだろうか？　そこで、接種実験によって種特異性が短期間に発達するかどうかを確かめてみることにした（図1・3）。まず、ウワミズザクラ、ミズキ、アオダモ、ホオノキの四種類の親木の下でコレトトリカム－アンスリサイに感染して死亡した同種の実生から病原菌の菌株を採取（単離）して培養した。そして、無菌状態で生育させたミズキとアオダモの実生に接種し、同じ種から採取した菌株が他種由来の菌株よりも毒性が強いかどうかを調べた。つまり、ウワミズザクラの親木の下で巣食ってウワミズザクラの実生を死なせたコレトトリカム－アンスリサイの菌株は、ミズキやアオダモ・ホオノキの下に巣食って、それぞれ同種の実生を死なせた菌株よりも、ウワミズザクラの実生に対してより強い毒性を示すのかを調べたのである。

結果は予想通りであった。ウワミズザクラの実生に最も強い毒性を示したのは、ウワミズザクラの成

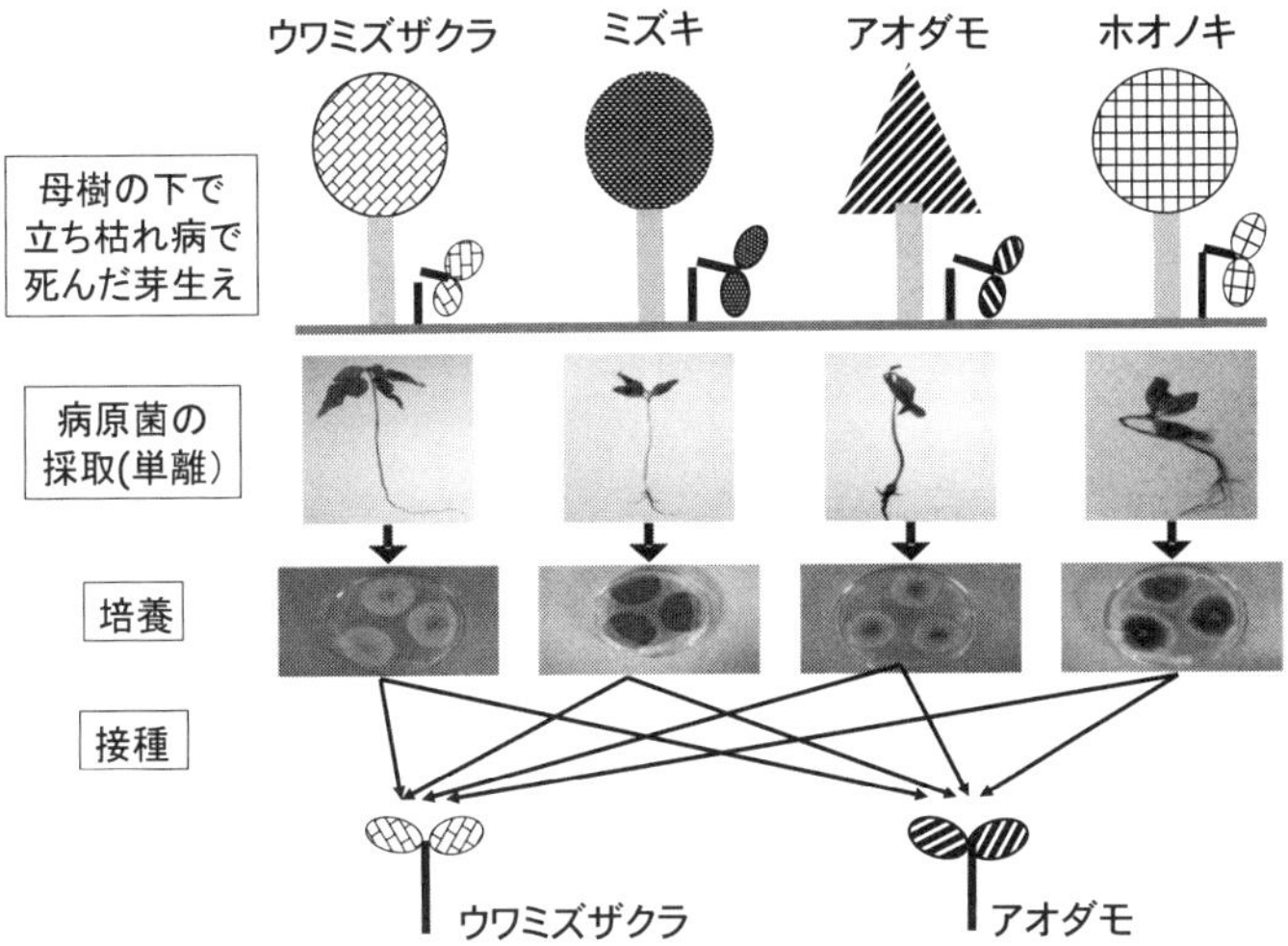

図 1.3　立ち枯れ病菌の種特異性を調べる
（今埜・岩本・清和 2011 から作図）

木の下から採取した菌株であり、他の三種の木の下から採取したものは毒性が弱かった。アオダモの実生に接種した場合でも同様だった。アオダモの成木の下から採取した菌株が最も毒性が強く、ウワミズザクラやミズキ・ホオノキの下から採取した菌株はそれより弱かった。つまり、実生に対する毒性は、同じ種類の母樹に由来する菌株が最も強かったのである。このように、森の中のどこにでも居る普通の病原菌、コレトトリカム－アンスリサイは、樹木が成熟しタネを散布するようになってから僅か二〇－四〇年ほどの間に、親木と同種の芽生えに対して特に強い毒性を発達させていたのである。

樹木は動物のような子育ては出来ない。その代わり、樹木の親はタネや芽生えに病原菌に抵抗するためのさまざまな仕組みを持たせている。例え

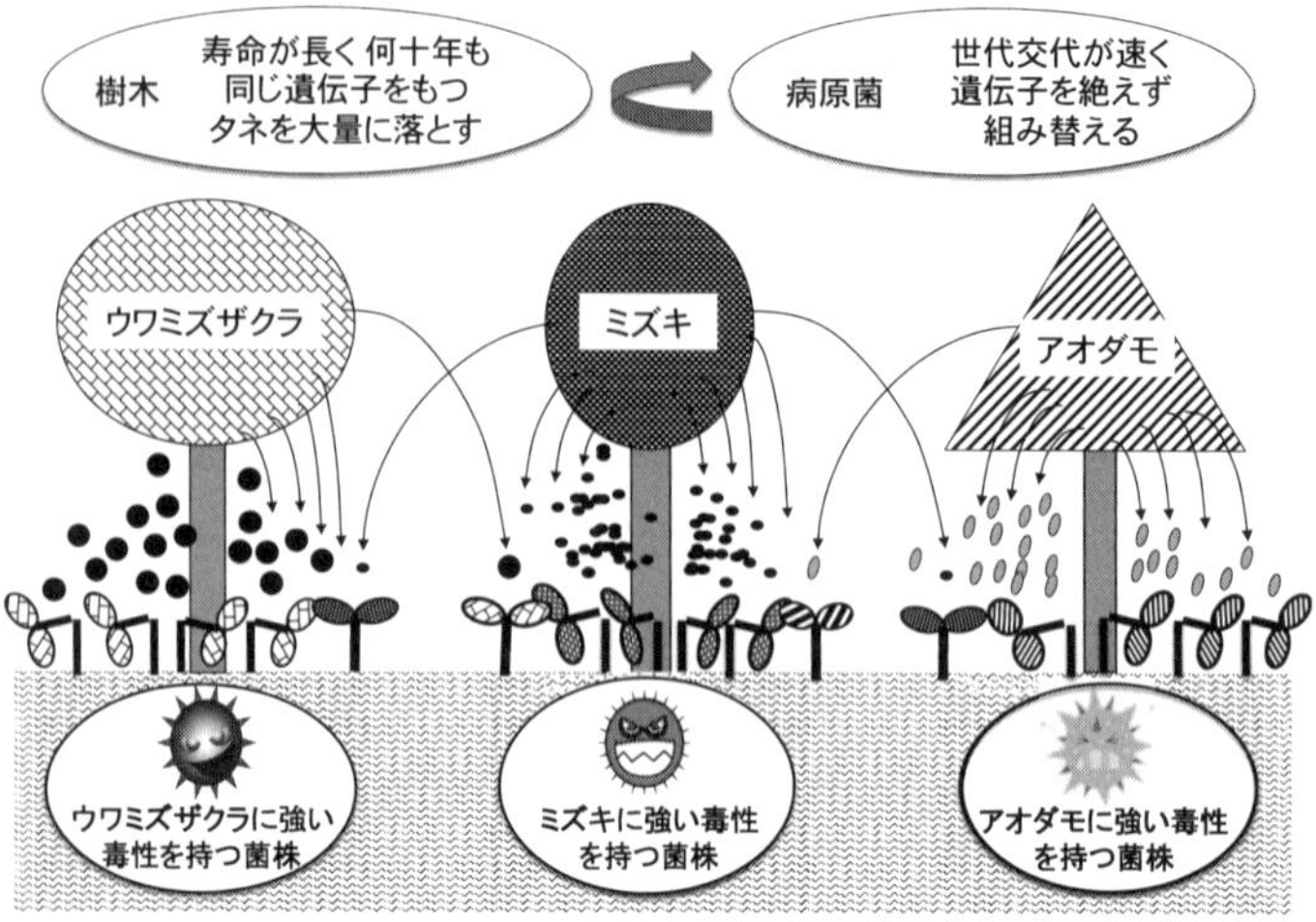

図 1.4　多犯性の病原菌の種特異性の進化

ば、タネや芽生えはフェノールとかタンニンといった病原菌や葉を食べる虫などが嫌がる物質、いわゆる防御物質をあらかじめ親から貰って備えている。もちろん芽生えた後も光合成をして自分で防御物質をたくさん作り出している。このような防御物質の設計図は同じ母親から受け継いでいるのでその成分は同じ親の子どもであれば、母親が何歳になっても大きくは変化しない。花粉親である父親が多少違うだけで、何十年、時に何百年もの間ずっと同じ母親の遺伝子を受け継いで同じ成分の防御物質を作っている。

一方、親木の下に巣食う病原菌の方は世代交代が極めて速い。遺伝子をどんどん組み換えてタネや実生の防御機構をかいくぐるものが出始める。そして、時間とともにしだいにその親木のタネや実生に強い毒性をもつ菌が増えてくるのである（図1・4）。

したがって、同じコレトトリカム－アンスリサイでもミズキの下ではミズキの実生を強く攻撃し、ウワミズザクラの下ではウワミズザクラの実生を、アオダモの下ではアオダモの実生をより強く攻撃するようになったのだと考えられる。ウワミズザクラやアメリカのサクラの一種では、細い親木の下よりも太い親木の下で実生の死亡率が高いことが知られている。この事実もまた、老木の下では病原菌がより長い間にわたって世代交代できるため強い毒性を持ったものに発達したことを示している。したがって、他所から飛んできた他種の実生には毒性がそんなに強くはなく、他種の実生は生き残るのである。

これまでは、親木の下で同種の実生が死ぬ理由として、「親木の近くには立ち枯れ病を引き起こす病原菌が土壌中に数多く巣食っている」とか、「より致死性の高い種類の病原菌がいる」といったように漠然と考えられてきた。もし、そうだとすると大きな親木の下では他種の実生も同時に死んでしまう。この接種試験で明らかになったように、森林の中でどこでも普通に見られ多くの樹木種に広く感染し毒性を示す病原菌いわゆる宿主範囲の広い多犯性の病原菌が、ある種の成木の下ではその種だけを特に強く加害し、他の種はあまり加害しないといった「種特異性」を進化させることが分かった。病原菌の種特異性によって成木の下における同種実生の高い死亡率を引き起こし、他種実生への置き換わりを促している。「病原菌の種特異性が温帯林の種多様性を創り上げている」といっても言い過ぎではないだろう。

真上から降ってくる葉の病気

立ち枯れ病のほとんどは土壌や落ち葉の中に潜む菌が引き起こす。生まれたての小さな芽生えにとっては、地中から忍び寄って襲いかかる極めて恐ろしい病気である。しかし、実生が大きくなるにつれ立ち枯れ病で死ぬことは少なくなる。むしろ、ウワミズザクラ角斑病のような親木の葉とともに真上から降ってくる「葉の病気」のダメージが増してくる。親木の下の実生にとっては避けることができない恐ろしい病気だが、これもまた種特異性を持ち、種多様性を創り上げる大きな原動力となっている。

ミズキの成木は毎年のようにミズキ輪紋葉枯病（りんもんはがれびょう）（以下輪紋葉枯病）という病気に感染する。この病気に感染すると葉には大きな輪が何重にも同心円状に重なった目玉模様が現れる。およそ一年おきに、症状は重篤になり感染葉を真夏に大量に落とす。樹冠の三分の二ほどの葉を落とす場合もあり冬の裸木のように見えることもある。しかし、親木はこの病気で枯れてしまうことはない。枯れないで生き続けることによって、子どもへの感染源となり続けるのである。輪紋葉枯病は罹病葉やその上に作られた菌糸体が風に飛ばされ広がっていく。どれくらい飛んでいるのかトラップを仕掛けて調べてみると、両方とも親木からだいたい一五m以内に落下していた。したがって、親木の近くで発芽したミズキの実生の多くはこの病気に感染する。感染すると葉には、まず目玉模様の病斑が現れ、それが大きくなり、しだいに葉全体を溶かすように病斑が広がり、葉をダメにしてしまう。その後、葉柄を伝って主軸（幹）に達

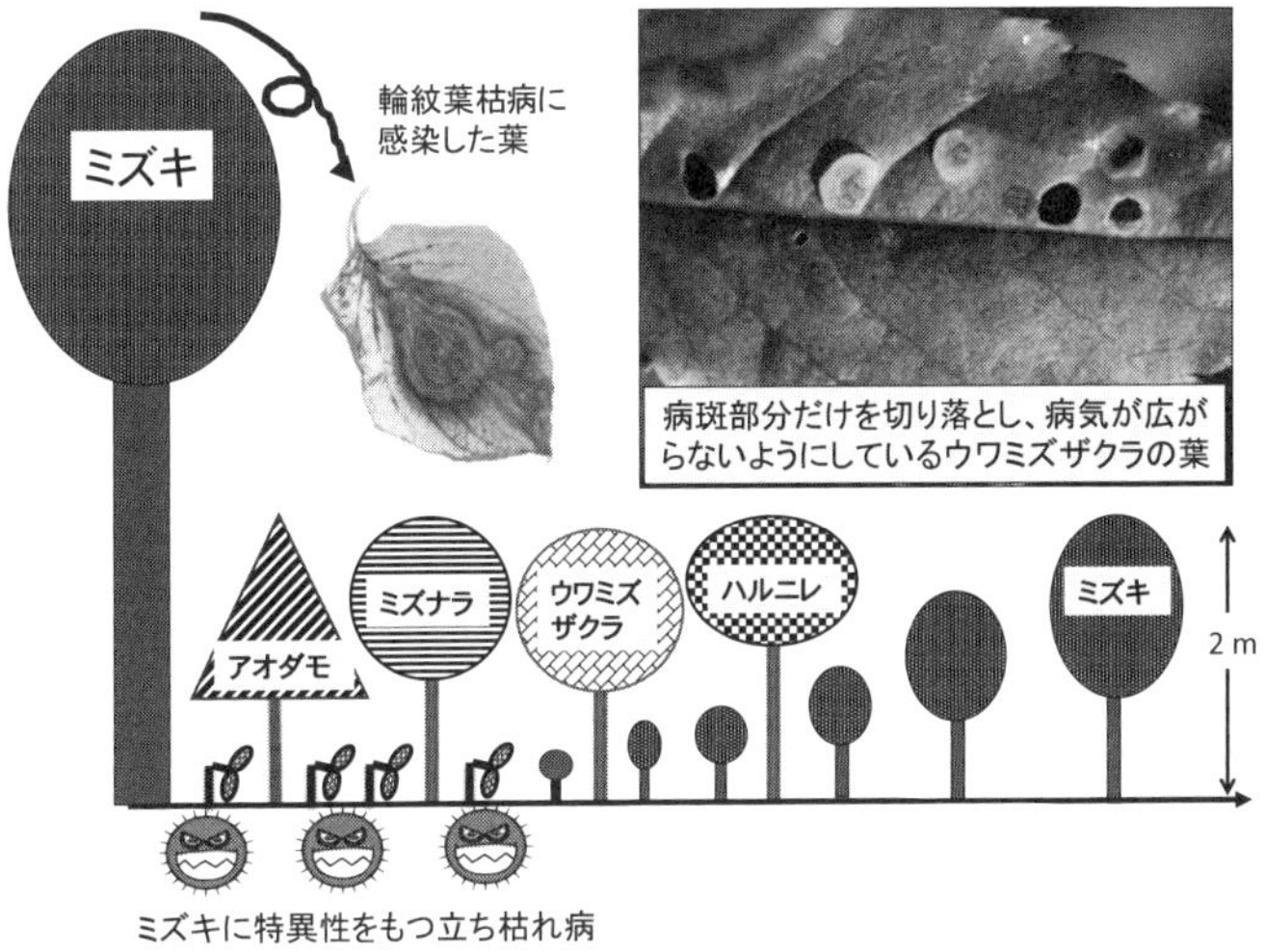

図 1.5 ミズキの下で大きくなる他種の稚樹

し実生は枯死する。また、稚樹も真夏に葉のほとんどを落とすことによって大きなダメージを受け、大きく成長することができず死に至るのである。

輪紋葉枯病が感染するのはミズキだけではない。ミズキの成木の下ではミズナラ、ウワミズザクラ、イタヤカエデ、カスミザクラ、ハルニレ、ヤチダモなど多くの稚樹に感染しており、いずれも葉に目玉模様の病徴がはっきりと見られる。しかし、よく調べてみるとミズキに比べ、どの種も目玉がとても小さく病斑が広がらないことが分かってきた。さらに病斑の周りに切り込み線のような丸い離層を作って、病気が感染した部分を自ら切り取って落下させてしまうことが分かった（図１・５）。したがって、被害は葉のごく一部に見られるだけで、葉全体には広がらない。もちろん全身に広がることはなく、感染したからといってダメージも少ない。枯れてしまうことも少ない。このように見てくると輪紋葉枯病菌は、立ち枯れ病を引き起こすコレトトリカム－アンスリサイ以上により強い種特異性があるように見える。

その結果、黒森で調べるとミズキの成木を中心とした半径一〇mの円内にはウワミズザクラ、ミズナラ、アオダモ、ハルニレなどの稚樹が見られ、それらはいずれも二mほどに立派に成長していた（図1・5）。しかし、ミズキの実生は大きくなれず、大きいものでも高さ二〇～三〇cm程度であった。このようにミズキの実生は親木の近くでは、発芽して間もない時は立ち枯れ病菌に感染し、その後毎年のように輪紋葉枯病に襲われる。その両者とも強い種特異性を持つことによって、ミズキの成木の近くではミズキの実生が成長できず、他の広葉樹の実生・稚樹へ置き換わっているのである。

このような種特異性はウワミズザクラ角斑病でも見られた。角斑病をウワミズザクラとミズキやホオノキの実生に接種するとやはりウワミズザクラの実生に対する毒性が最も高かった。ミズキ輪紋葉枯病とウワミズザクラ角斑病は、その命名のように、それぞれの種の成木で最初に見つかったものであり、それぞれミズキとウワミズザクラに最も感染しやすく毒性も最も強いようだ。したがって、その実生を他種の実生より強く攻撃するのは当然のことだろう。親から子に感染するので種特異性といったことは驚くべきことではないのかもしれない。しかし、種特異的であってもその病原菌の毒性が、親木を死なせるほどではないが子どもは死なせてしまう、といった中途半端さがこの菌を存続させている。そして、成木は生き延びさせ、その下で子どもだけ死亡させることによって、他種への置き換わりを強く押し進め、種多様性を維持することに貢献していると言える。森の中の菌と樹木の不思議な関係が種多様性を創り上げているのである。

種子散布の進化を促す

これまで見てきたように、温帯林の多くの樹種では、親木の近くで発芽した実生はほぼ全滅し、生き延びるのは遠くにタネが散布され発芽したものだけである。親木は子どもを死なせたくはないし、ちゃんと大人に育って欲しい。自分に罹った病気が子に感染して死んで行くのを見るのは親にとっては忍びがたい。これは、生きもの共通の「想い」であろう。子どもが生き延びていくには少しでも自分から遠くに飛ばすしかない。こうしてみると、なぜ、どんな樹木でもタネを遠くに散布させようとしているのかが理解できる。親木は子どもが自分から離れて遠くに行けるように、タネや果実にさまざまな仕組みを発達させたのだ。サクラやミズキ・ホオノキのタネは鳥に散布してもらうために、果皮を赤くしたり黒くしたりして派手な色合いで目を引き、そして、口に入れてもらうように甘くて栄養価の高い果肉をたっぷりと用意する。アオダモやイタヤカエデやシナノキなどの親はタネに広い翼を付けてやり、風にのって遠くに飛んで行けるようにしている。ブナやミズナラ・コナラなどは栄養満点のドングリ（堅果）を作り、九九％以上はネズミなどに食べられてしまうが、遠くに運ばれ、わずかでも食べ残されることを期待している。親木としては、たとえ、いろんな動物達に食べられたとしても、すこしでも自分の子どもが生き残ることができるように、身を削ってでもタネに多くの投資をして子どもを遠くに旅立たせているのだ。

このように樹木の子どもたちは鳥やネズミなどに遠くに運んでもらったものが生き残り大きくなっていく。決して、親木の周りに子どもが同心円状にひろがり、周囲の空間を一族郎党が独り占めすることはない。これらの一連のプロセスを見ると、森の中の菌類、鳥・ネズミなどのさまざまな栄養段階の生物がそれぞれの役目を果たすことによって種の多様性を創り上げていることが分かる。

実際に老熟した天然林を歩くと、サクラ類やミズキ・ホオノキなどは、成木がお互いに二〇mから三〇m程度離れて、ぽつん、ぽつんと立っている。それぞれ集団を作らず別の種類の樹木が互いに隣り合って立っている。しかし、牧草地などが放棄された後にできた若い林では、イタヤカエデやミズキなどが数本から数十本まとまって分布しているのを見かけることがある。「ジャンゼン-コンネル仮説が成り立ってませんよ！」と言われる。しかし、早合点してはいけない。これは、近くに親木があり種子がまとまって散布されたためである。広い空き地にできた若い林では種子散布パターンが樹木の分布パターンを決めている事が多い。しかし、それらの若い木もいずれ成熟しタネを散布するようになると次世代の子どもたちは病原菌などの働きにより遠くに分布するようになる。このようなことを数世代繰り返すことによって同種の個体の集中が解消されて、他の木が混じるようになっていくと考えられる。森林の種多様性は長い時間をかけて創られているのだ。

近年、熱帯ではもちろん、アメリカや日本の温帯の落葉広葉樹林でこのようなジャンゼン－コンネル仮説が成立することが次々と報告されるようになった。最近では中国でも報告されている。ジャンゼン－コンネル仮説は熱帯林と同様に温帯林でも成り立つ普遍的な仕組みを示しているような気がする。これは一朝一夕で作られるものでなく、長い間の生物の進化の帰結なのである。

2章

森を独占したがる種とそれを防ぐメカニズム

先駆種は純林をつくる、しかし遷移が進む

温帯林にはどうみてもジャンゼン－コンネル仮説が成り立っているとは思えない森林がある。つまり多様性の低い単純な林が多い。特に気温の低い北海道や東北などの冷温帯林を見渡すと一つの種が優占し純林を作っているのを良く見かける。石狩川など大きな河川の川沿いには広大なオノエヤナギの純林が見られる。河川の氾濫によって生えていた植物が流され、その上に土砂などが堆積した所にタネが大量に飛んできて成立したものと思われる。その一段上のかなり大きな洪水によって出来たであろう氾濫源には広大なハルニレの一斉林が見られた。北海道のオホーツクに近い西興部(にしおこっぺ)の山火事跡にはシラカンバやダケカンバの一斉林が見渡す限りどこまでも続いていた。南富良野にはウダイカンバの純林があった。南大雪の急傾斜で崩れた林道法面にはヤマハンノキが一面に生育していた。また、岩手や信州などでも広いカンバ林が見られる。東北の小高い山の尾根筋などでアカマツが純林を作っている。これらが

純林をつくるのは、大洪水や山火事、台風、地すべり、土砂崩れなどの大規模な撹乱の後にできた広い空き地に、風に載って飛んできた大量の小さなタネがいち早く到達できるためだと言われている。こういった樹種は植生遷移の初期に先駆的に侵入するので「先駆種」または「遷移初期種」と呼ばれている。これらの樹種ではタネは小さいものの成長がとても速いので周囲の草や灌木などとの競争にも負けることなく空き地を一斉に占拠できる。したがって純林を作り易いといわれている。

しかし、これらの樹木が周囲にどんどん広がって単純林の面積を増やしている訳ではない。また、いつまでも同じ純林のままでいる訳でもない。頻繁に撹乱が起きる川沿いなどには絶えずヤナギが優占する。しかし、撹乱がないまま時間が経てば、ヤナギ林にはハルニレやヤチダモなどが侵入し始め、次第に混交林になっていく。山火事跡に成立した二〇年生の若いシラカンバ林を二年ごとに追跡調査した例を菊沢喜八郎さんが『北海道の広葉樹林』という本で紹介している。この林は最初、シラカンバの本数が圧倒的に多く、またシラカンバは樹高も高いので外見的にもシラカンバの純林の様相を呈していた。他にミズナラ、アズキナシ、イタヤカエデ、ホオノキなどが下層に混ざっていた。ミズナラは焼け残った切り株から萌芽したものである。アズキナシやホオノキは鳥によってタネが運ばれてきたものだろう。しかし、時間とともにシラカンバがどんどん減っていき、当初haあたり四八〇〇本あったシラカンバは八年後には二〇〇〇本まで減少した。一方、ミズナラ、アズキナシ、イタヤカエデ、ホオノキはほとんど枯死せず、次第に大きくなった。この林はシラカンバの純林からミズナラやイタヤカエデ、アズキナシなどとの混交林に移り変わっていったのである。

このように遷移初期種がつくる純林は時間が経てば、安定した森林をつくる「遷移後期種（極相種）」が混ざるようになり、その後遅かれ早かれ置き換わっていく。遷移後期種は暗い林床でも光を獲得して光合成をする能力が高いので、比較的明るいカンバ林やアカマツ林などの林床ではどんどん大きくなっていく。さらに、時間が経ち、遷移後期種が大きくなり開花しタネを散布するようになると遷移後期種の子どもたちが更新してくる。そうすると、ジャンゼン–コンネルメカニズムが作用するようになり、種の多様性がさらに高まっていくと考えられる。

菌根菌が純林をつくる⁉

温帯林で大きな純林を作るのは、小種子をもつ遷移初期種ばかりではない。ドングリのような大きな種子をもつミズナラやブナなどの遷移後期種も大きな集団を作る。ドングリはネズミなどのげっ歯類に散布されるが、その距離は遠くてもせいぜい五〇–六〇mくらいで、小種子をもつカンバ類のように何㎞も運ばれる訳ではない。たまにカケスなどの鳥たちにも散布されるが量は多くない。純林が出来るのは「軽いタネが大量に遠くへ散布されるので大きな攪乱地に辿り着き易い」といったことでは説明できないだろう。どうして北海道ではミズナラが優占したり、日本海側の多雪地帯ではブナが優占して純林に近いような景観を見せているのだろうか。その秘密はまたしても菌類にありそうだ。

森の中にはさまざまな菌類がいる。ジャンゼン‐コンネル仮説で重要な働きをする「病原菌」だけではない。正反対に、樹木の成長や生存を大きく助けている「菌根菌」を無視することはできない。なにせ、菌根菌は陸上植物の約八割と共生していると言われており、病原菌と同様、森の中のいたる所で見られるからである。

菌根菌は植物の根と互いの組織が複雑に入り組んだ菌根をつくり、また、土壌中にも菌糸を伸ばす（図2・1）。菌糸は植物の根よりずっと細く、一〇〇分の一以下の直径しかない。植物の根よりもずっと長いので、植物の根が侵入できない土壌の狭い隙間にも侵入できる。植物は菌根菌と共生することによって土壌中のチッソ・リン酸・カリウムなどの無機養分や水分などを効率的に吸収することができ資源獲得能力は飛躍的に増す。ヨーロッパブナでは、菌根菌に感染した根のリン酸の吸収量は感染していない根に比べ約五倍も高いことが知られている。さらに菌根菌は病原体への抵抗力を高め植物の定着を助けていることも知られている。その見返りとしてデンプンなどの光合成産物を植物からもらって共生している。菌根菌と植物は「相利共生」の関係にある。良く知られているマツタケも菌根菌の一種である。地上で見られるキノコは胞子をつくるための繁殖器官であり、地下部には長い菌糸が伸びてアカマツの根に入り込んで菌根を形成している。

純林をつくることに菌根菌が影響すると考えられるのは「菌糸ネットワーク」を作る性質があるためである（図2・1）。ある場所で樹木への菌根菌の感染が進むうちに、二本以上の樹木が同じ菌根菌に

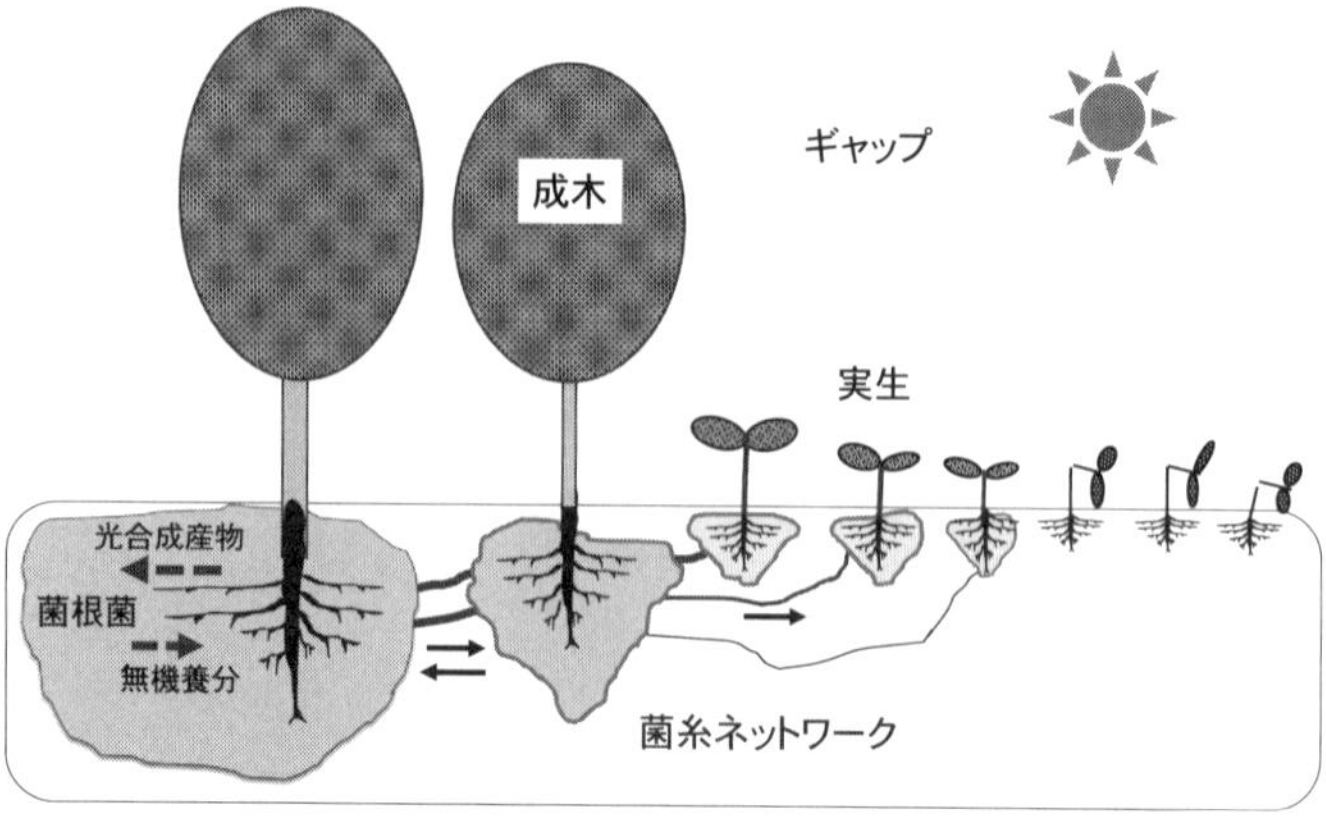

図 2.1　樹木の根の組織に入り込んだ菌根菌は光合成産物を見返りに土壌中の養分や水分を樹木に供給する。さらに２本以上の樹木や実生が「菌糸ネットワーク」を作り、同じ菌根菌による菌糸で結ばれ成木の近くの実生へ養分が供給される。

よる菌糸でつながれた状態を「菌糸ネットワーク」という。五〇㎡を超えるネットワークも見られており、このネットワークを通じて複数の樹木の根系が連結される。成木の根が伸びている所の近くでは、実生（みしょう）が菌根ネットワークに組み込まれることにより、菌根菌の菌糸を通じて成木から光合成産物を得ることができる。アメリカの例だが、草地で更新したミズナラの仲間のピン・オークの実生はピン・オーク林の林縁に近い所ほど菌根菌の感染率が高くなり、実生の定着率も高くなった。鳥取大学の谷口武士さんも鳥取砂丘のクロマツ林とニセアカシア林が隣接する所で同じような傾向を見いだしている。クロマツに感染する菌根菌の割合はクロマツ林で最も高く、そこから離れニセアカシア林の内部に行くほど減り、それにともないクロマツ実生の生存率も低下することを見いだしている。このような傾向は、世界中のさまざまな樹種で見られており、菌根菌と共生する樹種が優占している林分から一〇–一五mほどの距離までは菌根菌が同種の実生の成長や生存率に良い影響を与えている。つまり親木の周辺では菌根菌群集の菌糸ネットワークが発達し、多分、成木の根系が届く距離までは菌根菌の助けによって実生が定着し易いのだろう。したがって、親木の周囲に子どもがどんどん広がって行き、菌根菌は同種が純林を創っていくのに貢献しているように見える。

しかし、ここでもう一度ジャンゼン–コンネル仮説を思い出してみよう。親木の下の土壌には、子どもを加害する立ち枯れ病菌がたくさんいる。また、病気に感染した親木の葉も真上から降ってくる。つまり、親木の近くは子どもを加害する病原菌も子どもを守り育てる菌根菌も両者とも活動性が高い場所である。親木の下の実生にとって菌根菌と病原菌のどちらが、より強い影響力を持つのだろうか。

近年、そのヒントがカナダの広い自然草地やパナマの熱帯雨林から報告されている。一つの草地や森林で共存する多くの種の中で、とくに目立たないようにひっそりと生きている数の少ない種では「病原菌」による負の効果、つまりジャンゼン–コンネル効果が強く働き、一方で、個体数が多く優占している種ではむしろ「菌根菌」によって同種の生長が促進される傾向が強いというのである。我々も、黒森の播種実験で得られたデータを病原菌による死亡率だけ取り出して整理すると同じような傾向が見られた。つまり、一つの森の中で個体数の少ないウワミズザクラや、ミズキ、アオダモ、ホオノキなどでは親木の下では同種の実生のほとんどが病原菌によって死亡したのはこれまで見てきた通りであるが、一方、個体数が多く優占種であるブナやコナラ、クリなどは病原菌による死亡率はむしろ同種の親木の下の方が他種の親木の下よりも低かったのである。これは、優占種では菌根菌との共生関係が強く働き、病原菌の負の効果を上回っていることを窺わせる。このように、病原菌や菌根菌に対する感受性の強さが個々の樹種によって異なり、それが森林における優占度を決める大きな要因になっていると思われる。

　しかし、これらは安定した森林の中、つまり暗い環境下で起きていることである。老熟した森林では年取った木が倒れて光の差し込む明るい隙間（ギャップ）がしばしばできる。そうすると菌根菌の方が病原菌よりも力を増すことを英国のフッドさんらが熱帯の樹木の一種で見出している。光の差し込まない林内ではやはり親木の下ではその子どもは病原菌に感染して死んでいたが、親木のそばの木を切ってギャップを作ってやると実生への菌根菌の感染率が高くなり、実生は大きく育っていた。つまり、明るい所では実生は病原菌よりも菌根菌に強く影響されるというのだ。暗い林内ではジャンゼン-コンネル仮説が成り立ち種多様性を高める方に向かうが、明るいギャップでは親木に近い所ほど同種実生の生存率が高くなり純林を作り種多様性が低くなる方に向かうのではないかと推測できる。このようなことが温帯林でも実際起こっているのか、そしてどのような樹種で起こりやすいのかを今、大規模な試験地を作って調べている。留学生のバインダラさんやウラントーヤさんたちが調査した最新のデータを見るとフッドさんたちと同じことが観察されている。光環境が良いと菌根菌の方が病原菌に勝っているようだ。それも優占種でその傾向が強そうである。もし優占種の近くにギャップが出来れば母樹の周辺に同種の子どもが菌糸ネットワークを通じて容易に広がることができるので、ますます優占種はその優占度を高めていくだろう。もし熱帯林よりも温帯林の方が大きなギャップができやすいとすれば、「温帯林に純林が多く種多様性が熱帯より低い」のは菌根菌との関係から説明できるかもしれない。

このように森林の種多様性を説明するには病原菌だけでなく、これからは菌根菌も含めた両方の効果を考えていく必要がありそうだ。今、菌類が専門の深沢さんと共同でいろいろな操作実験を行っている。まだまだ多くのことが空想の域を出ないが、これから多くのことが明らかになるだろうと期待している。

ブナは森を独り占めしない――地すべりでリセット

これまで見てきたように、ブナ、ミズナラなどは菌根菌と共生し一つの林分で優占し易い樹種であると考えられる。また、これらは老熟した森林で優占する遷移後期種（極相種）でもあり、安定した森ではいつまでたっても頑健で自分の場所を他の種に譲ることなく森を独り占めしているように思える。しかし、極相種とはいえ森を特定の種に独り占めさせない様々なメカニズムが存在することが分かってきた。ブナを例に見てみよう。

ブナは北海道の黒松内低地帯を北限とし九州の高い山まで分布する。特に日本海側の雪深い地域では見渡す限りブナまたブナの森が広がる。日本の冷温帯を代表する広葉樹といって良いだろう。新緑はどんな木でもきれいなものだが、特にブナの若葉はこんもりと力強く出てくるので春の勢いが感じられる木である。ブナは他の広葉樹よりも暗い森の林床などでもしぶとく生き延びており、耐陰性が高いことが良く知られている。豊作年の翌年には暗い林床に大量の実生を見ることができる。これらの実生は、いろいろな障害に遭い数を減らしながらも生き延び、「小さなギャップができ、少しでも明るくなるとそれに反応して少し大きくなる、といったことを数回繰り返しながら多くの年数を費やしてやっと上層の林冠に到達する」と宇都宮大学の大久保達弘さんは論文に書いている。多分、菌根菌などの助けも借りながら、しぶとく生き延びて長い時間をかけて大きくなっていくのだろう。このようにして安定した森林でも次第に優占する度合いを増しながらブナ林を維持していると考えられている。

しかし、ブナ林とはいえ、ブナだけが寡占している訳ではない。ミズナラやホオノキ、トチノキ、イタヤカエデ、ウワミズザクラなど多くの広葉樹と混交している。特に太平洋側のブナ林では日本海側よりブナの占める割合が減り、他の広葉樹の占める割合が増える。森林全体に占めるある樹種の優占度は「相対優占度」という指数で示されるが、これは、森林全体のバイオマス（植物体の量）に占めるその種のバイオマスの割合のようなものである。千葉中央博物館の原正利さんや東北学院大学の平吹喜彦さんらによるとブナの相対優占度は宮城県北部の雪深い栗駒山麓の天然林では七八％でかなり高く日本海型のブナ林といってもよいが、少し太平洋側の自鏡山では二〇％しかない。一ha当たりの種数も栗駒で三七種ほどであるが、自鏡山では五二種もの広葉樹が共存している。このようにブナ林といってもブナだけでなく多くの樹種が混じり合っている。ここでは、なぜ、ブナといえども森を独り占めにすること

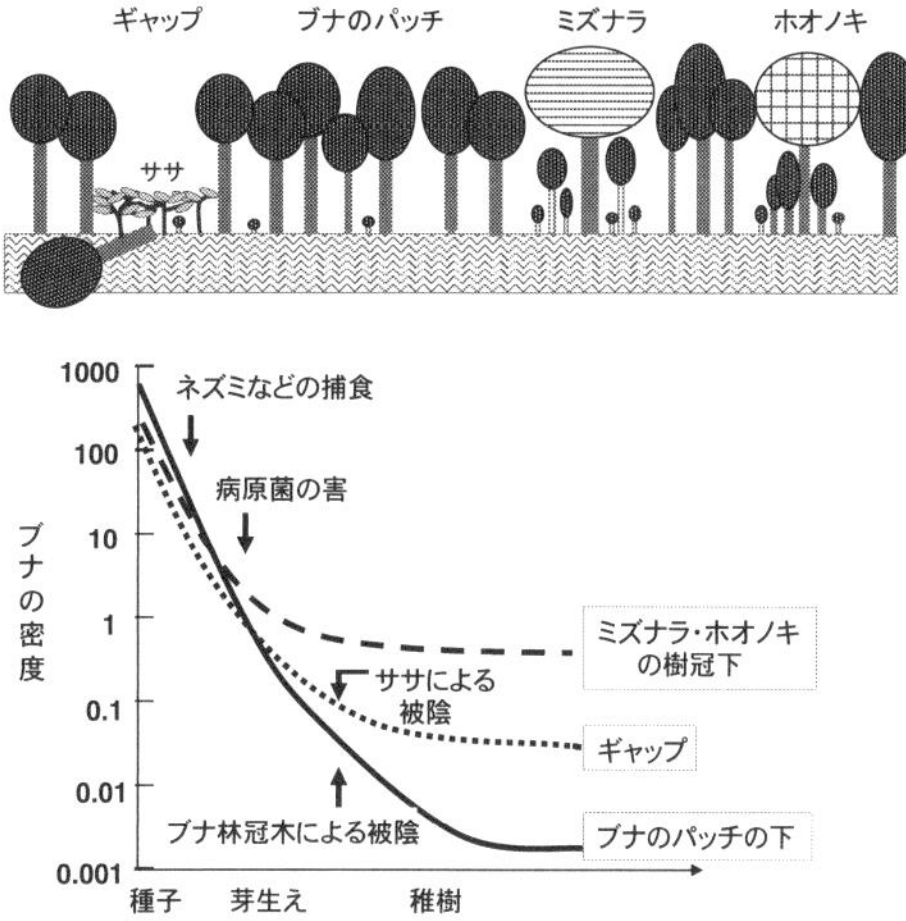

図 2.2　ブナ林の中のさまざまな場所におけるブナの生育段階にともなう密度の減少パターン

はないのか、そのメカニズムの一端を見ていくことにしよう。

まず、栗駒のブナ林で、ジャンゼン－コンネル仮説を検証した時と同じように、子どもが親木から離れて分布するようになるのか、それとも親木の下でも増えていくのかを見てみよう。ただ、ブナの成木はウワミズザクラやミズキなどのように一本一本離れて分布しているわけではない。数本から数十本まとまって集団で分布している。そこで、ブナがまとまって分布している「パッチ」を単位として調べた。つまり、ブナのパッチの下に散布されたタネと他の樹種（ミズナラ、ホオノキ）の樹冠下やギャップの下に散布されたタネの発芽後の生残過程を比較してみた（図2・2）。

ブナのパッチでは、健全なタネが一㎡当たり三三〇個も落下した。しかし、ミズナラ・ホオノキの樹

ブナの林冠下

ギャップ

ミズナラの林冠下

写真 2.1　ブナの実生が発芽した時の林冠の状況

冠下やギャップではブナの母樹から少し離れているのでブナのパッチの半分ほどの一九〇個しか落下しなかった。しかし、翌春、発芽直前に健全なタネの数をかぞえると両者とも四〇個ほどでほぼ同じになった。なぜならば、ブナのパッチでは地面にタネがたくさん落ちているのでたくさんのネズミが集まってきて食べたからである。食べ残されたタネの多くも冬の間に雪の下で白いカビ（病原菌）に覆われて死んでしまった。その後もブナの下で発芽した実生は立ち枯れ病などで大半が死んだ。やはり、ブナの樹冠下にはブナに対する毒性の強い病原菌が巣食っているからだろう。もう一つ、ブナの実生が生き残れない大きな理由がある。それはブナの成木の開葉の早さである。ブナの成木は雪が解ける前に葉を開くので、雪解け後に実生が葉を開き始めた時はすでに林床は真っ暗である（写真2・1）。春先に光合成が不十分だと実生は防御物質を作ることができないので病気や虫の攻撃に曝（さら）されるとひとたまりもない。このようにブナの成木の下にはタネはたくさん散布されるが、そこで大きくなれるモノはほとんどいないことが分かった。

一方、ミズナラやホオノキの樹冠下に散布されたものは、種子も芽生えも病原菌に攻撃されるものは少なく、ブナの下よりも生き残る確率はかなり高くなった。さらにミズナラやホオノキの成木はブナの成木よりも一ヶ月も遅く葉を開き始めるので、春先はそこだけギャップが出来たように明るい。山形大学の小山浩正さんはこれを「季節的なギャップ」と呼んでいる。春にブナ林に行って見れば良く分かる、得心のいく呼び名である。ブナの芽生えは、この季節的なギャップで春先にたっぷりと光を浴びて十分に光合成ができる。そうすると防御物質もたっぷり溜め込むことが出来る。その上、恐ろしい病源菌も少ないとなれば、ブナの子どもにとってはミズナラやホオノキの下はパラダイスである。ブナの子どもたちは親から離れミズナラやホオノキなど他の木の下で伸び伸びと育ち一〇mを超えるまで育っていく。親から遠く離れた所で次世代を担う立派な青年に育つことができるのだ。このように、ブナは成木が密集する所では更新しないが他の樹種の下で更新している。つまり、優占種といわれるブナであってもジャンゼン－コンネル仮説と同じような現象が起きているのである。言いかえれば、ブナの森では、まばらに生えているミズナラやホオノキの下ではブナの実生は大きくなっているが、広い面積を占めるブナの下ではブナはほとんど更新してないことを示している。したがって、ブナ林の中ではブナはむやみに増えることはないのである。これは、熱帯林でしばしば優占種となるフタバガキ科のショレア属の樹木でも同様のことが知られている。温帯・熱帯それぞれで優占種となるような樹木であっても、むやみに個体数を増やさないようなメカニズムが働いているのである。これらの一連の研究は、平吹さんのところから博士課程に進学してきた富田瑞樹くんが、学部学生の頃から七年ほど栗駒山に入りっきりになって研究した成果である。

しかし、問題はこれで解決した訳ではない。ジャンゼン–コンネル仮説に従えば、ブナ成木の下（ブナのパッチ）ではブナの代わりにミズナラやホオノキなどが更新するはずである。樹種の置き換わりが起きて初めて種の多様性は維持される。しかし、実際に調べてみると、ブナのパッチではブナはもちろん他の広葉樹もほとんど更新していない。年中暗いので、どこでもはびこるササも侵入できないでいる。ブナが死んだ後には何が更新してくるのかは良く分かっていない。逆にブナの実生はミズナラやホオノキなど他の樹種の下ではどんどん大きくなる。ウワミズザクラの下でもブナが大きくなっている。ブナ林ではブナの成木が近くに必ずいるので菌糸ネットワークでつながり養分補給を受けながら、大きくなっているものと思われる。これでは、ブナのパッチではブナの成木だけが見られ、ブナのパッチ以外ではブナの子どもたちが大きくなり、しまいには森の中はブナだらけになってしまう可能性さえある。ところが、実際の森は多くの樹種が混ざり合っている。ブナの独り占めを防ぐメカニズムがなにかあるはずだ。そのメカニズムの一つを見つけたのは偶然だった。

それは東北に研究の場を移してすぐであった。とりあえず樹木の名前でも覚えようとブナ林の中に一haの小さな試験地を作ったところ、変な地形に気付いた。斜面の下部の土が少し丸くせり上がり、その下から水がチョロチョロ流れ出ていた。山形大学の小野寺弘道さんに見てもらったところ、一目で「これは地すべりの先端部分だ」と断言された。試験地の下から見上げて左上方に「地すべり」の跡がはっきりと見て取れた。そこで地すべりが起きていない隣の「安定地」とブナの優占度合いを比べてみることにした。「安定地」ではやはりブナが優占し、その相対優占度は全体の三一%であった。ついでミズナラ・イタヤカエデ・トチノキといった老熟した森で見られる遷移後期種が続き、上位五種で全体の八割を占めた。ブナやトチノキは直径一mを超え、一番太いトチノキの年輪を調べてみると二七〇年生もあった。これらの事実はこの森が長い時間をかけて作られた遷移の進んだ森林であることを示している。それだけではない。林床ではブナやトチノキの実生が活発に更新しており、わずか五年間調べただけだがその間にも、さらに数を増やし大きくなっていた。つまり、この森の「安定地」では遷移後期種の優占度が増し続け、そのため種多様性が減少しつつあることを示していた。一方、隣接する地すべり地では景観は一変した。まず目立ったのはブナが少ないことだった。そして細いことである。ほとんどが二〇cm未満でブナの存在感が希薄である。ブナの相対優占度は全体の一四%と安定区の半分以下であった。ランクも四位に転落した。同じ遷移後期種のイタヤカエデやトチノキも、それぞれ安定区の五分の一から四分の一であった。安定した森林にゆっくりと侵入し、長い時間をかけてジワジワと優占度を増していた遷移後期種が、みな一様に地すべりによって流されてしまったのだ。一方、アカシデやヤマハンノキなどの遷移初期種が存在感を増していた。安定地での相対優占度は一％未満であったのに地すべり地ではそれぞれ五％、一九％と大きく増加していたのである。地すべりによって、ブナやトチノキなどの遷移後期種の巨木がなぎ倒され、明るくなった場所に、遠くから風に載っていち早く侵入したのだろう。アカシデやヤマハンノキは小さな種子をもつので落ち葉が厚く積もったままでは発芽できない。たとえ発芽したとしても地上に顔を出すことができない。地すべりはブナやトチノキなど太い木を取り払い森を明るくするだけでなく、地表面もきれいさっぱりしてくれることによって、タネの小さい遷移初期種の更新を大きく促しているのである。アカシデやハンノキの年齢を調べたところ、太い木も細い木も全て約六〇年生であった。つまり六〇年前に地すべりが起き、その直後に一斉に侵入したものだということが分かった。

日本には地すべり地が多い。特に日本海側に多くブナが分布する地域と重なる。地すべりはブナなどの極相種を排除することによって遷移の進行を止めるばかりか、遷移初期種が大量に移住し、種多様性を高める働きをしている。このような大規模な攪乱は我々人間の時間スケールでは目にすることは極めて稀だが、必ず起きることである。ブナの寿命は二〇〇年もある。この時間スケールで見ればその生涯の中で、地すべりだけでなく山火事や大台風、大雪崩、川沿いであれば大洪水など、なんらかの大攪乱に見舞われる確率は低くはないだろう。多分、森林ではそういったことが人知れず起きているのである。

人知を越えた大自然の猛威がブナなどの優占種の寡占を防ぐ一つの大きな契機となりさまざまな樹種の共存を促しているのである。

3章 環境のバラツキが種多様性を創る

これまでいろいろな実例を挙げて森林の種多様性が作られるメカニズムを説明してきた。しかし、これらはこれまで提出されてきた膨大な仮説のほんの一部の検証例に過ぎない。特にジャンゼン–コンネル仮説のような他の生物との関係を想定する説はこれまではあまり一般的ではなく、特に日本ではまだ関心が低い。どちらかというと光や土壌の水分・栄養分などの非生物的な環境のバラツキから樹木の分布や多様性が説明されてきた。とても分かり易く合点がいくので森林管理の論拠とする人も多い。ここではその中でも重要でかつ有名な二つの説を簡単に紹介する。

棲み分ける――ニッチ分化説

まず、ニッチ分化説である。簡略して言えば、「AとBという二種の樹木が、同じ場所で混ざって生えて共存しているのは、AとBが好む場所（生育に適した環境）が少しだけ異なるため」という説である。例えば、A、B両種が混在している場所は、実は乾燥している凸地と少しだけ湿った窪地に分かれ

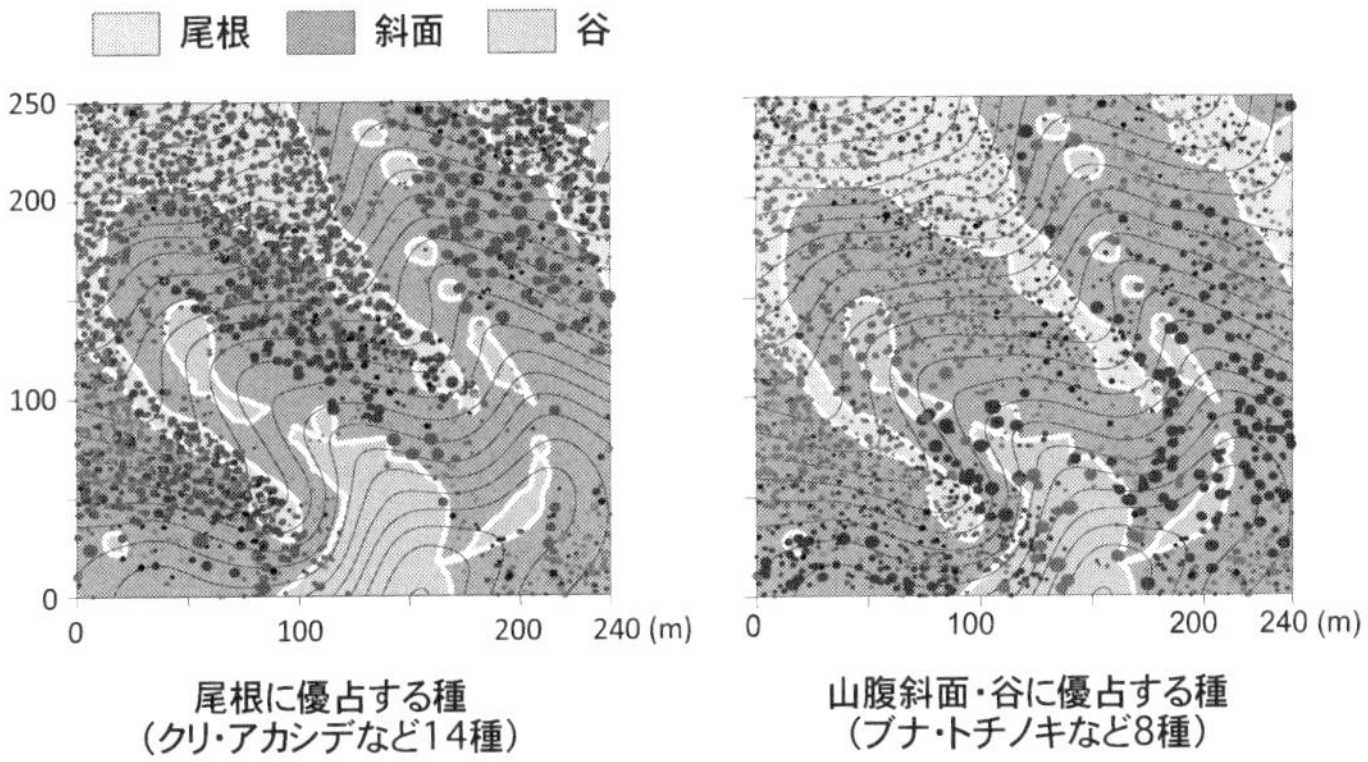

図 3.1 地形による樹種の棲み分け（ニッチ分化）（寺原ほか 2004 から作図）
丸の大きさは木の大きさを示す

ており、Aが乾燥したところを好み、Bが湿ったところを好む場合、両者は共存できるのである。いわゆる「棲み分け」という概念に近い。もし、地形の複雑さが多様な環境を作れば、環境要求性の異なる樹種が棲み分けることができ多くの種が共存できる。

我々もこの仮説の検証を地形の複雑な一桧山試験地で試みることにした。縦二五〇m横二四〇mの六haの試験地には尾根が三つ谷が三つ含まれている。そこを六〇〇個の一〇×一〇mの正方形の枠に区切り、それぞれの方形区で土壌の水分や栄養分（窒素濃度）を調べ、そこにどんな樹木が居るかを調べた。尾根や凸型の地形では、土壌は乾燥し窒素濃度が低く、そこには試験地全体で見られた六〇種の樹木のうち、ミズナラ・クリ・アカシデ・アオダモなど一四種が偏って分布していた（図3・1）。一方、斜面下部から谷にかけて、特に凹地形では、土壌は肥沃で水分量も多く、そこにはブナ・トチノキ・ウワミズザクラなど八種が偏って分布していた。つまり、土壌の水分や栄養分は地形・微地形に沿って変化しており、その勾配に対応して六〇種中二二種の樹木の生育場所が分かれていたのである。言い換えれば、一桧山の森は尾根や谷といった複雑な地形をもつので、好む生育環境が異なるおおよそ三分の一の樹種は共存することができるのだ。

さらに、この広い試験地の中にはミズナラの大木が立ったまま枯れていたり、サルノコシカケがついたブナの老木の幹が途中でボキッと折れていたりして小さなギャップが所々にできている。そこは、ぽっかりと穴が空いたように明るくなっている。さらに、一本の木が枯れて倒れると、しだいに周囲の木まで巻き込んでギャップが大きくなっている所もある。地すべりによってできた大きなギャップの跡もある。したがって、この森の中には暗い所も多いが結構明るい場所も多く光環境も場所によって大きく異なるので、地形にともなう土壌環境の勾配と大小のギャップ形成による光環境の勾配の二軸が出来上がる。この二つを組み合わせるとさらにさまざまな微環境に区分することができ、それぞれの微環境に適した樹木が定着することが出来るようになり共存できる樹種は増える。例えば、尾根筋の大きなギャップ（地すべり跡）ではアカシデやヤマハンノキ、ヤマナラシや、クリなどが更新し、比較的小さなギャップではミズナラなどが更新している。暗い林床ではアオダモやコハウチワカエデなどが少しずつ大きくなっている。一方、谷筋に出来た大きなギャップにはサワグルミやカツラなどが更新している。また、暗い場所ではブナ・トチノキやイタヤカエデなどが待機している。このように資源環境が多様であれば、より細かな生活場所（ニッチ）の分化が可能になり、環境要求性の異なる多くの樹種が共存できるのである。

中庸を旨とする――中規模攪乱説

「中規模攪乱説」はニッチ分化説と同じように非生物的な環境のバラツキから種多様性を説明する、とても有名な説である。この説は、木材の収穫をしながらも種多様性を維持し、持続的な林業を行おうとする際の参考にされ始めている。簡単に言えば、木を伐り過ぎることも、またあまり少なく伐ることもなく、中位の本数を伐ってやることによって高い種多様性が維持されるというものである。自然攪乱の場合は、小さなギャップやあまり広すぎるギャップよりも中程度の広さのギャップが出来たときに種多様性が最大になるというものである。一九七八年にコンネル博士によって提唱され、二〇〇一年になって初めて熱帯林で検証された。温帯で証明されたのはようやく二〇一〇年になってからである。理論が先行していた仮説であり、実証するのは調査が膨大に必要なので厄介な説だと言える。

日本の森林ではまだ検証例はないが、さまざまな攪乱地の広さや攪乱の強さを想像しながら考えると容易に理解できる。例えば、山火事によって広い範囲が燃えた跡などでは、シラカンバやダケカンバなどの遷移初期種がいち早く侵入して広大な単純林を作っている。広い地すべり跡地でもヤマハンノキやアカシデなどの遷移初期種が優占している。大洪水によって川沿いの一段高いところに泥をかぶった広い平らな場所ができるとハルニレの一斉林が見られることがある。このように稀ではあるが広い面積が攪乱を受けると少数の遷移初期種が優占する比較的単純な林が出来るようだ。また、規模は小さくとも攪乱が頻繁に起きる小河川の河畔ではヤナギの単純林になっている。つまり、稀でも大きな攪乱を受けた広い場所や、狭くてもしょっちゅう攪乱が起きるような場所では遷移初期種が優占する単純な林になりやすい。一方、攪乱が滅多に起きない場合や攪乱の規模が小さい場合もまた遷移後期種のような安定した場所で更新する樹種だけになり種多様性は減る。例えば、木が一本だけ倒れて小さなギャップが出来るような場所では林冠はすぐに閉鎖し暗くなる。こういった場所では、ブナとかトチノキ、アオダモ、イタヤカエデ、ヤマモミジなどのように暗い林床でも効率良く光合成ができるような、いわゆる耐陰性の高い遷移後期種が生き残り、優占するようになる。このように攪乱の規模が小さすぎても特定の樹種だけが更新し、多くの種は見られない。中程度のサイズのギャップが中程度の頻度で起きる場所では、むしろ遷移初期種も遷移後期種も含めた多くの種が更新しやすく、種多様性が高くなると考えられている。

4章 森羅万象が創る多種共存の森

これまで見てきたように森林の種多様性を説明する仮説はたくさんあり、それぞれがオリジナルな考え方に基づいて説明を試みている。しかし一つの要因だけで種多様性に富む森が作られている訳ではないので、一つの仮説では全体像は説明できない。これまで、さまざまな仮説をバラバラに紹介してきたが、アメリカのギブニッシュさんはさまざまな仮説や要因間の相互作用を模式的に示しているので（図4・1）、その助けを借りて種多様性が出来上がる仕組みの全貌を想像してみたい。

最大樹高

ギブニッシュさんは温度や降水量の違いが最初の大きな起点になることを指摘している。実際、種多様性を決める一番大きなスケールは地球規模の緯度・経度の違いである。1章で述べたように低緯度のマレーシアの熱帯雨林のパソーでは五〇haに八二〇種も見られるのに対し、高緯度の宮城県一桧山のブナ林では約六haで六〇種（五〇haなら七〇種ほどだろう）と桁違いに少ない。これは、地上に投下され

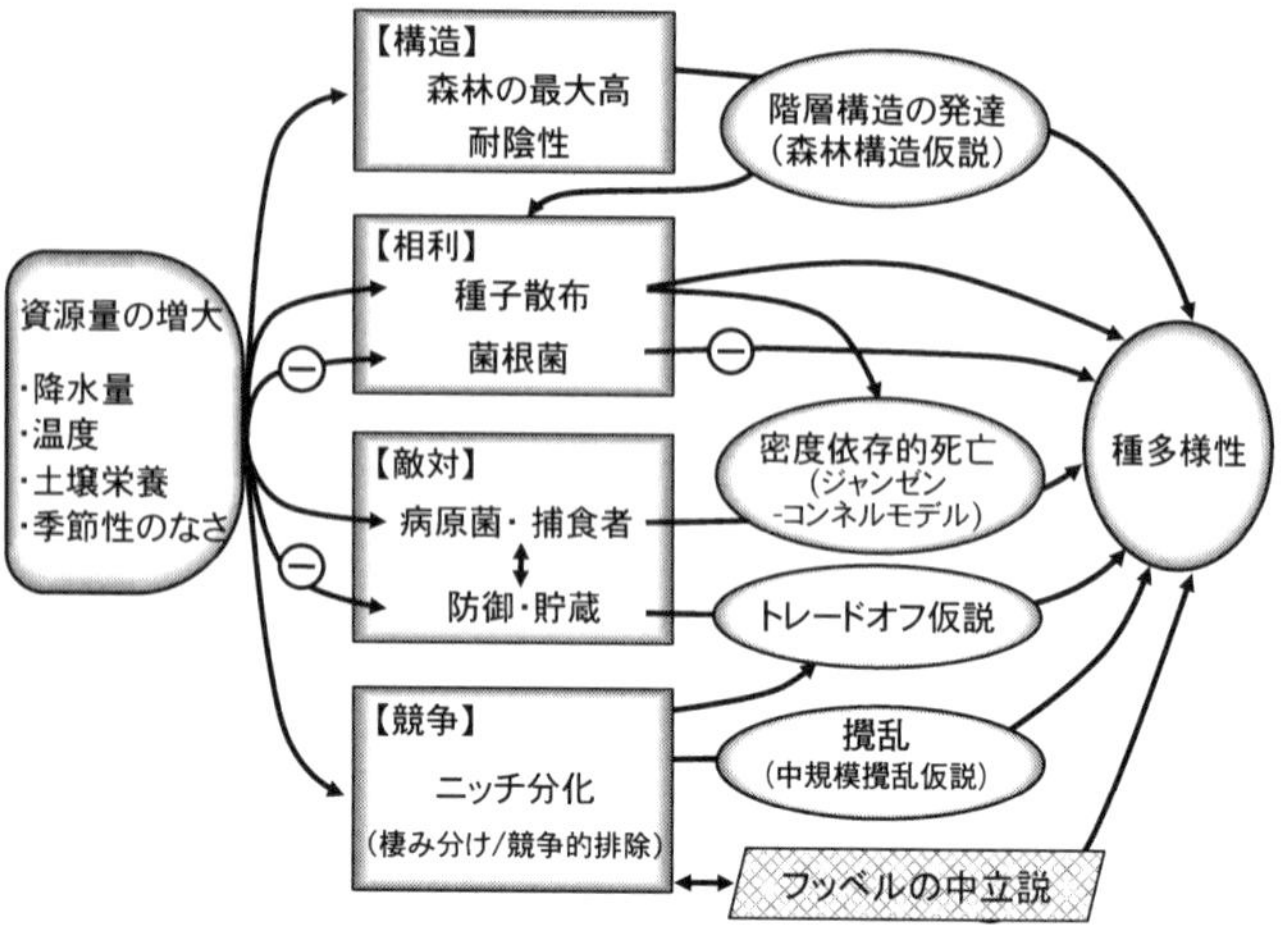

図 4.1　森林の種多様性を創り上げるさまざまな要因の相互関係（ギブニッシュ1999 に加筆）

る太陽の放射エネルギー量や降水量と関係している。両者が多いほど、植物が光合成をするポテンシャルが増し、生育できる植物の種数が増すと考えられている。具体的には光合成をする際に水を使い蒸散するが、その蒸散量に地表からの蒸発量を加えた蒸発散量が増すと樹木の種数も増えることが知られている。従って、パソーと一桧山は年間の降水量は大きくは違わないが、放射エネルギー量が多いパソーで種数が多くなったのである。このように地球レベルの物理的な法則が森林の種数を大きく支配しているが、それはどのようなメカニズムによるのだろうか。

ギブニッシュさんは同じ熱帯でもモンスーン地帯から多雨地域にかけて種多様性が高まる理由の一つは樹高が高くなるからだと説明している。つまり、降水量や温量が増えるに従い、森林の最大高が高くなり、高い木があればその下に隙間ができるので、背の低い木が共存できる。その下にも低木が、その下には草本やシダ類が繁茂する。最大樹高の異なるさまざまな植物が垂直方向に階層構造をつくって棲み分けるようになれば多様性が増える。これは1章の冒頭の熱帯雨林の写真をみてもらうと分かりやすい。さらに、階層構造の発達はさまざまな鳥類の生息場所を提供し、それによって多くの鳥たちがさまざまな樹種の種子を遠くに散布するようになる。色々な種類のタネがそれぞれ遠くに散布されるようになれば、森の中のさまざまな場所で色々な種類の木の芽生えが混じって出てくるだろう。これもまた種多様性が増す要因となる。

スーパーマンは居ない――トレードオフという自然界の掟

ここでは、同じ森林に共存する樹種の間には、樹木が生き延びるための特性（形質）の間に「トレードオフ」があると言う説を紹介したい。トレードオフとはA種がB種より一つの形質が優れていればもう一つの形質はB種の方が優れているといったものである。一方を追求すれば他方を犠牲にせざるを得ないという関係のことで、すべての面で優勢なものは居ないといった説である。樹木の形質と言ってもたくさんあり、例えば、種子の散布距離、種子の大きさや数、種子発芽の時期、成長速度、光合成能力、天敵からの防御能力、木の高さ、木の寿命などがある。これらの形質は個々の樹木がそれぞれの生活場所で生き延びて子孫をたくさん残すために進化させてきたものである。これらすべてが他より勝れば一人勝ちするがそういった樹木はいないのである。例えば、北大の甲山隆司さんが提唱した有名な「森林構造仮説」がある。同じ森林で多くの樹種が共存できる条件として最大樹高の高い種は子どもを森の中に送り出す能力が低い、ということである。つまり、背が高くなる樹種は繁殖力が弱く、子どもを作り出す能力が低い。一方で、大人になっても背の低い木は出来るだけ繁殖へ分配して子どもをたくさん更新させる。こういったトレードオフ関係が一つの森の中で成立すればその森では多くの樹種が共存できるというものである。これはギブニッシュさんの説明と矛盾しない。つまり、熱帯林のように最大樹高の高い森林では、多くの階層があり樹種間の差異が広がるので多くの種が共存できることをうまく説明している。

さらに近年では実生(みしょう)を枯らす病原菌や植物体を食べる昆虫やネズミたちといった栄養段階の異なる生物もすべて関わってトレードオフ関係が出来るといった、より包括的な説に進化している。その中でも、「成長速度」と「生存率」といった生物にとって最も重要な形質間のトレードオフを前提とした説を見てみよう。これまで見て来たように老熟した森林では大小のギャップ形成や地形の変化などによって光環境や土壌環境も大きくばらついている。このような老熟した森林で多くの樹種が共存するには、「ある場所(例えばギャップ)で成長率が高い種は別の場所(例えば暗い林内)ではむしろ生存率が低い。一方、林内で生存率の高い種はギャップでの成長率は低い」、というトレードオフ関係が見られるというものである。そうであれば、これらの複数の種はそれぞれの場所で更新できる確率は同じとなり共存できる。近年、このモデルがいくつかの熱帯林や温帯林で成立することが報告され始めており、多分、

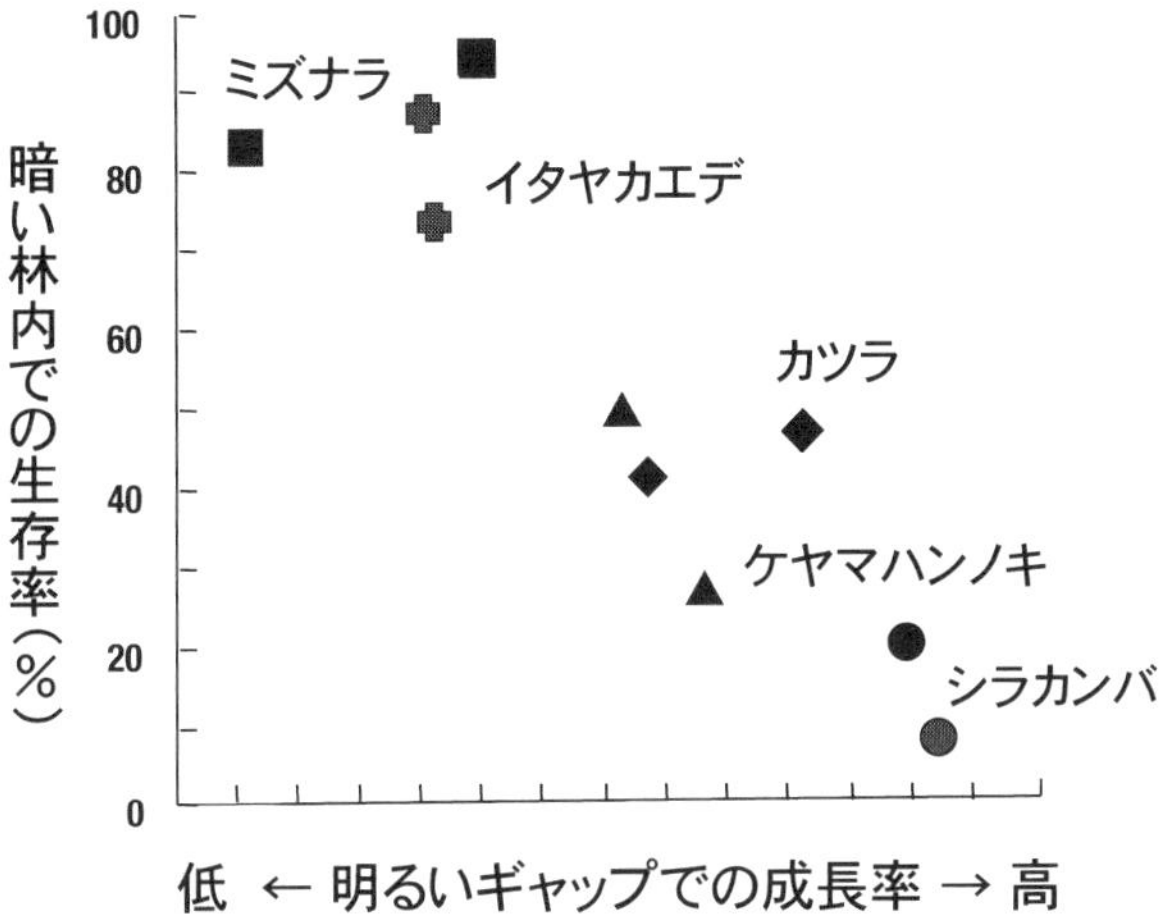

図 4.2　落葉広葉樹５種における成長と生存のトレードオフ関係（清和 2007 に加筆）

世界中で成立する普遍的なモデルだと考えられている。北海道の広葉樹林を例に見てみよう（図４・２）。

ミズナラやイタヤカエデなど暗い林床でも長く待機できる耐陰性の高い遷移後期種はシラカンバやケヤマハンノキなどの先駆種に比べ、暗い林内での生存率は高いが、ギャップでの成長率は逆に低くなる。一方、シラカンバやケヤマハンノキはギャップではどんどん成長し、その成長率は遷移後期種に比べ高いが林内での生存率は低い。もし、ギャップで成長が早い種が暗い林内でも生存率が高ければ、その種は至る所で優占し森を独占してしまうであろう。しかし、そういうスーパーマンのような種はいないので多くの種が共存できるのである。多分、これが自然界の掟なのだろう。

では、なぜ、暗い林内で生存率が高い種はギャッ

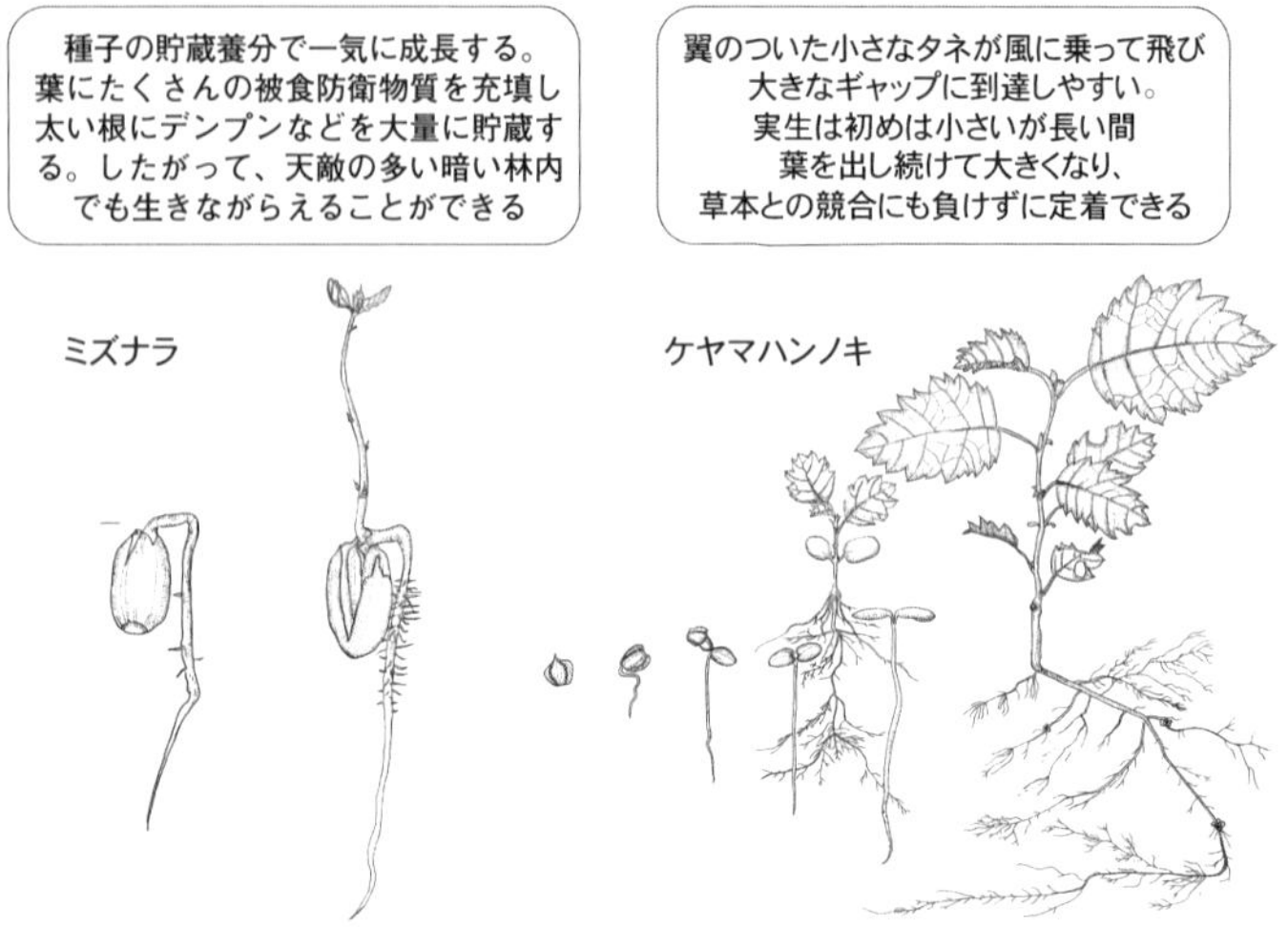
種子の貯蔵養分で一気に成長する。
葉にたくさんの被食防衛物質を充填し
太い根にデンプンなどを大量に貯蔵す
る。したがって、天敵の多い暗い林内
でも生きながらえることができる
翼のついた小さなタネが風に乗って飛び
大きなギャップに到達しやすい。
実生は初めは小さいが長い間
葉を出し続けて大きくなり、
草本との競合にも負けずに定着できる
ミズナラ
ケヤマハンノキ

図 4.3　広葉樹の実生の成長パターンと生存戦略

プでは成長率が低いのであろうか？　その理由は以下のように考えられている。「暗い森林内には実生を攻撃する病原菌やネズミなどの齧歯(げっし)類、葉を食べる昆虫の幼虫などの天敵がひしめいているので、これらに対抗して生き伸びるために、ミズナラなどの遷移後期種はフェノール類やタンニンなど天敵が嫌がる物質（防御物質）を葉などに多く投資し攻撃を防御する必要がある。さらに葉や幹（主軸）など地上部分を食べられても、根が残っていれば萌芽して再生できるので、そのために根に大量のデンプンや糖類などを貯蔵した方が良い。しかし、防御物質や貯蔵物質は高分子化合物なのでそれを大量に作るためには体内の貯蔵養分や光合成産物をたくさん振り分ける必要がある。成長に回している余裕もないのでその分成長速度は大きく低下する（図4・3）。

一方、ギャップでは、背の高い草本や灌木などがすぐにはびこる。そこで生き延びるには、それらとの光を巡る競争に打ち勝たなければならない。したがって、ギャップに依存して更新する遷移初期種は、被食防衛や貯蔵にはほとんど資源を回さず、とにかく速く成長することを優先し、成長にすべてを投資している。」大学院生の今治安弥さんはこの仮説が正しいかどうかを検証した。実際に森の中にタネを播き、成長した実生を抜き取って葉や幹・根に含まれる防御物質や貯蔵物質を調べてみたのである。見事に予想どおりであることが証明されたのである。このトレードオフ仮説が想定している空間スケールはニッチ分化説と同じであり、仮定する要因は病原菌や植食者の虫なども含まれておりジャンゼン−コンネル仮説に近い（図4・1）。このように、一つの森林では本来、非生物的な環境の違いも多様な生物との関わり合いも同時に見られるのが普通である。トレードオフ仮説は両方の要因を考慮し、樹木の形質間のトレードオフに組み込んでいる。森林の自然な状態をそのままよく説明している説だといえる。

温度や降水量と菌類や植食者との関係

再びギブニッシュさんの模式図に従い、温度や降水量の違いを起点にした種多様性が創られるさまざまなメカニズムを見てみよう。気温が低い所より高い所、さらに乾燥した所より多湿な所では多様な捕食者・病原菌が生息し活発に活動する（図4・1）。したがって母樹の下での病原菌の活動性が高まることによって密度依存的な死亡が起き、病原菌の種特異性も発達し、同種実生から他種への置き換わりが起きるのである。また、鳥類の種子散布が活発なため親木から遠くに種子が散布され易い。つまり、熱帯の多雨林ほどジャンゼン－コンネル効果が働きやすく種の多様性が増すようになる。

　逆に土壌の肥沃性や降雨量が少なくなったり、乾期や冬などが現れ季節性が増すと、樹木の生産性は減る。そのような環境では、植物は植食者（しょくしょくしゃ）や病原菌の攻撃を防ぐため、葉の細胞壁を厚くし丈夫にしたり、タンニンとフェノールを多く含むようになり防御に投資するようになる。このような防御は、種特異的な植食者を減らすことにつながり、密度依存的死亡が減り、種多様性が減る。また、低温で土壌が痩せていたり乾燥したりすると病原菌よりむしろ菌根菌の活動性が高まり親木近傍での同種実生の広がりを助け、乾季のある地域や温帯や北方林では種多様性は減る方向に行くのではないかと考えられる。

　また、降水量が多いと根が浅くなりギャップが出来易くなる。すると光環境が大きくバラツキ、ニッチ分化が起き易くなる。同時に病原菌・捕食者の活動性の増加が防御物質への投資を促し、ニッチ分化と防御への投資の増加は成長と生存のトレードオフ関係を促し、種多様性を高めていくだろう。

　ここで、今、世界を席巻しているハッブルの「中立説」との関係も述べておく必要がある。

　ニッチ理論では種間の環境要求性の違いなどを前提として多様性が生まれると仮定しているが、ハッブルの理論はそれを前提としなくとも個々の種の動態プロセスに基づいて種の多様性が説明できるというものである。ニッチ理論と双璧をなすような理論であるが、植物とは異なる栄養段階の生物、例えば菌類や昆虫・ネズミなどとの関係については触れていない。類似の資源（光・水など）を巡って競争する栄養的に類似した種の集まり、つまり森林で言えば植物種だけについて仮定したモデルである。しかし、実際の森林の成立過程は、本書で述べてきたように多様な生物との相互作用を抜きにしては語れないであろう。ハップルさんも別に菌類や昆虫や鳥などを無視している訳でも否定している訳でもない。これから理論に取り込もうとしているようなのでどう発展するのかは楽しみである。

このように見てくると、森林の種多様性は、最初は緯度・経度の違いといった広い空間スケールでの太陽エネルギー量（温量）や降水量といった無機的な資源量の勾配が起点となるものの、もっとローカルな狭いスケールではしだいに地形の複雑さや攪乱の頻度などといった非生物的な環境要因も関わってくる。さらに一本の木の近傍における鳥やネズミ・昆虫・病原菌・菌根菌との関係といったように、空間スケールが狭くなればさまざまな生物との相互作用がより強く関与しているように見える。つまり、森林における種多様性は森羅万象すべてが深く関わり合いながら地球生態系が自律的に創り上げているものだと考えても良いだろう。

自然のメカニズムと森林施業

種多様性維持メカニズムの研究から見えてきたことは「森林は人の手を入れず放って置くと多くの樹種が混ざり合う方向に進んで行く」ということである。温量や降水量などの制限があるので熱帯林ほどではないにしても日本の冷温帯林でも多くの樹種が混ざり合って共存しているのが自然の安定した状態だと思われる。本書で見てきたように、種の多様性はさまざまな要因がさまざまなスケールで複雑に関わりあいながら働くことによって出来上がっているが、これまでの森林施業ではこういった多様性を高める「環境の駆動力」が絶えず働いていることを念頭には入れて来なかった。もし、これから、持続的な林業や森林管理を目指すならば、まず、さまざまな要因が働く「スケール」を考慮する必要があるだろう。

これまでは人工林を作る場合、湿って肥沃な斜面下部や河畔沿いにはスギを植え、斜面の上部にはヒノキを、尾根筋の痩せた所にはアカマツを植えてきた。また、広葉樹もトチノキ、ヤチダモなどは斜面下部の湿った所に植えられてきた。もし、地形による資源量の勾配だけで樹木の分布が決まっているのであれば、このような植え方で十分であろう。ニッチ分化説に基づいているからである。しかし、この考え方からは地形別に大面積で同じ樹種を植えても良いことになり、単木的に広葉樹を混交させる必然性は導かれない。ところが、温帯林を構成する多くの樹種でジャンゼン-コンネル仮説が成立し種の置き換わりが生物間の相互作用によって必然的に起きていることが分かった。それも数mから一〇数m程度のかなり狭い範囲で起きているのである。これらの事実は、単純な広葉樹林を作るよりもいろいろな樹種を混ぜた広葉樹林を作る方が自然の理にかなっていることを示している。さらに、針葉樹単純林に広葉樹を混ぜ、いろいろな種によって成立する針広混交林に復元することが自然のメカニズムに沿った合理的なものであることを示唆している。ただ、外生菌根菌と共生するタイプのブナ科樹木などはある程度の集団で管理していくのが合理的かもしれない。いずれにしても、これまで行われてきた、谷筋にはスギ、その上にヒノキ、尾根にマツといった地形を基準にした大面積の植林は、無機的で非生物的な環境の違いだけを基にしたものであり、生物間の相互作用は考慮されていない。単一種からなる人工林を多くの種が混在する森に戻そうとすることは、今、世界的な潮流となっているが、第Ⅰ部で明らかにした種多様性の維持メカニズムは、この動きに大きな科学的な論拠を与えるものである。

Ⅱ部

多種共存の恵み

「森の恵み」という言葉はよく使われる。しかし、思い浮かべる物事や情景は人それぞれだろう。まず思い出すのは子どもの頃の食卓である。コゴミの胡麻和え、ゼンマイの煮物、青ミズ（うわばみ草）の刺身、ドンゴエ（イタドリ）の油炒め、月山竹（チシマザサ）のタケノコのみそ汁、トチ餅、栗ご飯などである。子どもたちが採ったものもあったが大半は近所の達人が大量に採ってきたものである。四季を問わず、当たり前のように食べていた。成人してさらに山間地に棲むようになってからは森の有り難さも倍増した。食べる山菜や木の実の種類も増えた。蜂の子も食べるようになった。餌台や巣箱にはさまざまな小鳥たちがやってくるしそれを狙ってオオタカも来た。リスやウサギなどの小動物も顔をのぞかせれば、カモシカやクマまで来た。無料のサファリパークを楽しませてもらった。新緑、緑陰、紅葉、裸木と家の周りの木々も四季を通じて目を楽しませてくれる。割った薪が高く積み上がっていく時や、初冬の朝に薪ストーブの火の暖かみが伝わってきた時などはとくに森の有り難さを感じる。もちろん、このように五感でじかに感じられるものばかりが森の恵みではない。

林野庁が毎年発行している林業白書には「森林の有する多面的機能」としてさまざまな森の恵みが良く整理されている（表5・1）。八つに分けられている機能の中でも第一番目に書いてあるのは「生物多様性保全機能」だ。絶滅に瀕している稀少な生物種やその遺伝子、またはそれらの生活の場である生態系を自然度の高い森林は丸ごと保全してくれるというものだ。二番目は「地球環境保全機能」で、これは樹木の成長にともない空気中の二酸化炭素を大量に吸収し貯蔵するので地球温暖化を抑制する働き

表 5.1　森林の有する多面的機能（生態系機能）の貨幣評価（2012 林業白書）

項目（機能）	評　価　額
①　生物多様性保全機能	遺伝子保全、生物種保全、生態系保全
②　地域環境保全機能	地球温暖化の緩和（CO_2吸収（1兆2,391億円/年）、化石燃料代替（2,261億円/年））、地球気候システムの安定化
③　土砂災害防止機能/土壌保全機能	表面侵食防止（28兆2,565億円/年）、表層崩壊防止（8兆4,421億円/年）、その他土砂災害防止、雪崩防止、防風、防雪
④　水源涵養機能	洪水緩和（6兆4,666億円/年）、水資源貯留（8兆7,407億円/年）、水量調節、水質浄化（14兆6,361億円/年）
⑤　快適環境形成機能	気候緩和、大気浄化、快適生活環境形成
⑥　保健・レクリエーション機能	療養、保養（2兆2,546億円/年）、行楽、スポーツ
⑦　文化機能	景観・風致、学習・教育、芸術、宗教・祭礼、伝統文化、地域の多様性維持
⑧　物質生産機能	木材、食料、工業原料、工芸材料

があるというものである。石油や石炭などの化石燃料の代わりに炭や薪などの木質燃料を使えば大気中への二酸化炭素放出量を増加させることはないので、これもまた温暖化を防止するというものである。三番目は土砂災害を防止し土壌を保全する機能である。土中に樹木が根を深く張ることによって土を強く緊縛し土砂の移動をおさえ土砂災害を防止するのである。四番目は洪水を緩和したり水をきれいにする「水源涵養（かんよう）機能」である。次には「快適環境形成機能」とあるが、これは、周囲に森があることによって防風・防潮効果で畑の作物の生育を助けたり、緑陰ができ心地よい日常を送ることができるといったことであろう。森に入り木々やさまざまな生き物とふれ合うことによって心身を癒す森林療法や

ハイキングなどの「保健・レクリエーション機能」。さらに学校教育や宗教的なものを支える「文化機能」などが挙げられている。森林にはことのほか多面的な機能があることを伝えている。興味深いのはそれぞれの機能を貨幣換算し経済的に評価していることである。表面侵食防止が約二八兆円、洪水緩和が約六兆円、そして水質浄化が約一五兆円と評価されている。森林があることによって良い環境で生活できるといった無形のサービスをすべての国民が享受していることが謳われている。ただ残念なのが、木材やキノコなどの食料、工芸材料など伝統的な林業としての物質生産機能は最後の八番目だ。多分、林産物の生産高は林野庁の試算によると年間高々二〇〇〇億円ほどに過ぎないからだろう。

しかしながら、二五〇〇万haもある日本の森林すべてがこのような八つの機能をすべて発揮しているわけではない。人間が木材生産目的に作り上げた針葉樹人工林もあれば、自然度の高い奥地の天然林もある。人工林の中にはキチンと手入れが行き届いている林分もあれば、放置されて込み合っているものもある。しかし、それぞれの機能を最も効果的に発揮する森とはいったい、どんなタイプの森なのだろうか？　もしそれぞれの機能ごとに目標とする森林の姿があるならば、個々の機能ごとに森林を区分して管理すべきだと主張する人が多いのも理解できる。しかし、本書で見てきたように、天然林ではそれぞれの地域や地形に適した樹木が分布し、さらに狭い範囲においても生物の多様性が高まるような自律的なメカニズムが働き、一つ一つの森が出来上がっている。人間が期待する森林の姿と自然が創り上げる生物多様性に富む森林との間に大きな隔たりがあると、森林生態系本来の機能が発揮できないといったことが起きているかもしれない。したがって、森林が持つさまざまな機能が生物の多様性とどの程度関連しているのかを知ることは、これから、どのような森を作っていくべきかを考える上ではとても重要なことである。

しかし、森林における生物多様性と生態系機能の関係についての研究は今始まったばかりである。ここでは東北大フィールドセンターのスギ人工林に広葉樹を導入した試験地における種多様性と生態系機能の関係を紹介する。他にも、両者の深い関係を「窺わせる」研究成果が報告され始めている。これまで、漠然と「森林の機能」といわれているものが、本当は「生物多様性の高い森林の機能」ではないかと考えられ始めており、第Ⅱ部では多様な種が共存する森がどんな恵みをもたらすのかを検証してみたい。その前に、圧倒的に研究が進んでいる草地での成果を少し紹介したい。

5章

生産力を高め、人の生活を守る

生産力を高める——草地ではあたりまえ

テルマン博士がミネソタの大草原から驚くべき研究結果を報告したのはもう二〇年も前のことである。広い平坦な土地に三m×三m四方の枠をいくつも作り、その中に草本のタネを一種、二種、四種、六種、一二種、二四種の六段階に変えて播いた。そして六段階の播種区を何十回も繰り返し反復した。平坦な場所であっても土壌環境はばらつくのでその影響を少しでも減らすためである。播種から二年後、枠内の種数が多いほど植物群集全体の現存量は増加したのである（図5・1上）。草地では植物を一種だけで育てるより、いろいろな種類を混ぜて育てた方が生産力が高まることを明らかにしたのである。

では、なぜこのようなことが起きるのであろうか？　テルマン博士は根の働きに着目した。土壌中の窒素は植物の成長に欠かせない栄養分である。特に微生物によって無機化された硝酸態窒素やアンモニア態窒素を根が吸収し利用している。そこで無機化された窒素を成長に十分に使いきっているかどうかを調べたのである。植物の根がたくさん見られる地表面下〇–二〇㎝の層、いわゆる根系層では、硝酸態・アンモニア態いずれの窒素濃度も種数が増えると共に減少した（図5・1下）。つまり、多くの植物種が共存している方形枠では根系層の土壌には栄養分が無くなっていたのである。さらに、根系層の下層（二〇㎝以下）の土壌の硝酸態・アンモニア態窒素濃度を調べてみても根系層で見られた傾向とまったく同じで、種数が増えるとともに窒素濃度は大きく減少した。これらの結果は、種数が多い植物群集では根系層で土壌の窒素分を利用し尽くし、下層土には栄養分が流れ出していないことを示している。つまり、一つの空間に多くの種が共存すると地下の空間を有効に利用できるのである。多くの種が共存していれば、根を深い所まで伸ばす種もあれば、浅く広く張る種もあるので、土壌の浅い所から深い所まで根が張り巡らされ、地下の空間をすべて利用できるであろう（図5・2）。さらに植物種によっては根の活動が春先に高い種もあれば、夏に高いもの、秋に高いものなど季節的なピークが異なるものもあると考えられる。したがって、多くの種が混ざっていれば、微生物に分解され徐々に土壌中に放出される無機化された窒素がいつの季節でも有効に利用できるだろう。

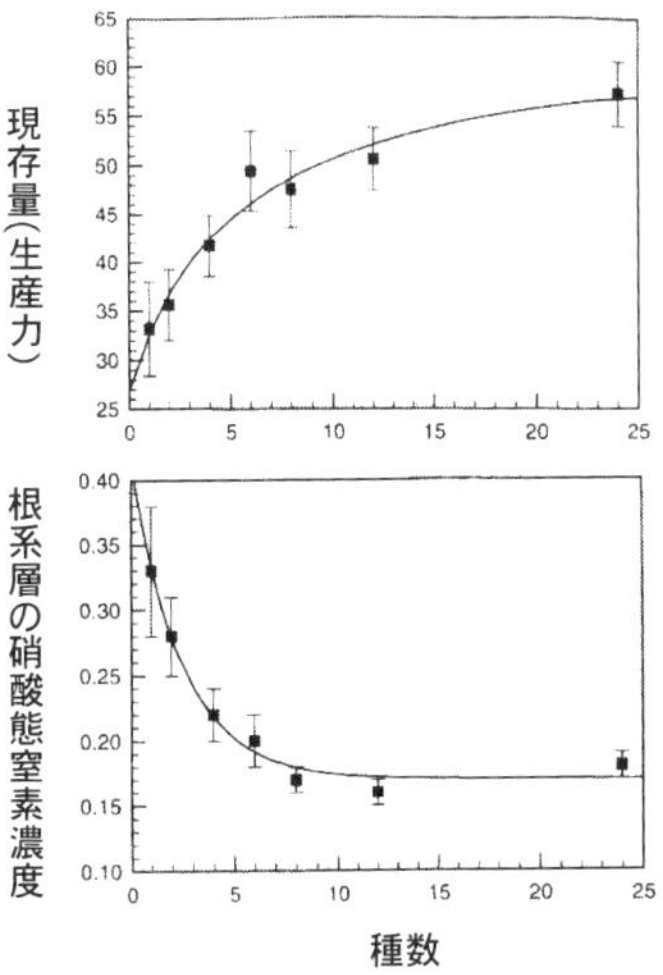

図5.1　草本の種数と生態系機能の関係（テルマン、ウェディン、クノップス 1996）

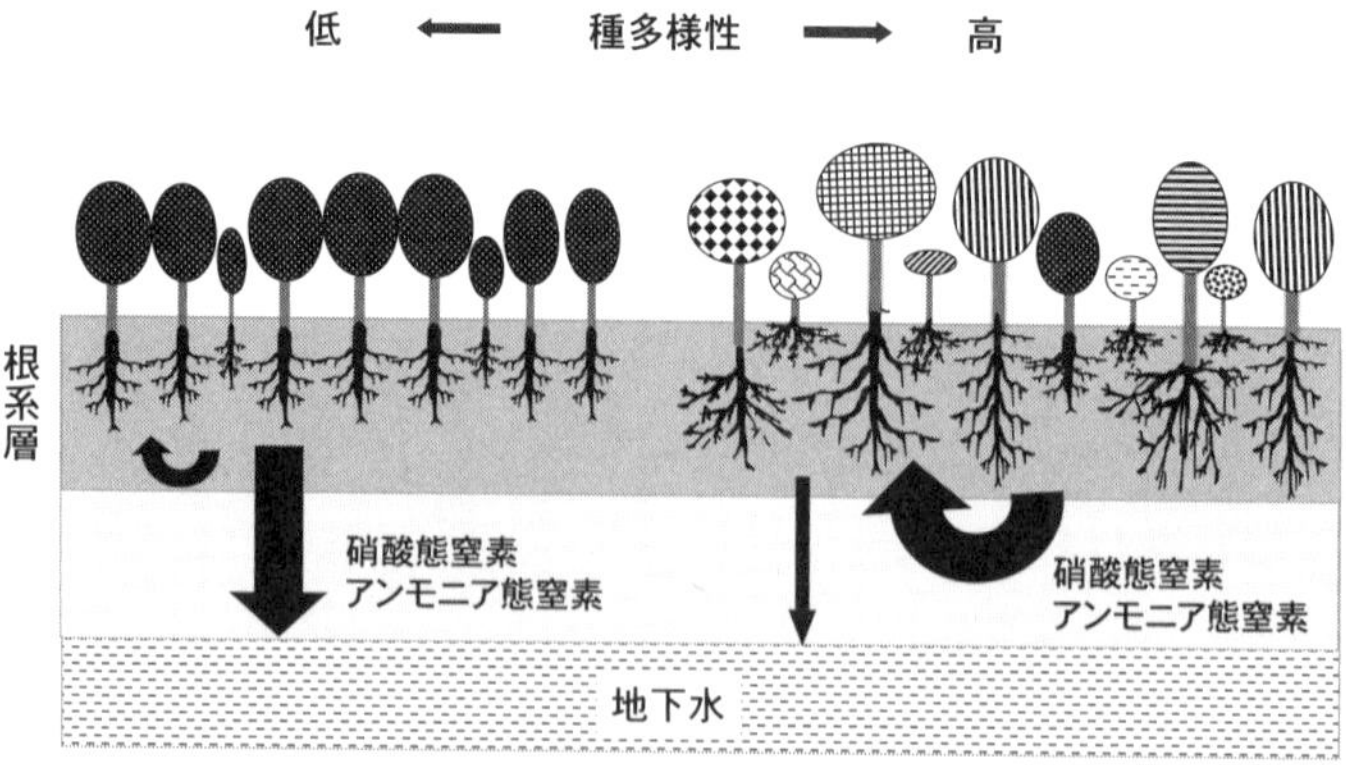

図 5.2　種多様性と根系の充実度合いと硝酸態窒素の循環
それぞれ深さの異なる根系をもつ多くの種からなる生態系（右）では根が土壌中を隙間なく埋め尽くし、どの深さでも硝酸態窒素を効果的に吸収する。一方、単調な生態系（左）では根系が一定の深さに限られ、利用されなかった窒素は下方へ流亡する。

このように、より多くの種が共存することによって空間的にも時間的にも土壌中の資源を有効に利用していると考えられる。根が吸収した窒素はクロロフィルとして葉に回される。すると光合成能力が高まり植物は大きく成長できるのである。したがって、種数が多い植物群集では、全体の現存量が増したのである。土壌から植物へ無駄なく栄養分が回されることによって生産力が維持されていると言える。

一方、種数が少ないほど土壌中の硝酸態およびアンモニア態窒素濃度は、根系層でもその下の下層土でも高くなった。つまり、植物の根に利用されず下層に流れ込んでいるのである。特に一種だけの群集では根系層もその種固有の特定の狭い層だけに限られる。また、根の活動性の高い時期も長くは続かない。したがって、種数の少ない単純な草地生態系では、窒素は下層に流れ込み、ひいては地下水に流れ込み地下水汚染などを引き起こし易いことを示している。また、土壌中の窒素を有効に利用できないので植物群集全体の生産力も低くなってしまう。

このようにテルマンさんは、「多様な種が共存する生態系ほど資源の利用効率が高く、生産性も高くなる。また養分の循環がうまくいくことによって土壌の肥沃性が安定的に維持される」ことを大規模な操作実験から明らかにしたのである。その後、テルマンの後に続けといわんばかりに、世界中で同じような研究がなされたが、種の多様性が高ければ高いほど植物群集の生産力が高まることは、草本ではほぼ間違いないようである。では、木本の場合、森林生態系ではどうだろう。

洪水と渇水を減らす――地上と地下の関係

今マレーシアでは樹木でも種数を変えた試験地が作られている最中である。温帯林でも手をこまねいているわけにはいかない。そこで我々はスギ人工林に間伐強度（抜き切りの程度）を三段階に変えた試験地を設定し、広葉樹の侵入、つまり種多様性の回復にともないどのように生態系機能が回復するのかを観察することにした。試験地は東北大フィールドセンターの二〇年生の広いスギ人工林に設定した。「尚武沢（しょうぶさわ）」という地名の平坦な所で戦前までは軍馬が放牧されていた。二〇〇三年にスギの全本数の三分の二を抜き切りした強度間伐区（六七％間伐）、三分の一を抜き切りした弱度間伐区（三三％間伐）、そして手を入れない無間伐区の三つの間伐区を設定し、それぞれ三回反復した。間伐方法は全層間伐である。これは、太い木も中位の木も、細い木も同じ本数割合で伐る方法で、最も残存木の成長が良いと言われている間伐方法だ。間伐はスギ人工林が二〇年生の時に一回目を行い、五年経った時点で林冠が閉鎖してきたので再度同じ間伐率で繰り返した。この試験地の種多様性が回復していく過程については7章で詳しく述べることにする。ここでは、間伐強度により水源涵養機能に大きな差が現れてきたので、その差が生じるメカニズムを見ていこう。

まず、第一回間伐から九年経った年、第二回間伐からは四年経過した二九年生時点での各間伐区の広葉樹の侵入状況を見てみよう。高さ一・五m以上の広葉樹を調べたところ、強度、弱度、無間伐区の順に多くの種類が侵入していた。それぞれ二六種、二〇種、六種であった。種数以上に差が見られたのは広葉樹の大きさである。強度間伐区では直径二〇cm樹高七mに達するミズキやウリハダカエデなども見られ、所々、針広混交林の様相を示し始めている（写真5・1）。林床にはクマイチゴやモミジイチゴなどの低木が繁茂し二mほどに達していた。草本の種数も最も多く足を踏み入れるのも大変な状況であった。弱度間伐区ではほとんどの広葉樹が高さ二mほどで成長がストップしている。下層の低木や草本も地表面を覆い尽くしているが背丈は五〇、六〇cmほどで強度間伐区よりは低く、林内は歩き易い。いわゆる、間伐が普通に行われているスギ人工林という景観である。一方、無間伐区では、この九年間、林床は暗いままでスギの落ち葉だけが厚く堆積している。見られるのはシダぐらいだ。積雪でスギが折れてギャップが出来た所に広葉樹の稚樹が稀に見られる程度である。初回間伐からわずか九年で、広葉樹の侵入の程度に大きく違いが出てきたが、さて、水源涵養機能はどの程度回復したのだろうか。

洪水や渇水を抑制する機能が高いかどうかは、土壌へ雨水が吸い込まれていく速度（水浸透速度）の速さで大まかに推測できる。森林内に降った雨水が流れる経路には大きく分けて二通りある（図5・3）。一つは土中へ深く浸透する。土中に入り込んだ雨水は土の中をゆっくりと下の方へ移動し基岩などに当たって側方に向かい、そして河川に流れ込む。これは「基底流出」と呼ばれ、降雨から長い時間をかけて河川にたどり着くので、この過程を辿る雨水が多いと洪水や渇水が抑制される。一方、土壌表面にはじかれたり、土壌表層が飽和状態になることで、地下に向かわず土中に浸透しなかった雨水は土壌表層や地表面に沿って斜面を下り一気に河川に流れ込む。「直接流出」と呼ばれ、洪水の元凶となる。

写真 5.1　スギ人工林間伐試験地の間伐後 9 年目（29 年生）の様子

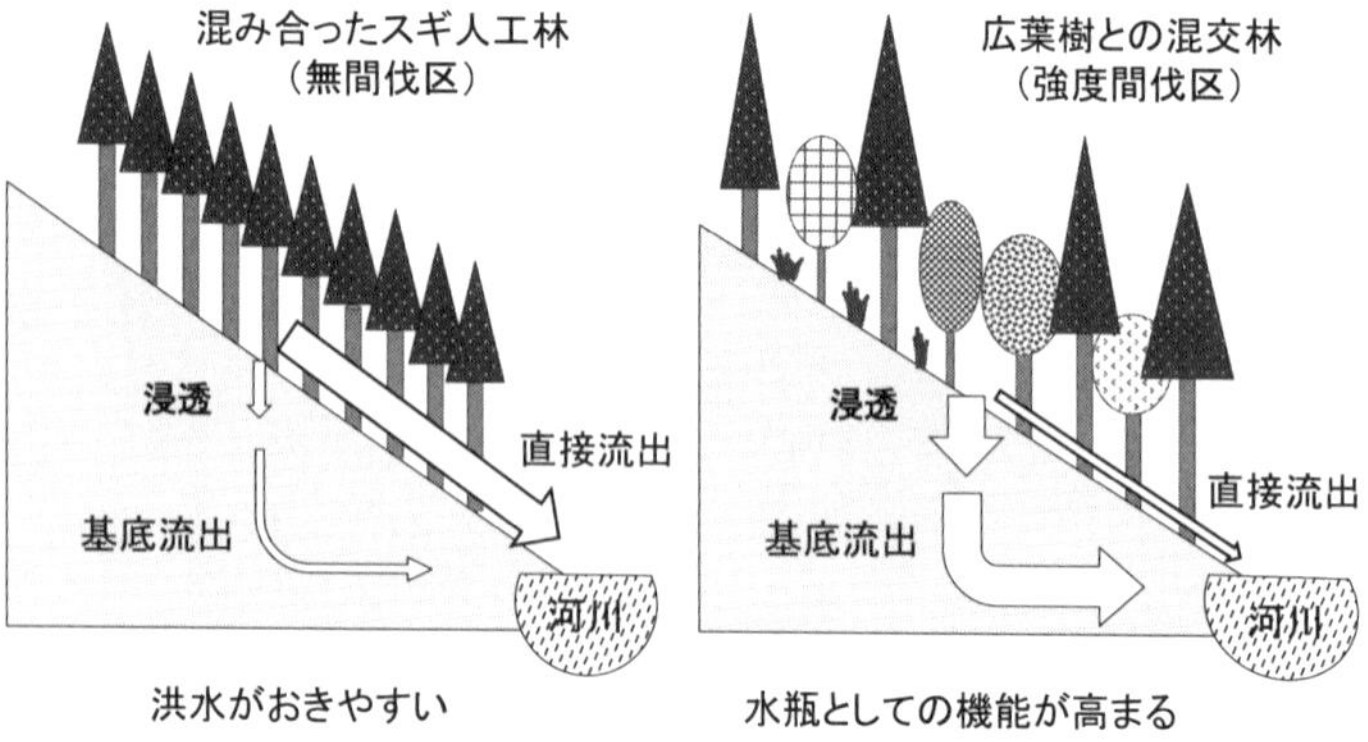

図 5.3 スギ人工林の種多様性と水の流れ

もちろん、中間的なものもあるが、大きく分ければこの二通りである。

スギ人工林の各間伐区の表層土壌への水の浸透速度（飽和透水係数）は、無間伐区に比べ弱度間伐区の方が約一・二倍、さらに驚くべきことに強度間伐区では二倍も速かった。つまり、強度間伐区では無間伐区の二倍も土中へ水が浸透し易いことを示している。間伐遅れの込み合ったヒノキ人工林では水が浸透しにくくなることはよく知られている。その大きな理由として、林床に植生がほとんどないことが挙げられている。つまり、雨滴が直接土壌を叩くことによって土壌が細かく粉砕され団粒構造が消失してしまうと土壌表層に土膜（クラスト）が形成され、撥水性が増し水が土中に浸透しにくくなるためである。しかし、弱度間伐区・強度間伐区ともに植生が地表面を一〇〇％覆っているので物理的な被覆効果は両区とも同程度だと考えられる。むしろ、間伐直後は強度間伐区の方が弱度間伐区より雨滴を遮蔽する林冠木も少ない。さ

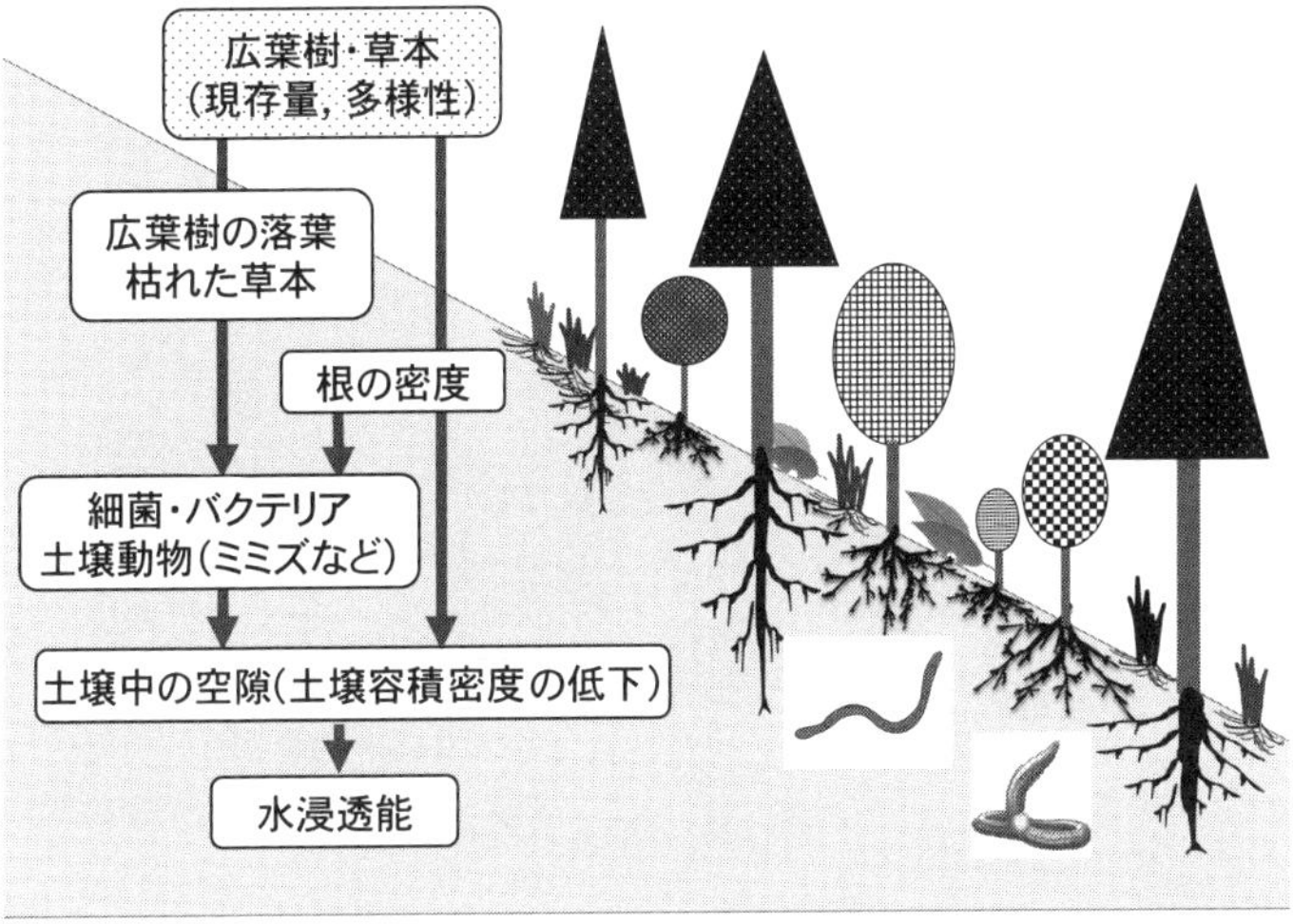

図 5.4　種多様性回復に伴う水源涵養機能回復のメカニズム

らに、間伐材を搬出する重機によって林床植生や落ち葉の被覆も剥ぎ取られ、鉱物質の土壌がむき出しになっていた。間伐直後は、むしろ強度間伐区の方が土の表面の状態は最悪で、土中への水浸透能は弱度間伐区や無間伐区よりも低かったと推定される。では、なぜ、間伐後しばらく経つと強度間伐区で浸透能が最も高くなったのだろう。

その理由は、目に見えない地下に隠されていた（図５・４）。広葉樹の種数が増しそれぞれの木のサイズも大きくなることによって、土壌中の根の密度が増え土壌動物も増えた。その結果、土壌中の空隙が増え、最終的に水浸透が高まる、といったメカニズムが垣間見えてきた。まず、一つ目はミミズの働きである。強度間伐区では大量の草本が秋に枯れ、大きくなった広葉樹の落ち葉が大量に降り積もった。すると固い針葉樹の葉よりも柔らかい広葉樹の落ち

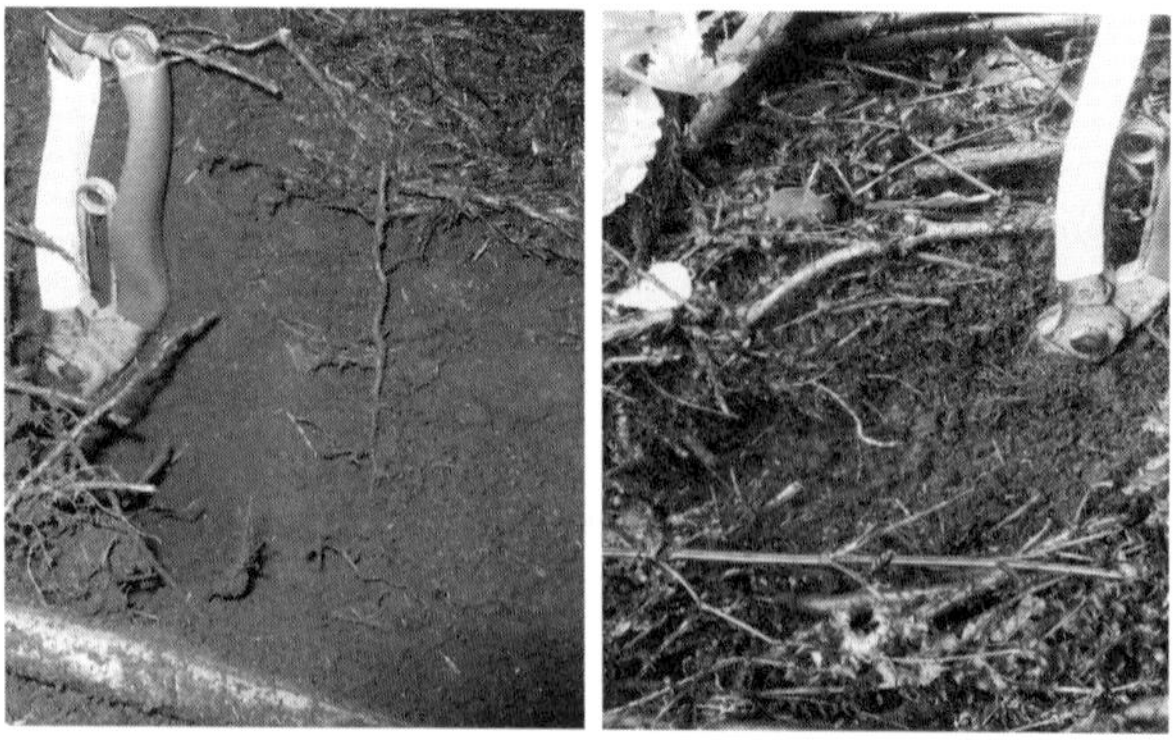

写真 5.2　スギ人工林間伐試験地の土壌の表層
無間伐区では地表にはスギの落ち葉しかなく、地中の根もまばらであった。一方、強度間伐区では広葉樹や草本の落ち葉が見られ、地表面下に細い根が豊富に見られる。

葉を好んで食べるミミズが増え始めた。ミミズは土の中のあちこちにもぐりこんでは柔らかい粒状の糞を排泄し土を柔らかくする。したがって、土の団粒構造が発達し土壌の容積密度が減少した。容積密度とは土の重さを体積で割ったもので、これが低いと土がスカスカになって土の中の空隙が増えたことを示している。

さらに強度間伐では土壌中の根の密度が高くなることによって、土壌の容積密度が減少し水浸透能が高まった。特に草本の根は地表面に多い。また、ミズキなどの浅い所に根を張る浅根性の樹種も多く侵入していた。従って強度間伐区では地表近くに細根が大量に見られた（写真5・2）。根は葉などに比べ分解されにくく長い間土中に滞留するので、根が多いと団粒構造が維持され易いといわれている。特に細い根（細根）の密度が高くなったことが水浸透能を大いに高めているようだ。細根は毎年大量に発生するが、寿命が短いので、大量に死んで土中に供給される。したがって、地中に張り巡らされた細根が分解されるにつれて土の中に隙間が出来るとも考えられる。また、死んだ根を食べにくるミミズが増えるためでもあるだろう。このように土の中の細根量が多いと土の中の空隙が増えて、水浸透能が高まるのである。

このようにスギ人工林に多様な広葉樹が混交し、それらが大きくなることによって大雨が降っても水は地表面を流れないで土中に浸透しやすい。そして時間を置いて河川に流れ出すため洪水は起きにくくなる。また、雨を無駄にしないで林地に溜め込むため、雨が降らなくてもかなり前に降った雨が徐々に川に流れ出すので渇水も軽減されるだろう。拡大造林が華々しく行われていた昭和三〇年代から四〇年代にかけて日本全国で洪水が多発したのは広葉樹天然林を皆伐し針葉樹人工林に転換したためだと指摘する人も多い。この実験結果もまた、多様な樹種が共存する生態系を針葉樹の単純な生態系に安易に転換することがいかに危険なのかを強く警告している。

水を浄化する

テルマンさんが草地の実験生態系で明らかにしたように、森林でも種多様性が回復してくると土壌の栄養塩の循環がうまくいくようになるのだろうか?　環境省の環境研究所の林さんたちが尚武沢の試験地にやってきて調べ始めた。まず、地上の植物がどれくらい土壌中の栄養塩を使い切っているのかを土壌の間隙中の水に含まれる硝酸態窒素濃度を調べてみた。予想通り、硝酸態窒素濃度は強度間伐区では地表面下約一mまでいろいろな深さで調べたがいずれの深さでも極めて低かった。つまり、土壌中には硝酸態窒素は残されていないことが分かった。それに比べ、無間伐区では深い土壌では少し低くなる傾向がみられたものの、どの深さでも硝酸態窒素の濃度は極めて高かった。弱度間伐区では、無間伐区と強度間伐区の中間であった。まさにテルマンの草地での実験と同じことが起きていた。つまり、強度間伐区では土壌中の硝酸態窒素は地表の浅い所はもちろん、かなり深い所まで利用し尽くされていたので土壌中に残留しなかったものと考えられる。強度間伐区では草本・木本ともに種の多様性が高いので、浅い所に根を張る種や深い所まで根を張る種がそれぞれ好む深さで根を張ることができる。土中の隅々まで張り巡らされた根によって窒素は万度に利用されたのだろう。林さんらは、積雪期間を除き毎月調べにいき、この傾向が植物の生育期間である五月から一一月まで同じように見られることを確かめている。つまり、多様な樹種や草本で構成されていると、生育期間を通じて栄養塩が効率良く吸収されていることが分かった。木本種では根が発達する季節が大きく種間で異なることが知られている（図5・5）。多くの種が混じった森林では、それぞれの種の根の活動性の高い時期がずれるので春から秋まで森林全体の養分吸収能力は高いまま維持されるのではないかと考えられる。

したがって、大きな広葉樹が多数侵入しているスギ人工林では、下層に透水していく水の硝酸態窒素濃度も極めて低いものになる。そして地中を通って河川に流れ出る水もとてもきれいなものになるだろ

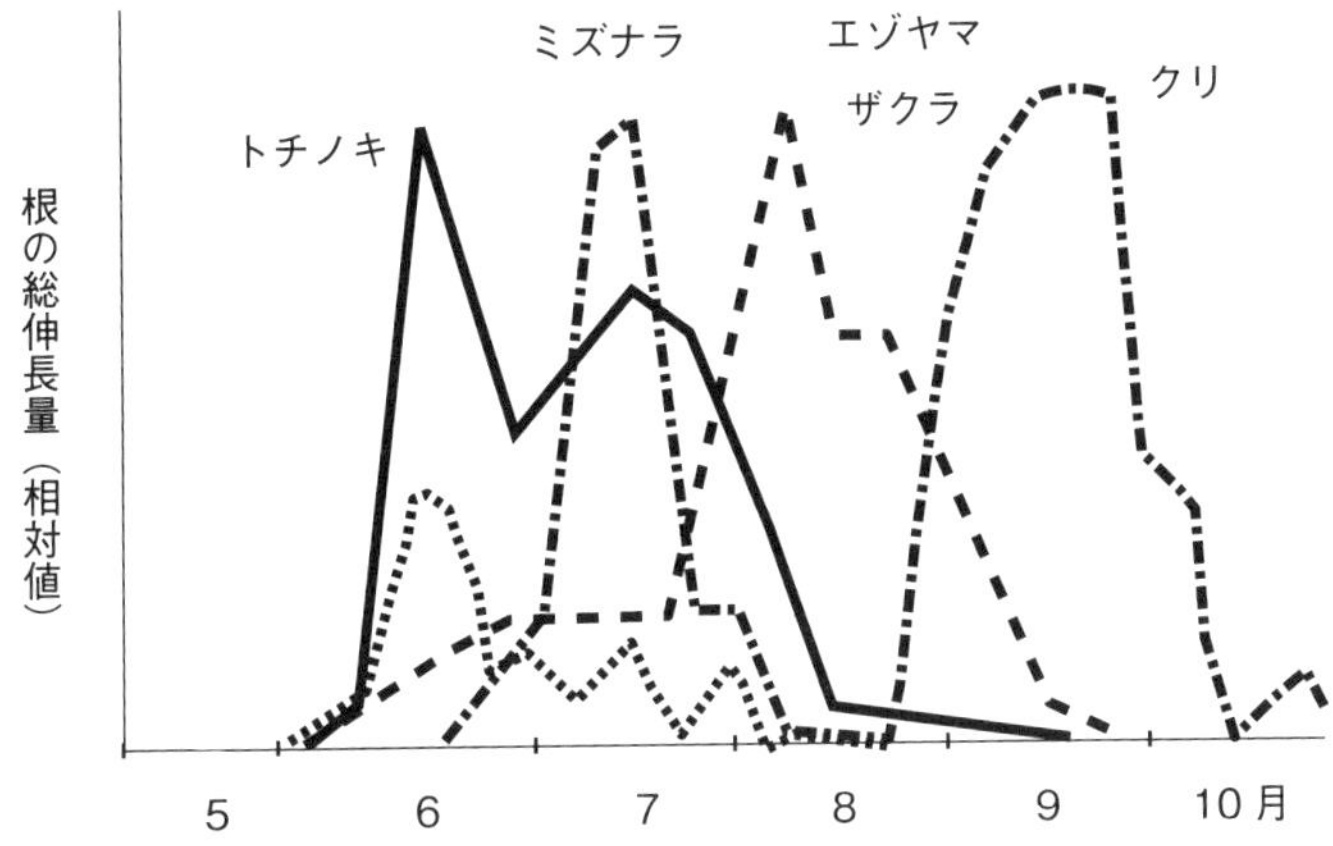

図 5.5　落葉広葉樹 4 種の根の伸長時期の違い（佐藤 1987 より作図）

う。また、土壌表層での硝酸態窒素濃度が著しく低いことは、大規模な降雨によって表面流出が発生したとしても、それによって流出する窒素量も少ないことを意味している。いずれにしても人工林における種多様の回復は山から流れ出る水をきれいにする効果が期待できそうだ。

一方、間伐をしないで放置したスギ人工林では、林床の植生はほとんど見られず広葉樹の種数も数えるほどである。したがって、地下部の根系も極めて貧弱で土壌の栄養塩を有効に利用できない。硝酸態窒素は地下水経由で河川などに流れ込む量が多くなるだろう。また、大雨によって土壌表層経由でも森林から系外に流れ去る量が増加するだろう。弱度の間伐でも広葉樹や草本が貧弱なので強度間伐のような大きな効果は期待できない。もし、都会に棲んでいて、きれいで、おいしい水が飲みたいと思うなら、上流の水源として使われるダム周辺の森林の状態をよく調べてみると良いだろう。ダムに流れ込む河川の流域やダム下流の河畔沿いにスギやヒノキの人工林はないか？　もし、それらが込み合っていたら思い切って間伐し、広葉樹を導入し種多様性を高めることから始めてみてはどうだろう。

この間伐試験では弱度間伐区よりも強度間伐区で水源涵養機能や水質浄化機能が飛躍的に高くなった。この事実から言えることは、「水源涵養機能や水質浄化機能を高めるには間伐して下層植生の量をある程度回復させれば良いというものではない」ということである。「広葉樹や草本の種類をできるだけ増やし、かつ広葉樹を大きくする」ことも重要だということである。それにはやはり強度間伐が有効であることを示している。テルマンの実験や我々の実験から見えてくることは、一つの森に多くの植物種が共存するという生態系は、「物質の循環がうまくいっている」ということである。個性の違う植物種が地上の空間だけでなく、地下の空間でも棲み分け、地上・地下の資源を有効に獲得しているのである。万度に獲得された資源はすべてくまなく利用され、生態系全体の生産力を底上げしているのである。一次生産をする植物社会が豊かになれば、その生産物を食べて生きていく植食者や有機物を無機化する分解者も増える。さらに、それらを捕食したりそれらに寄生したりするものも増え、生物社会は豊かになっていく。太陽の光から同化産物を作る一次生産者である植物の多様性は、豊かな生物社会の大元であり根源なのである。多様な種から構成される生態系は、単純に針葉樹一種だけを生産する系に比べ物質循環や食物連鎖のシステムは安定するだろう。そして、同時に多様な広葉樹も生産することができるとあれば、経済的な生産システムとしても長期的にみればむしろ合理的だといえるのではなかろうか。

我々の試験地ではスギ林への広葉樹の混交割合が高まるにつれ、水浸透能や水浄化機能などの生態系機能が高まることを明らかにした。この試験地はほぼ平坦な斜面下部に設定し、さらに各間伐処理区を三回反復して、地形や土性の違いを極力減らした設計になっている。したがって、これまでの研究のように別の場所に成立している広葉樹林と針葉樹林を比較した結果とは異なり、かなり厳密な実験結果を示している。我々の試験地で唯一違うのは侵入した広葉樹や草本のサイズと多様性である。水源涵養機能を高めるには、過密になったスギ人工林を単に間伐をして下層植生を増やしてやれば済むことではない。林冠レベルでの混交が生態系機能を大きく回復させることを強く示唆しているのである。

害虫の大発生を防ぐ——天敵の常駐

北海道にはトドマツやエゾマツなどの天然の針葉樹林が広がっているが、その多くは広葉樹との混交林である。新緑の頃は針葉樹の濃い緑に広葉樹の若葉が混ざり、北国らしい爽やかな色合いを見せる。しかし、このような天然林は拡大造林時代に皆伐されその後どんどんトドマツやカラマツなどの人工林に置き換わっていった。今ではトドマツ人工林だけで七八万haもある（林野庁ホームページ　二〇一一年九月現在）。人工林化が進むにつれて害虫の大発生がしばしば報告されるようになった。一九六五年ころから旭川を中心とした北海道の中央部のトドマツ人工林で見られたハマキガの大発生では、体長二cmほどのハマキガの幼虫の密度は全部の種を合わせるとトドマツの枝五〇cm当たり四〇匹以上にも達したという。葉をすべて食べ尽くすばかりか新しく出た枝も食べ、赤く枯れた被害林分が遠くからでも見えるようになったという。このような大発生はトドマツ人工林ではしばしば見られたものの、トドマツ天然林では被害が見られなかった。疑問に思った昆虫分類学者たちがその理由を調べ始めた。人工林で大発生が起きるのは「生物多様性の欠如のためだ」ということを突き止めたのはもう三五年以上も前のことであった。

もともとトドマツを加害する害虫相は非常に貧弱でハマキガが主体である。それも全部で二〇種ほどしかいない。トドマツ天然林ではトドマツを加害するすべての種のハマキガが確認されているが、個々の種の密度は通常極めて低いまま推移する（図5・6）。トドマツの長さ五〇㎝の枝にハマキガが一〇匹以上いると被害が出るが、トドマツ天然林では、全部の種類を合わせても三匹を超えることはない。したがって被害は非常に少ない。その理由はなんといっても天然林における天敵の豊富さである。天然林にはハマキガを捕って食べるヒメカゲロウ・ヒラタアブなどの昆虫類・クモ類・鳥類・トガリネズミなどの天敵がたくさん棲んでいる。それだけではない。ハマキガの個体数調節に最も重要なヒメバチ・コマユバチ・ヤドリバエなどの寄生性昆虫の種類が天然林の方が圧倒的に多いのである。寄生性昆虫は一九七八年時点で八〇種ほどが確認されている。これらは卵、幼虫、蛹それぞれに寄生する三タイプに分けられる。特に卵と蛹に寄生するタイプは色々な種類の蛾に次々と寄生し、年二世代以上をくり返す多化性の種である。一方、幼虫寄生のものは多化性の種も多いが、寄生する対象範囲（寄主範囲）が狭

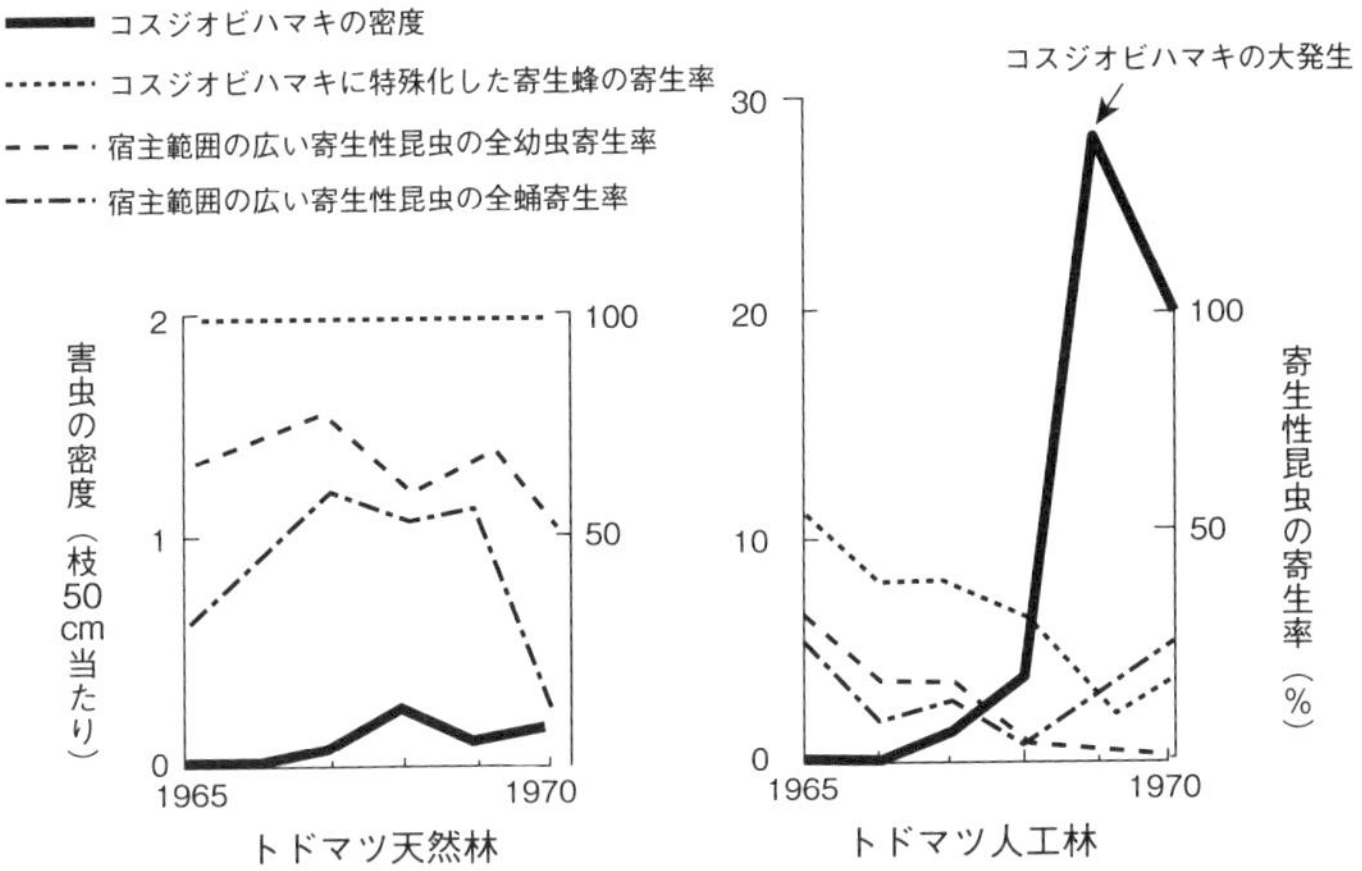

図 5.6 害虫（コスジオビハマキ）の密度と寄生性昆虫の寄生率の推移（鈴木 1978 に加筆）

いものが少数いる。その中には特定のハマキガにしか寄生しない種が一～二種見られ、その寄生率はとても高い。その一つがハマキヤドリオナガヒメバチというややこしい名前の寄生蜂だが、これは、コスジオビハマキの幼虫にしか寄生しない。幼虫に卵を産みつけ、卵から孵るとハマキガの幼虫が死なない程度に体を食べて育つが、ヒメバチの幼虫が成長しきった段階では、ハマキガを食べ殺してしまう。このように、トドマツを加害するハマキガに寄生する昆虫たちは寄生率の高い特殊化した少数の種と、個々の寄生率はあまり高くないが寄生範囲の広い多くの種から成り立っている。このように二タイプの寄生性昆虫で構成されていることが天然林でのハマキガの大発生を抑えている重要なポイントである。

つまり、以下のようなことである。

トドマツの主な害虫はハマキガであるが、すべて年一世代である。しかし、ハマキガに特殊化した少数の寄生性昆虫以外のほとんど寄生性昆虫は一年間に二世代を繰り返す二化性であり、ハマキガしかいない所では定住できない。しかし、トドマツ天然林では広葉樹も混じるので広葉樹を加害するさまざまな種類の蛾も多く生息しており代わりとなる寄主（交代寄主）はいくらでもいる。したがって、年二世代を繰り返す宿主範囲の広い寄生蜂でもハマキガに寄生できるのである。図5・6を見ても分かるように天然林ではコスジオビハマキの密度は特殊化したハマキヤドリオナガヒメバチの幼虫への高い寄生率によって抑えられているが、それだけではない。天然林に常在する宿主範囲の広い多化性の寄生性昆虫が幼虫への寄生を高め、全幼虫寄生率は七〇%に達している。さらに蛹への寄生率もほぼ一〇〇%に近いというデータが得られている。天然林では樹木種が多様であるため、寄主の蛾の種類も多様で、それによって多くの種類の寄生性昆虫の個体群が維持されて、特定のハマキガが急激に増加することが抑えられるのである。

一方、トドマツ人工林では二化性の寄生蜂のほとんどは、ハマキガ以外の寄主が見つからず定住できない。トドマツ人工林ではハマキヤドリオナガヒメバチなど特殊化した寄生性昆虫だけが定住できる。ハマキヤドリオナガヒメバチは人工林でコスジオビハマキの密度が低い時にはある程度寄生しているが、密度が高くなると一種では追いつけなくなり寄生率も下がり、害虫の密度調整には寄与できなくなってしまう。他の二化性の寄生蜂も少しは飛んでくるものの、幼虫や蛹への寄生率は低い。その結果、コスジオビハマキが大発生するのである。

このように人工林と天然林を比較することによって「樹木種の多様性が天敵相の多様性を生み出し害虫の大発生を防ぐ安全弁になっている」ことを明らかにしたのである。害虫だけでなく、非常に小さな天敵類を分類しながらそれぞれの個体数を五年以上も調査し続けることは、きわめて高度で困難な仕事である。上条・鈴木・駒井といった優れた分類学者が揃っていた時代だからこそ出来た極めて貴重な解析だと考えられる。

北海道の人工林でトドマツに次いで広いのはカラマツで四五万haもある。低山や平地に広く植えられ、秋になると通称「ラクヨウ」と呼ばれるキノコ（ハナイグチ）を採りに多くの人が入る。カラマツ林は晩秋には黄褐色に染まり、遠い大雪や日高の白い山脈を背景に広がる姿はとても美しく、北海道の原風景のように思えてしまう。しかし、カラマツは成長の早さを見込まれ信州から導入されたもので、長い間病虫害に悩まされて来た歴史をもつ。造林地ができるとまず先枯れ病が多発した。当年枝が繰り返し冒され若木が帚状の樹冠となる病気で、成長が停止し枯れてしまう。病原菌は枝で越冬し胞子を飛散して伝染するので、大面積の一斉造林地では大発生を繰り返した。しかし、その後造林地を小面積にすることによって、病気の発生を減らすことができた。今でも大面積の一斉造林を行っている中国では重大な被害が見られている。

カラマツ人工林ではカラマツハラアカハバチやマイマイガといった害虫の大発生もしばしば見られ、

被害地を同心円状に広げながら葉を食い尽くしてきた。今でも、一〇年に一度は二〜三万haの大被害が見られている。カラマツハラアカハバチに食害されてもカラマツは衰弱するだけで枯死はしない。しかし、キクイムシなどの穿孔虫による二次被害をうけて枯死する場合がある。これまで、農薬散布で害虫防除を行ったことがあるが、根絶することはできなかった。幼虫期には農薬散布で九〇%ほどの殺虫効果が見られるが、少しでも生き残ると増加率が高いためにすぐに元に戻ってしまい根本的な対策にはならなかった。しかし、農薬散布による防除に疑問を持っていた昆虫学者の東浦康友さんや原秀穂さんは、長年の観察から面白いことを見いだした。同じカラマツ人工林でもカラマツだけしか見られない単純林に比べミズナラなどの広葉樹が混交した林分では被害が少ないのである(図5・7)。越冬用のエサとなるドングリがあるためアカネズミが棲み着いて、カラマツハラアカハバチの繭(まゆ)も食べてしまうのである。多分、ドングリを探し歩くついでに、見つけ次第食べているのであろう。また、広葉樹が混交すると昆虫類やクモ、ムカデ、ミミズなどの小型の無脊椎動物も増えるので、それらを捕食する動物食のトガリネズミも棲み着く。これもまた越冬中のハバチの繭を食べてしまう。したがって、ネズミ類によるハバチの繭の捕食率は広葉樹が混交しているカラマツ林の方が高くなったのである。それも、ハバチが大発生し繭の密度が高い所ほどよく食べている。ハバチの大発生をネズミが低く抑えていることが分かる。トガリネズミは体が小さくエネルギーを蓄えることができないので、餌がなくなれば数時間で餓死してしまうため、ひたすら餌を食べ続ける必要がある。このように活発に捕食行動をする小哺乳類は、

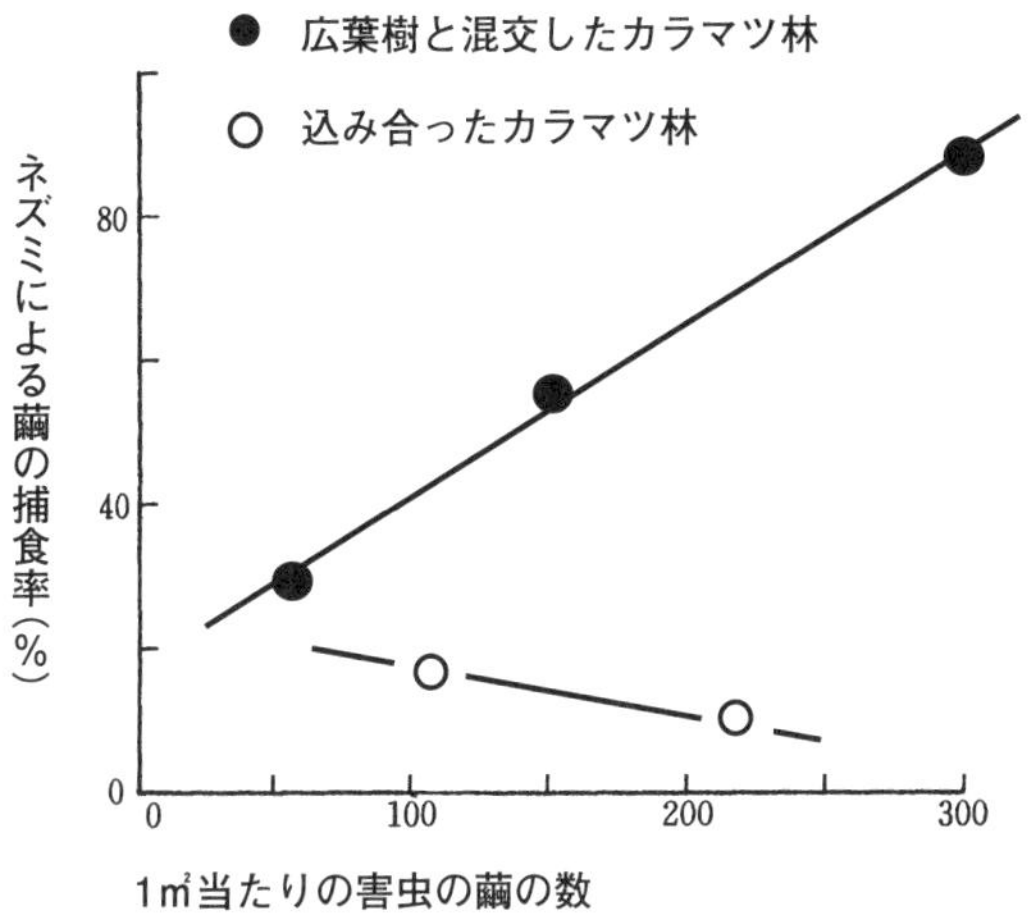

図 5.7　種多様性の異なる森林における天敵による害虫の繭の捕食（東浦・中田 1991 に加筆）

カラマツの単純林にはエサがないためほとんどいない。しかし、広葉樹が侵入しドングリをつけ始めるとアカネズミやトガリネズミなどの小哺乳類がそれにおびき寄せられてやって来ては、旺盛な食欲でハバチの繭を食べ、その増加を強く抑えるのである。

カラマツ林に広葉樹が混交すると捕食性の天敵であるオサムシ科の昆虫も増える（写真5・3）。カラマツの葉を食べる昆虫、ミスジツマキリエダシャクの蛹がオサムシに食べられる割合はカラマツ人工林では二〇％だったが広葉樹と混交したカラマツ林では七〇％にのぼった。オサムシ科の昆虫の種類も混交林の方が高くなった。このようにカラマツ人工林において広葉樹を更新させることは、食葉性害虫の天敵であるネズミ類やオサムシなどが棲み易い環境を作り出し害虫の大発生を大きく抑制してくれるのである。

そもそも「害虫」「害獣」という言葉は天然林では使う必要がないような気がする。人工的な生態系では、人間が育てようとする作物や造林木を加害するため「害虫」という言葉が使われる。一方、自然生態系ではネズミ類は種子や実生を食べて樹木の更新を阻害するものの、種子を運び食葉性昆虫の繭や蛹を食べ樹木の更新を助けてもいる。単純な生態系では害か益かはっきりするが、少しでも自然生態系に近づくとその定義は曖昧になる。多様な樹種が共存する森では葉を食べる蛾の幼虫もそれに寄生する蜂類もすべてが生態系全体のシステムの維持には必要な一員である。したがって、害虫・害獣であるが天敵でもあるさまざまな生物を上手くコントロールしながら木材生産をした方が持続的な林業となるだ

写真 5.3 カラマツの食葉性昆虫ミスジツマキリエダシャクの幼虫を食べるヒメクロオサムシ（原秀穂氏提供）

ろう。つまり、生物多様性を復元することによって成熟した森林が本来持っている「害虫」の大発生を抑制するシステムを活かす林業に立ち戻るべきなのである。三五年以上も前にトドマツの天敵による防除を研究していた鈴木重孝さんは「このような研究は、害虫の大発生を樹種の組合せや広葉樹を含めた保護帯を残すことによって回避するいわゆる林業的防除法を考えるうえで重要なことである。」と書いていた。今は当然のように思えるが、当時の拡大造林時代に唱えても、実行に移されることはなかったようだ。

病気の蔓延を防ぐ

単純な人工林で「害虫」と同様に危惧されるのは病気の蔓延である。しかし、人工林で病気が発生したとしてもそれが生物多様性の欠如によるものなのかを科学的に証明するのはかなり難しいと思われていた。しかし、近年、種多様性が高い植物生態系ほど病気が蔓延しにくくなることが実験的にも証明され、また野外でも大規模な調査から検証されている。

種多様性が病気の蔓延を防ぐことを初めて実験的に確かめたのは、またしてもテルマン博士のグループであった。一三×一三mの大きな方形区にそれぞれ一、二、四、六、八、一六、三二種の多年性の草本を育てて、病気の発生度合いを調べた。予想通り、多くの種が混じり合う草本群集ほど病気が蔓延しにくく被害も小さくなった。種数の少ない群集で病気が広がったのは、病気に弱い特定の種だけに病気が感染したためではなく、他の種にも病気が感染し易くなったためであった。ただ、一種だけを植えた方形区で種特異性の高い病気に感染した場合には全滅した所も見られた。これもまた、種数が少ない所で生産力が低くなる大きな要因である、とテルマン博士は言っている。

種多様性が病気の発生を抑えることが森林でも明らかになったのは、つい最近、二〇一一年になってのことである。今、アメリカの西海岸ではオーク類（コナラやミズナラの仲間）が大量に死亡する病気「オーク突然死病」が流行している。一九九〇年代半ばサンフランシスコ湾の近くで見られて以来、カリフォルニアとオレゴンで数百万本のオーク類やタノーク類が枯れた。この病気はファイトフィソラ・ラモルムという真菌が引き起こし、ヨーロッパでも近年猛威をふるって森を枯らしている。シダ類、裸子植物、被子植物など一三〇種にも感染する宿主範囲の極めて広いジェネラリスト、いわゆる多犯性の病原菌である。とても強い病原性があり、乾燥、大気汚染、土壌の踏み固めなどの環境ストレスに曝されていない健康な木にも感染する。いまだ、治療法や対策の見つかっていない恐ろしい病気である。北カロライナ大学のハースさんたちは、オーク突然死病の感染地帯の中から約八万haもの広い地域を選んで、その中に種多様性の異なる場所を二七八カ所選んだ。それぞれの場所に五〇〇㎡の調査プロットを設置し、その中の一本一本の木の名前と病気の感染率を調べた。全部で一一五〇一個体も調べ上げたというから並大抵の調査ではない。一つのプロット内には灌木やツルも含め多い所で一二種の樹木が見られたの対し、少ない所ではたったの一種であった。予測どおり、種数の多いプロットほどオーク突然死病への感染率が低いという傾向が見られた。感染力が極めて高く木を死に至らしめる恐ろしい病気が多様な種が共存する森では蔓延しにくいことが分かったのである。オーク突然死病に感染していた樹木は二一種に及んだが、感染していなかったものも二五種も見られた。病原菌から見れば感染しにくい種が混じることによって森林全体から感染対象が減ってしまい、感染の広がりが物理的に遮蔽されてしまったのだろう、とハースさんたちは言っている。この調査結果は、「種が多様な森では、病原菌が感染しにくい樹種も増えるので、全般的に病源菌に感染する危険性が減る」といった「希釈効果」を示している。森林ではいろいろな病気が大発生することがあるが、多くの種が混ざっていれば病気に対抗できる強い種もあり、すぐ負けてしまう弱い種もある。多くの種が混ざり合うことによって、病気の影響が薄められるということは、今後の森林管理にとって極めて示唆に富む観察例である。

ナラ枯れと生物多様性

今、日本の広葉樹林を「ナラ枯れ」が脅かしている。体長四－五㎜のカシノナガキクイムシが媒介するナラ菌により、ミズナラ、コナラ、クヌギ、アラカシ、シラカシなどがまとまって枯れはじめているのである。最も古い被害記録は南九州で、一九三四年に発生したものだが、一九八〇年代以降に急速に拡大しはじめた。二〇〇一－二〇〇七年ごろには毎年五－九万㎥の木が枯れるようになり、二〇〇七－二〇〇八年には一一－一三万㎥の木が枯れた。その後さらに急激に増加し二〇〇九、二〇一〇年にはそれぞれ二三、三二万㎥の木が枯れ被害は拡大するばかりだ。ここ数年で秋田、宮城、岩手、青森に拡大した。私のいる宮城の鳴子温泉町でも赤く枯れたミズナラが見られるようになった。防除も追いつかない。キクイムシの付着を防ぐために幹にビニールテープを巻いたり、殺菌剤を潜入孔に注入し対症療法が続いている。しかし根本的な解決策はまだない。

ただ、多くの研究者が同じように指摘していることがある。いずれの地域でも、最初の被害は薪炭林施業をやめてから樹木が大径木化している場所で発生しているということである。一九六〇年代に始まった燃料革命前は日本全国、近くの山から薪を採り炭を焼いて暖をとっていた。伐採後に萌芽再生させ一五–二〇年後にまた伐採し利用するといった萌芽再生林は日本の里山の原風景のようなものである。しかし、放置された樹木はどんどん太くなり、大径木を好んで穿孔するカシノナガキクイムシにとっては格好の繁殖場所となっている。『ナラ枯れの蔓延は、人間がキチンと森林を管理しなくなったせいだ！』と言う人が多い。林野庁の補助事業で作成されたナラ枯れ被害対策マニュアルにも「高齢・大径化した森林の若返り（持続的な伐採・活用）により被害を受けにくい森作りを行うことでナラ枯れ被害を減少させる効果がある」と書かれている。当面の対策として大径材を利用することは良いと思われるが、絶えず短伐期の萌芽林施業を繰り返すことが山村では不可能になりつつある。また里山の生活様式が崩壊した今、「昔の里山に戻そう」というだけでは根本的な解決にはならない。どのような森林施業が持続的な森林管理に通じるのかをもう一度考え直す必要がある。それには、「オーク突然死病は種の多様性によって軽減される」といった事実がひとつのヒントになるような気がする。

つまり、日本の里山におけるナラ枯れの大発生は種多様性や遺伝的多様性の減少によるものだと、私には思えてくる。ナラ類は伐採すると、切り株の樹皮の内側に潜伏していたたくさんの芽が開き、根の貯蔵養分を利用し一気に萌芽枝を伸ばし再生する。一年で数十cmにも達し、数年で二―三mになる。大型の草本や他の樹木との競争にも強い。したがって、萌芽更新を繰り返すとミズナラやコナラの優占度合が上がり、種の多様性は減っていく。また、ドングリが実る前の若木を伐採するので実生更新する機会が少なかったと考えられる。多くは、無性的な繁殖を繰り返してきたので遺伝的な組成は、薪炭利用が始まった時代から、場所によっては数百年前から大きく変わらないまま維持されてきていると考えられる。もし、そうならば、大変なことである。1章で見たように病原菌は樹木への感染力や病原力を高めて相手より優位に立つため遺伝子の組み替えを絶えず行っている。それに対して、樹木もたえず他個体と交配し新しい遺伝的な組成をもった子どもを作りながら生き延びている。しかし、里山のナラ類では人為がそれを止めてきたのである。同じ樹種が占めている単調な林、それも遺伝的にも昔からあまり変わっていない林に対して、ナラ菌やキクイムシはずっと遺伝的な組み替えを続けながら虎視眈々と狙っていたかもしれない。そして、薪炭林などが放置され、エサとして適当な太さになってきたので一気に狙われたのではないかと考えられる。ナラ枯れもまたオーク突然死病のように生物多様性の減少が大きく影響しているように思えてならない。

クマを山に留め置く――エサの多様性

ツキノワグマと目の前でばったりと鉢合わせしたことがある。コナラ林でしゃがんでドングリを拾っていたら、ドサッという大きな音とただならぬ気配がした。立ち上がると目の前にツキノワグマが仁王立ちしていた。脇には小さな子グマがいた。ドングリを食べに急斜面を登ってきたのだ。目の前に人間がいてビックリしたのだろう、両手を上げて「ウオーッ」大きなうなり声で威嚇してきた。こちらも思わず両手を挙げて「ウワァー」と大きな声を出した。母グマはビックリして斜面を二〇mほど駆け上った。しかし、すぐ駆け戻って来た。それも子グマに向かわず、我々に向かってまっすぐに走ってきた。私と技官の赤坂くんの二人は後ずさりして木の後ろに回って、鉈に手をかけた。しかし、大学院生の永松くんはクマに背を向けて走って逃げた。母グマは彼を追いかけた。「危ない」と思って見ていたら、母グマは二〇mほど追いかけるとクルッと素早く回転して子グマの所に駆け戻ってきた。そして、すぐに、一緒に尾根の向こう側に跳んでいった。その間わずか二十秒か三十秒ほどだったろう。その後、山に入る時は周囲にクマが居そうで気になってしょうがなかった。しかし、数週間経つとなぜかあまり気にならなくなった。多分、危害を加えようとする気持ちが母グマからは微塵も感じられなかったからだろう。背丈もそう大きくない若い母グマの必死な振る舞いは子グマを守るための威嚇以上のものではなかった。だから、ほんの目の前で遭遇した割には怖さがあまり残らなかったのだと思う。

ツキノワグマは本州の森の中では野生動物の食物連鎖の頂点にいる。以前は、猟師以外はあまり目にすることはなかった。しかし、近年、クマたちは山から里にどんどん下りてきており、多くの人たちが目にするようになった。東北大フィールドセンターでも毎秋、デントコーンを食べにくる。電線を三重に張り巡らしたり、薮を刈り払って見通しを良くしたりしたが、一時的に被害は減るものの、どこかに隙を見つけて食べに来る。八月も半ばになるとデントコーンの熟し加減を探りにうろつくクマを見ることがある。クマによる日本の農産物被害は、統計のある一九九一年から二〇〇六年にかけて約三千トンから約二万トンに毎年増え続けている。とくにデントコーンなど飼料作物が一番で次に柿や桃などの果樹が多い。スギも樹皮を剥がされて枯死する被害が全国で見られるようになった。テープを巻き付けたりしているが「皮剝ぎ」の根本的な解決にはなっていない。人的被害も増加傾向にある。秋になると日本中至る所でクマの話題が新聞やテレビを賑わし、「山菜採りに出かけ子連れのクマにバッタリ遭遇し大けが」「小学校の校庭にノコノコ出て来たクマを地元の猟友会が射殺」。このような報道はクマとは危害を与える恐ろしいものだと、実際に見たこともない大多数の日本人に思わせてしまう。クマによる人身被害は、一九九〇年代までは年間二〇名程度で、そのうち死亡事故は一名程度であるが、二〇〇四–二〇〇六年の大量出没年には全国で一〇〇名以上の被害が見られ、死亡事故もそれぞれ二名、三名と増加している。環境省が出しているクマ類出没対応マニュアル（二〇〇七）によると、有害駆除によるクマの捕獲数は一九五〇年以降、増加傾向にある（図5・8）。私の子どもも小学校から帰る途中に子グ

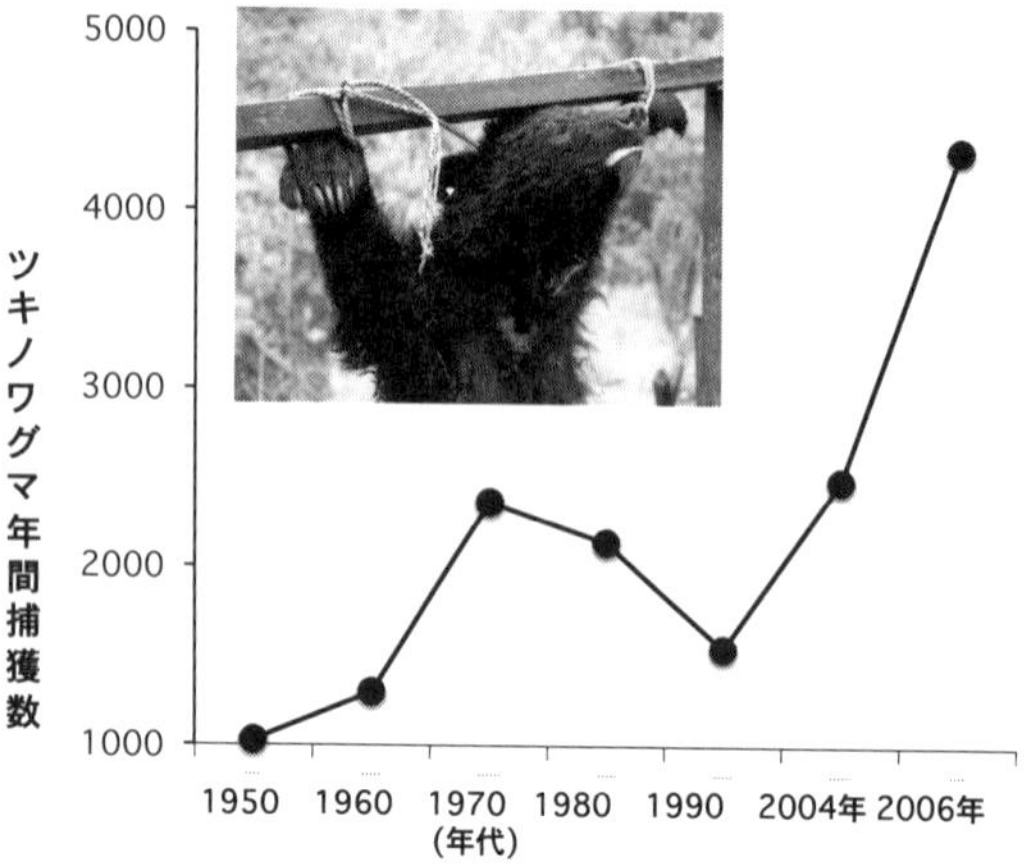

図 5.8　ツキノワグマの捕獲数の急激な増大（クマ類出没対応マニュアル、環境省 2007 より作成）。写真は有害駆除で射殺された若グマ（柴田璿弌氏提供）

マに遭遇したことがある。家のすぐ裏山の栗の木や近所の柿の木には毎年のようにクマが来る。東北大のフィールドセンターでも歩いて登下校する学生がクマを目撃するようになった。「もしも」のことを考えたりすると、駆除してくれという気持ちも分からないでもない。しかし、クマにも人里に出てこなければならない差し迫った事情がある。その根本の原因を探り、改善しなければ、クマが危険な場所へ足を踏み出し、人間とクマ、両者の悲劇がいつまでも繰り返されることになる。

　クマが秋になると危険を冒してまでエサを探しまわるのは冬眠に備えるためだが、母グマにはもっと切実な理由がある。それは、クマの妊娠・出産・子育ての特殊性にある。クマは六月頃に交尾をするがすぐには妊娠しない。秋に豊富な餌を食べ、母親の栄養状態が良い時だけ卵子が子宮に着床し妊娠するのである。さらに、真冬に冬眠窟（くつ）で極めて小さい未熟児を生み落とす。ちゃんと育つかどうかは母親の母乳の栄養価にかかっている。秋に木の実などをたくさん食べないと乳脂肪分の多い母乳を出すことができず未熟児を丈夫な子どもに育てることができなくなる。つまり、母グマにとっては妊娠と保育の両方が秋の木の実の量にかかっているのである。だから、秋にはドングリなどの木の実を必死に探し回るのである。木の実の不作年には行動範囲が極端に広くなることも知られている。したがって、エサにありつけなかったクマは、里に降りてきてハンターに撃たれてしまうのである。

新潟大学の箕口秀夫さんは、森の木の実が足りない年には有害駆除によるクマの捕獲数が増えることをきれいなグラフで示している（図5・9）。箕口さんが調べた新潟県のぬくみ平ではブナの優占度が高く次いでミズナラが多い。したがってブナとミズナラの堅果（ドングリ）の総カロリー量からエサの量を推定した。驚くことにエサの総量は少ない年で㎡当たり〇・五kcal の年から、最も多い年の五〇〇kcal までおよそ一〇〇〇倍ほどの幅がある。クマにとっては極端な不作年は致命的なエサ不足に見舞われることだろう。これら二種がともに不作の年にはクマはもう山を後にして里に繰り出すことしか選択肢がなかったのである。ブナは三年ないし五年に一度ほど大豊作の年がある。しかし、その間に大凶作や凶作などを挟みながら種子生産をする。ミズナラはもっと長い豊凶周期を持っている。ブナとミズナラの凶作の周期が一致すると、ぬくみ平にクマの食べ物はなくなってしまう。しかし、少し低い山に降りてくれば昔は広葉樹林があった。クリ・トチノキ・コナラなどは大量の堅果類をつけ、サクラ・

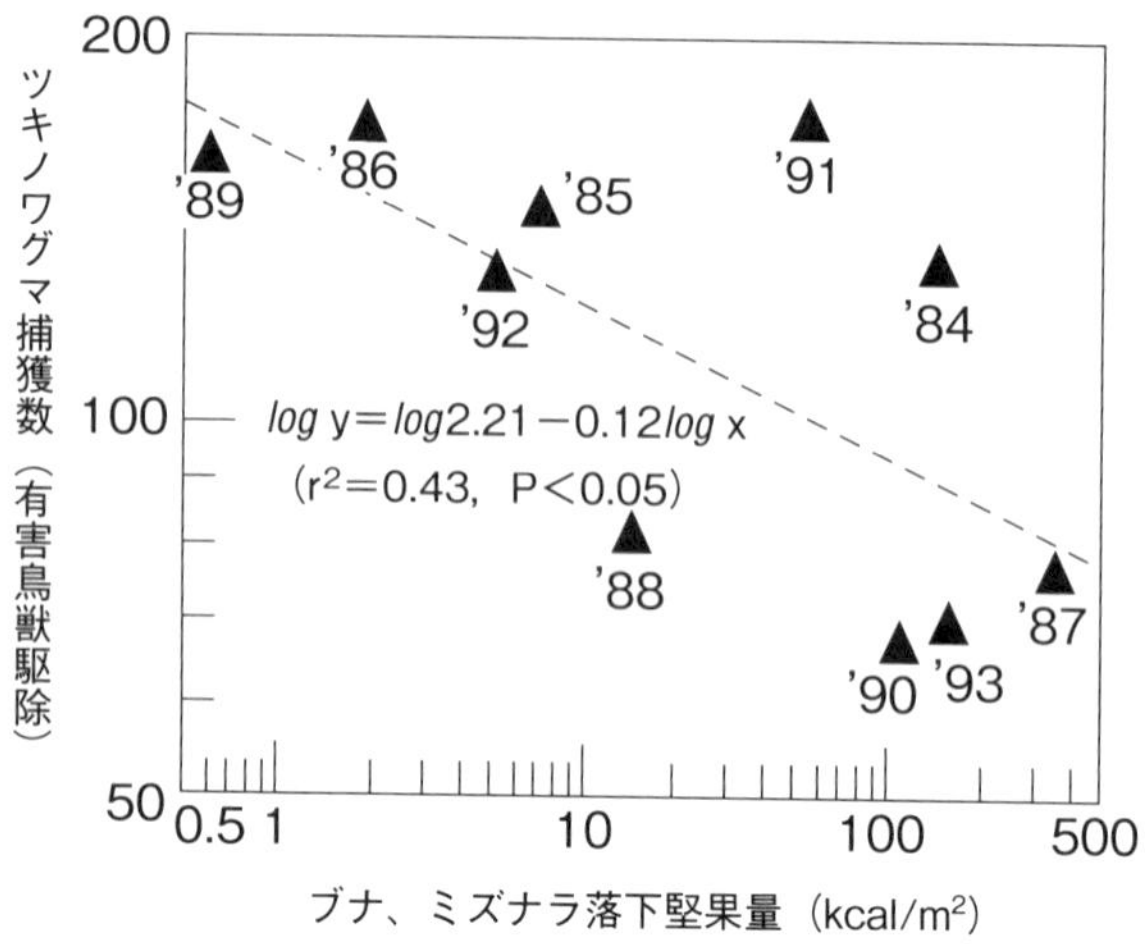

図 5.9　新潟県ぬくみ平の堅果の落下量とクマの捕獲数（箕口 1996）

ハリギリ・キハダなどは瑞々しい漿果（しょうか）類をつける。ヤマブドウやサルナシなどのツルも巻き付いているはずだ。クリは比較的豊凶の振幅が小さく、ほぼ毎年のように果実を生産する。クマにとっては救いの神のような木だ。トチノキも二年に一度は大きなタネをつける。一つの森に多くの樹種が混在していれば、それぞれ独自の豊凶パターンを持っているので、何かしらの樹種が豊作になり、完全に飢えることは少なくなる。森に多くの広葉樹が混在することはクマが子を生み育てるには極めて重要なことなのだ。

クマが山から下りてくる根本原因の一つは、人工林化による慢性的なエサ不足であろう。日本の森林の五分の二（一〇〇〇万ha）が人工林であり、それも人里に近い所ほどその割合が多い。人工林には、クマが食用とするドングリやサクラの果実、サルナシなどの果実は一切ない。「ツルきり、除伐」といって、すべての広葉樹とツルは早めに排除するのが針葉樹の基本的な管理技術だからである。広葉樹や草がないので蜜を出す花も咲かない。したがってミツバチもいない。極めて生き物の少ない世界である。クマが立ち寄ってもエサの一つも見つからないであろう。夏には標高の高いところまでエサを探しに出かけたりするが、秋になると里に下りてくる。しかし、低標高の森の多くは単純な針葉樹人工林になってしまった。それに加え、近年のナラ枯れである。ナラ枯れは太い木から枯れるので、クマにとってはエサとなる大量のドングリを失うことになる。ナラ枯れ地帯ではクマがますます里に下りてくることだろう。

クマを山に留め置くには、スギやヒノキ・カラマツなどの人工林に広葉樹を導入し、広葉樹との混交林にしていくのが有効で、かつ「根本的な解決方法」だと考えられる。クマだけでない。カモシカやサルやイノシシなども山の中でエサにありつけるので無闇に里に出てくる必要はなくなるだろう。東北大フィールドセンターのスギ人工林を強度間伐した所では、一、二mぐらいに育った広葉樹の先端をウサギやカモシカが食べた痕が残されていた。広葉樹の混交したスギ林は多くの草食獣のエサ場としても機能し始めている。広葉樹がさらに大きくなり栄養豊富な果実をつけるようになれば鳥やサルやクマなどのエサも増えるだろう。多くの野生動物を養う収容力を里に近い山林が回復していけば、多くの「害獣」を山に留め置くことができるかもしれない。

野生動物の被害が減らないもう一つの理由は山村の過疎化による防衛力の低下である。これは野生動物の研究者たちが口を揃えて言っている。ここ数十年間、山村は高齢化の一途を辿り人口は激減している。手入れ不足の農耕地に灌木や大型の草本が繁茂し、そこを隠れ場所としてクマは山から移動してくる。果樹園やデントコーン畑は藪で山と繋がっているので、山から降りやすくなっている。私は戦後開拓地の放棄田跡に棲んでいるが、庭が山林や放棄田に繋がっているので放っておくとススキ、アズマネザサ、クズなどがはびこるだけでなく、湿った所ではヤナギやニセアカシア、ネムノキがすぐに大きくなる。乾燥した所ではアカマツ、コナラ、アカシデがどんどん侵入してあっという間に藪になる。藪を伝ってキジもカモシカもタヌキもキツネもサルもやって来る。時々マムシも来る。すぐ近くまでクマも来ているようだ。クマとマムシが庭に直接来るようでは困るので、年に何遍も庭の周囲の藪を刈り払っているが、旺盛な勢いに手を焼いている。草刈り機も背負い式の馬力の強いものに買い替えたが、やはり大変な労力である。高齢者だらけになった山村で藪が広がり野生動物が集落を跋扈（ばっこ）するようになる理由が分かるような気がする。

　以前は、山間地の集落では犬を放し飼いにしていた。犬たちは放し飼いにされ集落近くの山野をうろついて野生動物が近づかないようにしていた（うちの雑種犬も以前は周囲の山を駆け巡ったが一九歳になりタヌキはおろかネコが来ても吠えなくなった）。また伝統的な狩猟を行って来た人たちが高齢化して、狩猟圧が低下したことの影響も大きいと言われている。近くの山に薪や山菜・キノコを採りに行く人も圧倒的に少なくなり、山里やその周辺の森からは人の姿が消えてしまった。山村に人の気配が薄れていくにつれケモノたちはどんどん人里近くまで来るようになっている。近隣の森の種多様性を回復するだけでなく、高齢者しかいなくなった山村に若い人たちを呼び戻さなければならない。その手だてについては10章で述べることにする。

生産が持続する——変動環境の克服

今行われている林業、特に針葉樹人工林の木材生産は近代農業の生産体系に近いものである。農業は高い生産力を得るために一年生の作物を植え極めて集約的な生産システムを作り上げてきた。灌水し、殺虫剤・除草剤・化学肥料をやり、さらには機械化を進め、膨大な手間暇をかけて、その見返りに高い生産力を生み出している。しかし、病虫害とのイタチごっこや表層土壌の劣化や流亡といった経年的に生態系を疲弊させるコストを伴う。それでも、毎年得られる高い収量がその年のコストを上回るので、長期的な環境の劣化には多少目をつぶっているのが現状であろう。しかし、農業分野でも、今や生物多様性に配慮し環境に優しい持続的な農業を目指す人たちも多い。ましてや木材生産においては森林生態系が本来持つ機能を生かす必要がある。なぜならば、農業生産に比べ、生産現場の環境のバラツキや変動がはるかに大きく、そのコントロールが難しいからである（図5・10）。農業生産では圃場(ほじょう)の土壌はほぼ均一であるが、森林では尾根や谷といった大きな地形の変化を伴い、それぞれに適した樹種が生育している。どこでも同じにすると全体の生産性は落ちるだろう。さらに、林業の生産期間が五〇年から

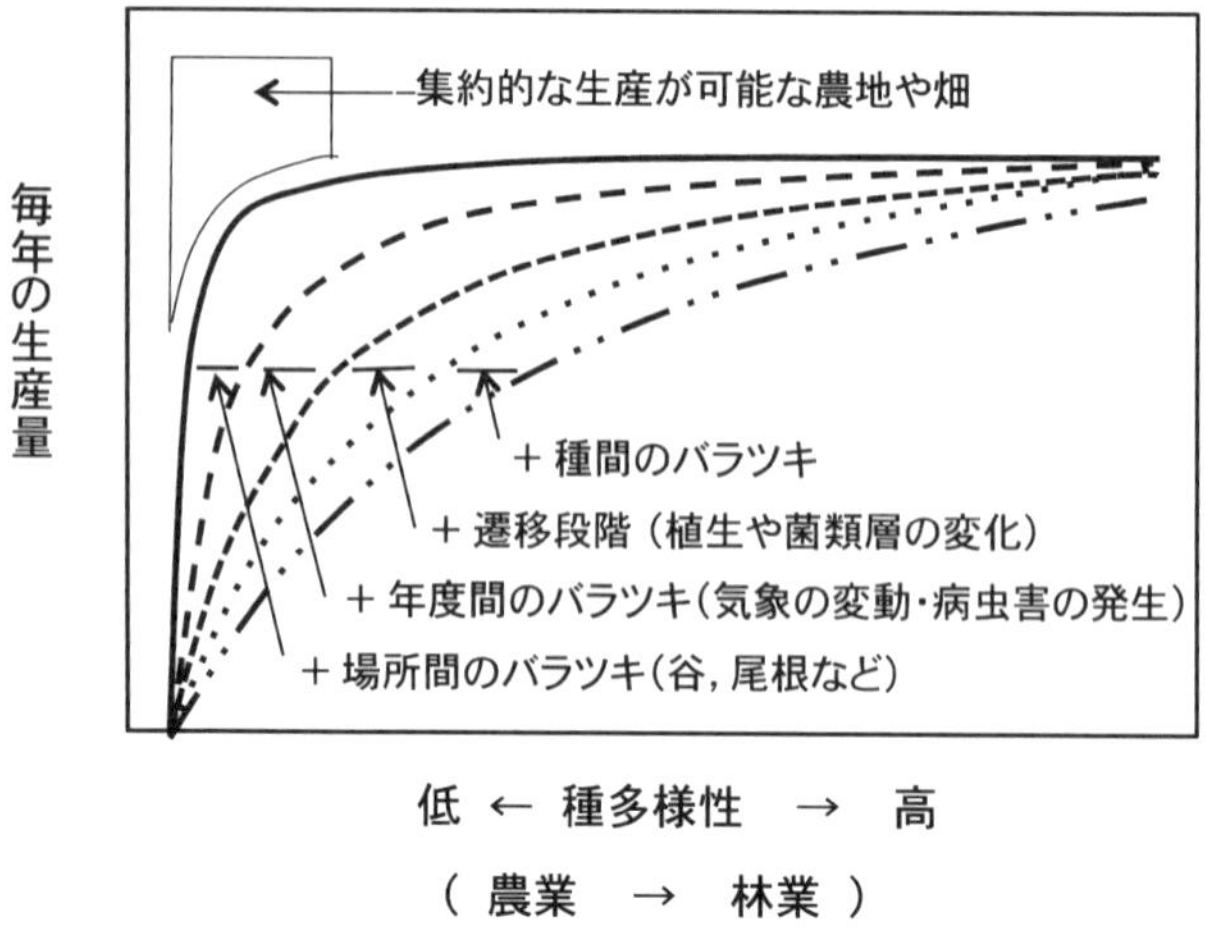

図 5.10 種多様性と生産量の関係（フーパーほか 2005 に加筆）
環境のバラツキが大きい所では種多様性が高いほど生産量が増す

時に二〇〇年にも及ぶので、その間には豪雨や強烈な台風そして日照りなどによる気象害や病虫害の大発生に遭遇する確率は高いだろう。木材生産林でも多様な樹種で構成されている林であれば気象害や病虫害に強い樹種も混ざっているので少なくとも全体の崩壊は防げるであろう。せっかく人工林を造っても伐期前に崩壊するようでは、崩壊跡地にもう一度、植え付けや下刈り、枝打ち除伐などをする経費が必要になるのでコストは倍に嵩む。むしろ、被害に強く長期的に安定した森林を造った方が経済的だと思われる。さらに種の多様性が高いと経済的な変動に対する適応能力・耐性も高い。種が多様であれば特定の種の値段の変動があっても他のもので吸収できるであろうし、不景気の時にたとえ手入れを怠っても森林の健全性は維持されるだろう。また、森林は時間とともに遷移する生態系である。数十年数百年かけて遷移初期種から後期種へと置き換わりが起きているところを、カラマツやアカマツなどの遷移初期種だけで維持しようとするのは無理がある。遷移や生育段階が進めば土壌中の菌類相も大きく変化しそれにともない地上部の植生も変化していく。しかし、人為的に同じ種を維持しようとしていけば、菌根菌との共生関係が壊れたり、病原菌の毒性が強まったりして同じ樹種の個体群を長い間維持することは難しくなると思われる。このように森林は同種同齢のスギ、ヒノキ、カラマツ、アカマツなどの人工林など単純な植生を長期間広い面積に渡って維持するには不向きな生態系であると考えられる。生産力が持続する健康な森を造り、さらに水源涵養機能などさまざまな目に見えない恵みをもたらす森を造っていくには生物多様性の回復が最も近道であろう。今後の森林管理の最も重要なテーマである。

生態系機能と森林認証

強烈な集中豪雨によって森林が根こそぎ崩壊し道路や家屋なども巻き込んで大きな被害を与えているのをテレビなどでよく目にする。目を凝らして鮮明な画像を覗き込むとスギかヒノキの込み合った人工林が崩れていることが多い。極端な集中豪雨で地盤が深層から緩んで根系層より下が崩れたのなら仕方がないような気もするが、そうでない場合も多いようだ。テレビの現場中継で「スギだけの山は崩れやすい」と言っていたのは、地質学者であった。地質的なことが原因で起きる深層の崩壊ではなく、地表の植生の問題だと考えているのだろう。多分、間伐遅れによって根系が未発達で地面を捕まえ緊縛する力が弱かったためであろう。このような山地の災害を見るたびに思うことは、一つの森林をどのように管理するかは、所有者個人の判断だけで決めて良いというものではない、ということだ。小さな森林でもその管理の仕方は、周囲の森林生態系のみならず河川生態系、さらには河川などを通じて下流域の広い範囲の農地生態系や人間の居住域の環境にも大きな影響を与える。例えば、ある林家が道路の上の急峻な斜面にスギ人工林を持っているとしよう。植えっぱなしで間伐もせず放置したら、豪雨で崩壊し、道路を通行止めにし、最悪の場合には人を傷つけるかもしれない。しかし、森林経営者はその責任を取ることはない。一方、間伐をし、その上、広葉樹を導入し混交林化し、そのことによって洪水や山崩れが起きる確率が大きく減るようであれば、その森林は道路の損害だけでなく人命までも救うことになる。例えば、ミズナラやコナラなどの広葉樹の根系は特に深く発達するので土壌を捕まえる力が強いと言われている。また表層に根を広く張るブナなどはスギとは根系が競合しないだろう。いずれにしても、スギ林にこれらの広葉樹を混交させると、土壌中の根系密度が増し土壌の緊縛力が増していくと推測される。しかし、たとえ、間伐をきちんと行いさらには広葉樹を導入し生態系機能に配慮した森林管理をしたとしても、その森林から生産された木材が高く売れると言った保証はない。かけたコスト分のメリットがないのである。本来、環境に配慮した森林から生産される木材は、その対価分は高く評価されてしかるべきなのだ。逆に、安価な材を効率的に生産することだけを目的にし、材価が安いときには手入れもせず、高くなると皆伐するような経営者が管理する森林は環境保全機能が低い。そのような所の木材は安くなるようにすれば良い。そうなれば、どんな森林経営者でも自分が環境を悪化させた分のコストを自分で払わなければならず、いずれ、環境に配慮した森林管理や施業を行うようになるだろう。

多分、「森林認証制度」はこのような考え方に基づき出来上がったのではないかと思う。この制度は、環境などに配慮し適切に管理がなされた森林に対して証明書を出して認証し、持続可能な森林管理を推進していこうとするものである。特に、そこから生産される木材や木製品にラベルを付けて流通させ、この製品を買うことで、消費者も森林の保全に間接的に関与できるようにするところに特徴がある。一九九三年にWWF（世界自然保護基金）などの環境団体や林業者・木材取引企業・先住民団体などによって組織された非営利の団体が設立したFSC（Forest Stewardship Council：森林管理協議会）が世界で最初のものである。北欧で一九九九年に設立されたPEFC（Programme for the Endorsement of Forest Certification Schemes：PEFC森林認証プログラム）はさまざまな国の独自の制度を傘下に入れ急速に規模を広げている。この二つが世界的に展開しているが、日本にも緑の循環認証会議（SGEC：Sustainable Green Ecosystem Council）といった独自の認証機関があり、住宅・製紙メーカーなどの社有林が参加している。しかし、二〇一〇年の調査によると森林面積に占める認証森林の割合はフィンランドで九六％、ドイツ・スウェーデンで七〇％ほどであるのに比べ我が国では約二％と極端に少ない。その理由を二〇一二年度の林業白書は認証を取得する際のコストがかかることや、消費者側の制度に対する認知度が低いことを挙げている。しかし、これは、本気で取り組めばどうにかなることではないだろうか。

二〇〇〇年、日本で最初のＦＳＣ森林認証を受けたのが三重県の速水林業である。必要以上の下刈りを避け、除間伐も広葉樹の維持に配慮してきた。下層には草本や灌木類などが繁茂し、中層には広葉樹が見られるといった針広混交林への移行初期といった林相を目指している。いまでこそ生物多様性への配慮がさまざまな所で言われているが、当時の林業家の常識から見れば広葉樹を除伐しないといった無謀ともいえる施業方法を先駆的に打ち出していたことは高く評価できる。したがって、速水林業の針葉樹人工林の林床には広葉樹や草本などが繁茂し多様な生物種が見られるという。多分、込み合った林分よりも、水源涵養機能なども高く維持され、さまざまな生物種の数も多くなっているだろう。生物多様性の回復に伴う生態系機能の向上と針葉樹単純林における木材生産性の向上の間の最適な妥協点を具体化した点で林業の一つのお手本であることは間違いない。

さて、ここでまた、東北大フィールドセンターのスギの間伐強度試験の結果を思い起こしてみよう。林冠レベルでの広葉樹の混交を目指した強度間伐区の方が、草本や灌木を中心とした下層での多様性の維持を目指した弱度間伐区よりさまざまな生態系機能が高かった。さらに将来、広葉樹が林冠に達するようになれば生態系機能はさらに上昇するだろう。例えば、ドングリやサルナシなどの果実が実るようになり、クマやサルたちも山からむやみに出て来なくなるかもしれない。大雨の時でも水害が減り、また日照りが続いても渇水が減り下流の人はこれまで以上にきれいで美味しい水が飲めるようになるだろう。さらに、土壌を緊縛する力も増し土砂流亡や林地崩壊を防ぐ力ももっと増すかもしれない。そうなれば、その経済的な効果は非常に大きいはずである。もし、生物多様性の回復で人命も救えるとなれば、その効果は絶大である。病虫害の大発生により物質生産が中断されることなく炭素固定能も持続的に発揮され、地球温暖化防止にも長期的に見れば大きく貢献するだろう。これらの効果が多くの研究者によって科学的にキチンと評価されるならば、混交林化にお金を出しても良いという人も現れるだろう。生物多様性を回復すれば、どのくらい森林としての価値が高まるのかはまだ正確には試算されていないが、もし計算すれば膨大な経済的効果が望めそうである。

　しかし、残念ながら現行の森林認証制度は森林自体の生物多様性を高めたら生態系機能がどれほど高まるかは評価していない。針葉樹人工林を無間伐で放置するより適正に間伐した方が良いだろう、という所で止まっている。さらに広葉樹を混交させ、それも林冠レベルで混交させるとどの程度生態系機能が高まるのかをキチンと評価し、それに従って認証基準を変更していくといった柔軟さが必要だろう。いずれにしても、さらに科学的なデータを蓄積していく必要がある。

　また、今の森林認証制度はＮＰＯなどの団体の認証であり、団体によって基準が異なる。認証制度がないよりマシかもしれないが、多くの森林科学の専門家によって作られた基準に従って評価すべきだろう。もし、生物多様性の復元に森林環境税*とか水源税とかを使うというならば、その科学的根拠をキチンと示し、国民が納得いく税金の使い方を示すことが必要だ。

注――森林環境税とは、水源の涵養機能などの生態系機能を保全・再生するために、その恩恵を受ける都市住民が負担しようとするもので県民税として徴収されている。

6章 さまざまな広葉樹の無垢の風合い

一〇〇種を使う建具店

「ウルシを無垢材で使う建具店がある」と長野県林業総合センターの小山さんが教えてくれたのでさっそく信州伊那(いな)に訪ねてみた。ヤマウルシは明るい広葉樹林でよく見られるが触るとかぶれるので誰もが敬遠する。あまり太くもならないので、木材の利用は寄せ木細工以外聞いたことがなかった。

伊那谷の底の小さな駅から緩やかな坂道をかなり登って行ったところに有賀建具店はあった。分厚い板が数mもの高さに山のようにうずたかく積まれ、その山々に隠れるように作業場があった。中では、若い職人さんが数人、熱心に木工機械を動かしていた。木を削る音と木材の香りが充満する作業場を通り、脇の事務所に通された。そこの壁一面に短冊型の広葉樹材の標本が架けてあった。一枚が幅七㎝長さ二七㎝と大きく、厚さも一㎝もあるので材の質感もよく出ている。赤っぽいもの、白っぽいもの、木目がはっきりしているものなど、色調や風合いが少しずつ違っている。一枚一枚見ていても飽きることがない。「ウルシはどれですか」と聞いてみると、一目で分かる黄色の材を指差した。板目の印象は桑に似ているが少し黄土色がかっている。透明感があり、とりわけ年輪が鮮やかに浮き出ている。こんな色の木材は見たことがなかった。店のパンフレットにも「とにかくきれいな黄色である。時間が経っても色の変化はない。」と記されている。主人の有賀恵一さんに話を伺うと、板に挽いてもらう時はやはり嫌がられるそうだ。しかし、完全に乾燥させてしまえば、後はかぶれることはないという。

有賀建具店では無垢材でドア・引き出し・テーブル・椅子・食器棚などを作っている。店のパンフレットに載っているのを数えただけでも八四種の木材が使われていた。ケヤキ・ウダイカンバ・ミズナラ・ヤチダモ・トチノキ・ハリギリなどいわゆる高級材として評価の定まっているものばかりではない。これまで家具・建具ではあまり使われることのなかったコシアブラ・コブシ・ハクウンボク・ミズキ・メグスリノキ・ニガキなどもよく使われている。コシアブラは新芽を炒め物にすると美味しいので山菜として注目されているが、材が少し薄緑色をしていることを知る人は少ないだろう。北大の苫小牧演習林でみた直径四〇㎝ほどの材の標本はきれいな淡緑で柔らかい雰囲気を醸し出していた。有賀さんは食器棚や本棚に使っている。仕上がりがきれいな木だという。ニガキは橙がかった鮮やかな黄色である。キハダと同じミカン科の樹木だが、キハダの落ち着いたおっとりとした色合いとは全く違う派手な材色である。キハダ同様、樹皮にベルベリンという健胃成分が含まれ胃腸薬に使われている。あまり数の多くない木である。

有賀さんがよく使うコシアブラ・コブシ・ハクウンボク・メグスリノキ・ニガキなどは森の中では集団で見られることはなく、互いに離れて分布し、数の少ない木である。それに、あまり太くならないので、たとえ一つの森を皆伐しても大量に木材を揃えることは難しい。したがって、樹種ごとに選別されることもなく、そしてこんな美しい色合いを持つとはまったく知られず、紙の原料のパルプチップとして売られてきたことだろう。

有賀さんはマユミやヌルデなどの低木・亜高木まで使う。これらは、細い上に背も低いので木の体積（材積）も僅かだ。したがって、パルプチップにも使われず、刈り払われたまま山に捨てられてしまっていたであろう。マユミは淡黄色で光沢がありタンスの前板に使ったという。これまで家具や建具に使われたことのない木でも、たとえ低木でも捨てないで、それぞれの個性を楽しみながら製品にしているようだ。

有賀さんは果樹も使う。ウメ、ナシ、リンゴ、アンズなど果樹にはバラ科の樹木が多い。ウメは淡い赤みを帯びた朽葉色で、二十世紀梨は白みの薄茶色だ。リンゴは心材が茶褐色で辺材にかけて色がだんだん薄くなり横に伸びた杢（もく）が見られる。バラ科の樹木はみな、野生種でもほんのりと赤みを帯びている。アズキナシの材は緻密で褐色の光沢があり、キッチンや洗面台に使っているという。この木は春に白い清楚な花を咲かせ、秋には小指の爪くらいの梨のような形をしたアズキ色の果実をつける。アズキナシの洗面台は森の中での美しい姿を知る人にとっては本当の贅沢品だろう。シウリザクラはかなり濃い褐色だ。このように、バラ科の樹木だけでも果樹・野生種を含めると十数種使われている。バラ科樹木の板の標本を赤みの強いものから薄いものまで順に机の上に並べてみた。色合いが微妙に変化し、年輪の浮き出方もまた違っているのが良く分かる。バラ科の樹木はどれも艶と言うか華があるような気がする。これらを無垢材として使わない手はないだろう。

バラ科に比べ、カバノキ科の木材は一見あっさりしている。ウダイカンバはとても美しい紅褐色の心材をもつが、心材の少ないダケカンバやシラカンバでは白っぽい辺材が目立つ。しかし、有賀さんは「時間とともに大きく色合いが変わってくる」という。そう言われると三〇年ほど前に北海道で買ったダケカンバのタンスもそうだ。最初は「やたらと重いだけで白っぽい」と思っていたが今では飴色になり底光りを放っている。長く使っているうちに一cmを超える分厚い無垢材が底の方から光り出したのだ。やはり、家具や建具は無垢材を使うべきだと思う。そして、木が伐られた時の年齢と同じくらいまで使い続けるべきだろう。二〇〇年生きた木は二〇〇年使う。その方が、木が本来もつ美しさが材の中から現れてくるのを見ることができるような気がする。

有賀さんはツルまで使っている。「クズは美味しそうな色で緑色の縞が入る」と書いている。サルナシも使っている。サルナシはキウイを小さくしたような二～三cmほどの小さな甘い実を撓(たわ)わにつける。クマやタヌキの大好物だ。秋にこれをたくさん食べて丸々と太り、ジャムのような糞をして冬の眠りにつく。サルナシだけを食べたクマの糞をジャムだと言って食わされた、それこそ「苦い思い出」がある

写真 6.1 いろいろダンス（有賀建具店）

が、材として利用しようとする人はまずいない。私も庭に植えているが、なかなか板にするほどは太くならない。有賀さんはどこで探してくるのか「タンスの前板に使った」そうだ。「まだ、使っていないものがあれば、なんでも使ってみたい」と言っておられた。新しい色合いや風合いに出会えるのを楽しみにしているようだ。

建具店の奥の畳の部屋に「いろいろダンス」というのが置いてあった（写真6・1）。昔の薬屋さんにあった「薬ダンス」と同じような造りである。小さな方形の引き出しが、横に一〇列ならび縦に六段あるので計六〇個きれいに並んでいる。その下段に幅広の引き出しが四個並んでいる。合わせて六四個もの引き出しがある。前板にはほぼすべて違う樹種が使われている。ただ、ニレやケヤキ、カツラは埋もれ木も使っているので一種で二枚使われているものもある。埋もれ木とは土中に埋まり、粘土などに包まれて酸化したり腐ったりしないでそのまま数百年から数千年以上も残った材である。河川改修や道路工事などで地中から掘り起こされることが多い。えも言われぬ深みのある黒っぽい色合が珍重されている。埋もれ木も組み入れることによって「いろいろダンス」は力強く、メリハリが利いた色合いになっている。さまざまな色合いの板が織りなすモザイク模様は、多様な樹種で構成されている天然林そのものである。一桧山の老熟林には六haに六〇種の樹木が見られた。まさに日本の冷温帯の広葉樹林が一つのタンスに現出したようなものである。山の神が有賀さんの手を借りて創り上げた芸術品に思える。制作者本人も「これだけ、いろいろな種類の木を使うとそれぞれの個性が主張し合ってうるさくなるかなと懸念しましたが、それぞれの木がお互いを生かし合うような、調和のとれた仕上がりになりました」と書いている。私も横三列縦七段の小型のいろいろダンスを注文して研究室の机の上に置いている。一列はA4サイズの書類も入るようにして、印鑑からホチキスやハサミ、鉛筆などを入れ、毎日使っている。目の前にあるので、見るとは無しに見ているが、デジタルな画面に疲れた目にやさしく、気分が落ち着く。飾ってよし、普段使いとしても良い。マイ箪笥としてデスクの上に置いて使えば、誰でも毎日が少しだけ楽しくなるだろう。

さらにユニークな建具に「いろいろドア」がある（写真6・2）。枠はヤチダモやミズナラだが、横三列縦六段計一八枚の鏡板はすべて違う種類の板で出来ている。どんな樹種を使うかはお客さんに選んでもらうのだそうだ。「いろいろダンス」より一枚の板が大きいので木の持ち味が全面に出ていて華が

写真6.2　いろいろドア（有賀建具店）

ある。チャンチンの褐色・ウルシの黄色・ハルニレの淡褐色・ヌルデの白色・アサダの紅褐色・カエデの桃灰色・ケンポナシの茶褐色など派手さはないが豊かな感じがする。玄関ドアに使えば、家全体の雰囲気も明るくなり、訪れる人の気持ちも大いに和むような気がする。

　このように多くの樹種を用いて、さらに手間暇のかかる細工を施しているので、さぞや高くて手が出ないと思われるだろう。しかし、完成度の高さに比べたら高くはない。チップ用に積まれた土場から直接、原木を買い付けてくるためである。有賀さんは丸太を買いつける際、樹種はとくに選ばず、むしろ珍しい樹種がないか見て回るそうだ。丸太は現地で四cmの厚さの板に挽き、伊那の作業場まで運ぶ。中敷を入れて積み上げ、さらにその上に二―三年乾燥させた板を載せ、高さ三―四mまで積み上げる（写

写真6.3　自然乾燥中の板の山の前に立つ有賀恵一さん

真6・3）。樹種によって異なるが、上下を入れ替え三年から六年ほど野外で自然乾燥させる。乾燥後、生じたねじれ、反りなどの暴れや狂いなどは両面を鉋がけし修正する。最終的に二㎝の厚さの平らな板にする。さらに、「材料を良く見て、木取りをし、個々の木の性質を見ながら加工する」のだそうだ。この「よく見る」、ということが真似のできない職人技なのかもしれない。このように、いろいろな工夫を凝らすことによって、細い木でも曲がった木でも、またどんな樹種でも立派な家具・建具へと変身していくのである。

有賀建具店は何処から見ても派手なところがない。外から見たら、こんな美しい家具を作っている所だとはわからない。派手な宣伝もしていない。だから、お客さんは普通の家具や建具を注文しに訪ねて来る人が多いという。最初は、ドアでもテーブルでも食器棚でもケヤキやミズナラ・クリ・ヤチダモなどいずれかの樹種で作って欲しいといって来る人が殆どだという。しかし、一旦、展示物を見ると多くの樹種を組み合わせたモノが良い、と言い出す人が圧倒的に多いと言う。多分、さまざまな広葉樹材の自然の色合いやその組み合わせに驚き、見ているうちにだんだん美しく見えてくるのだと思う。

このようにしてパルプチップで叩き売りされている小径材の山が宝の山となっていくのである。これまで利用されてこなかった小径材でも、無垢材として利用するならば、樹種ごとに異なる色合いや風合いを見せてくれ、高い価値を生み出すことをこの建具店は教えている。

シオジの輪切り

有賀建具店にはシオジの丸太の輪切りで作られた分厚いテーブルが置いてある。太枝が出ているので捨てられていた部分を利用したものだ。コーヒーカップを置いた時、柔らかな質感が伝わってきた。プラスチックや合板とはもちろん、ナラやケヤキなどの固い木とも違う感じがした。シオジ特有のものだろう。全体が透明感のある白っぽい材だが心材が幾分茶色っぽい。また、年輪の幅が揃っていないのもいい。広くなったり狭くなったりしてくねっている様はこれまでの紆余曲折の過去を物語っている。これまでは太い木であっても枝が出ている部分や根元部分は売り物にはならず、杣夫（そまふ）さんが持ち帰って薪にしていた。そのまま山に捨てられるものも多かった。北海道のダム建設予定地の伐採現場には直径一mほどの手のひらのような形をしたミズナラの輪切りがたくさん落ちていた。採材できない根元部分を捨てたのだろう。拾ってきて庭のテーブルにしていたが何遍も引っ越ししているうちに壊れてしまい薪にしてしまった。太い木であれば太枝の部分も、根元ももっと利用したら良いと思う。しかし、そんな太いものはなかなかお目にかかれない時代になってしまって初めて、こんなことに気付くのかもしれない。それにしても数ある材の中からシオジを選んだ有賀さんは目のつけどころが良い。見た目の面白さや使い心地といい、シオジのテーブルはなかなか一流の代物である。

　これまでも太い丸太から採られた輪切りや分厚い天板は人気があり、テーブルや座卓などに使われてきた。ローズウッド、ブビンガやウエンジなどの直径一・五mを超えるような熱帯の巨木で作られたものをよく見ることがある。国産材でもケヤキやミズナラなどの座卓やテーブルが極めて高価な値段で売られている。最近では、天板だけを数十万円ほどで売っている。なかなか高いので普通の人は敬遠する。しかし、ケヤキの玉杢（たまもく）は格別だ、とか、ナラの虎斑（とらまだら）の入り方がなかなか良い、というように木目の文様を楽しむ粋な趣味人もいるだろう。いずれにしても、これらは希少でお金持ちにしか手に入らないものである。太い木の無垢の輪切りや天板はとても魅力的なので、毎日使う食卓や机に欲しいという気持ちは分からないではないが、大径材がどのような所から伐採されてきているのか気に留める人は少ないであろう。もし、本当に木が好きな人ならば、木の生えていた森林の状態も気になるはずだ。農家の裏庭に植えられ大きくなったケヤキであれば、森の生態系を壊すことはないので良いにしても、ブビンガなどの大径材は熱帯林には希少だ。ミズナラやトチノキなども天然林には太い木はもうほとんどなくなってきている。木製品を買う人はもとより家具屋さんなども、森で次の大径木がちゃんと育っていることを確認して買っているのだろうか？　最近会った会津の杣夫さんは「いくら伐ったってどんどん太くなるから大丈夫だ」と言っていた。一m以上のトチノキなど太い木を専門に伐っているという。トチノキが一mを超える太さになるには二五〇–三〇〇年ほどかかる。太いのを選んで伐っていたのではいくら豊かな山でも枯渇するだろう。本人に悪気はないようだが、なんの科学的合理性もない略奪林業の延長がまだ日本各地で細々と行われているのが現実である。

話を戻そう。有賀さんはケヤキもミズナラも使うし、もちろん大径材も使う。しかし、なによりも樹種にこだわらず小径材を積極的に利用している。また、大枝のついたもの、節のあるものも使う。これは、特定の樹種を「銘木」とか「有用広葉樹」といって高価な値段で売買するといった伝統的な慣習を打ち破るものである。これは決定的な革命である。広葉樹の肌合いや色合いは樹種ごとにすべて異なる。同じ樹種でも生育した場所が違えば材の雰囲気が大きく変わる。たとえば、明るく肥沃な所で育った木の材は年輪の幅が広くおおらかな感じになる。痩せた土地や込み合った所で育ったものは年輪幅が緻密で繊細な感じになる。お隣の国の李朝家具は、土台とか下の部分は木の根元部分から採った材を使い、表面には木の南側から木取りしたものを使うという。そうすることによって落ち着いた雰囲気がでるのだという。そこまでいかなくとも、どのような種類の木材が好きかは人それぞれだと思う。好きな木や材は、すでに定まった評価に頼るのではなく、自分の心に響くものを探した方が良いだろう。人それぞれに自分の好みにあった木があるはずだ。先入観を捨て、どんな樹種でも使うこと、枝つきの材でも捨てずに使ってみることが大事に思える。そうしたら、もっと、ユニークな、自分の好みに合ったマイテーブルが、それも無垢材でできたものが比較的安価に、それも森の生態系を壊さずに、手に入るようになるだろう。すべての広葉樹を利用することを提案したい。

農学部のオープンキャンパスで有賀建具店の「いろいろダンス」を展示したところ、女子高生の人だかりが出来た。「かわいい！」という声が上がった。大学の若い女性職員も何人か寄ってきて、「欲しい！」「どこで買えるんですか？」「いくらするんですか？」「お金を貯めようかな」思いのほか若い女性が興味を持つようである。短冊状の木材標本を並べた「衝立て」も人気だった。一〇〇種ほどの広葉樹標本を見て「木によってこんなに色が違うんですか？」「色を塗ってないんですか？」「そうですか。きれいですね」これまで若い人が木の製品に興味を示さなかったのは、木製品が嫌いな訳でも無関心な訳でもないようだ。ただ、広葉樹がさまざまな色合いをもつことを知らなかったためなのかもしれない。これからは、若い人たちの感性に受け入れてもらえるようにこちらから準備して見せていかなければならないだろう。まずは、広葉樹の無垢材のさまざまな材色や質感、肌触りなどを知ってもらうことが大事なような気がする。重金属で塗装された高級家具には違和感を覚えても、天然の素朴な無垢材の色合いにはどこか懐かしさを覚えるのだろう。これからは、さまざまな広葉樹の無垢材の色の組み合わせやデザイン性を高めることによって、多くの人に木の家具・建具・小物などの良さを知ってもらうことから始めていかなければならない。そうすることによって初めて多様な広葉樹が身近になり利用が促進されていくだろう。日本の山には数多くの広葉樹が放置され今、少しずつ太くなっている。自ずと道は開かれていくように思える。広葉樹林業の一つの展開が待っているような気がする。

嫌われ者、ニセアカシア

有賀建具店では外来種のニセアカシアでテーブルや椅子を作っている。堅くて粘りがあり良いものができるそうだ。ミズメをよく使う松本民芸家具でもニセアカシアでイスやベンチを作っていた。原生地のアメリカではニセアカシアで作った立派な机が農務省のポスターに印刷されていた。多分、普通に利用されているのだろう。

しかし日本ではニセアカシアは外来種の悪者だと思っている人が多い。韓国でも川辺にびっしりはびこって問題になっていた。川辺に落ちたタネが下流に流され分布域を広げていく。さらに根を一〇mも横に伸ばしてその途中から芽を出してどんどん増えていく。ニセアカシアは自生地では他の種類の木と混ざって生育して大人しいものだが、一度海を越えると爆発的に増え一種だけがはびこってしまう。外来植物でよく見られる現象だ。本来、自生地では、1章でみたジャンゼン-コンネル仮説のように同じ植物の密度が高くなると病原菌などの天敵が集中的に攻撃しはじめ、その種だけが爆発的に増えることはない。しかし、天敵類がいない新天地では抑えが効かずどんどん増えてしまう。これを「天敵からの解放（エネミーレリーズ）」と生態学では呼んでいる。ニセアカシアは河川敷や海岸のアカマツ林、道路沿いなどにどんどん広がってなかなか手に負えない。外来生物法の「要注意外来生物リスト」に載っており、除去を求める署名活動まであるという。あまりにも増えてしまい、他の樹木が入る余地がなくなりニセアカシアだけの単調な林になってしまい、駆逐を検討している地域もある。

しかし早まることはない。ニセアカシアには良いところもたくさんある。甘い匂いのする藤のような大きな花を咲かせ良い香りのする蜂蜜が大量に採れる。養蜂家にはとても大事な木だ。日本全体の蜂蜜生産量の四四％も占めているという。そして、なによりもよく唄われている木である。北原白秋の詩に山田耕筰が作曲した「この道はいつか来た道、ああ、そうだよ、アカシアの花が咲いてるー」、は子どもの頃から耳になじんでいる。西田佐知子が歌った「アカシアの雨がやむとき」は気だるい感じで好きでなかったが農村の有線放送でよく耳にした。学生の時に酔うと必ず歌った寮歌に「ハルサメニヌールルアカシャバナー」というフレーズがあったが最初はアカシアの花と言う意味が分からなかった。どうも我々の世代以上の人には外来種の悪者というよりなにか叙情的な甘そうな木として映っている。

ニセアカシアはもともと人間が持ち込んだものであり、鉱山の露天掘り跡地などの緑化で活躍した。北海道の美唄炭坑の露天掘り跡地の緑化試験で植えるのを手伝ったことがあるが、貧栄養なところでも空中の窒素を固定する根粒菌を持つので優れた定着能力や成長能力を持っていた。しかし、今は、本来の目的から逸脱した場所ではびこっている。ただ、その多くは人間が自然植生を無理矢理改変した場所や人為的に出来た空き地で増えているにすぎない。多様な樹種で構成されている天然林には侵入できない。外来種の排除もまた生物多様性の機能のひとつなのだ。ニセアカシア問題の根本的な解決には多様性に富む植生の復元が一番だろう。ニセアカシアは植生遷移の初期に侵入してくる種であり、いくらはびこっても、時間はかかるがいずれその場所は他の種に置き換わっていく。無闇に切り捨てても、人為的な攪乱を繰り返すだけで再生能力の高いニセアカシアが再び占拠することになる。いたずらに時間を費やすのは労力の無駄である。どうしてもこれ以上増やしたくない所では伐採は仕方がないが、伐った木は積極的に無垢材として利用しその重厚さを楽しめばよい。家具などに大いに利用しながら自然に減っていくのを待つべきだろう。一方、蜜を取るために群落単位で維持することも考えてよいであろう。共存する道を選んだ方が良い所が多いと思われる。これだけいろいろな意味で役に立ってきた木なのだから、とりたてて目くじらをたてる必要はない。東京や大阪のビル街にでも植え、花でも咲いたら存外よろこばれるような木だと思うのだが。

買い取り林産という悲劇

日本で伐採された広葉樹の多くは「個性」が生かされないまま使われ、そして捨てられている。二〇一〇年に日本で使われた広葉樹材は全部で二九四万㎥である。その内訳はパルプチップが七七%、しいたけ原木が一八%、この二つで九五%だ。製材用は四・四%にすぎない。日本では広葉樹は製材用にはほとんど利用されていないのである。わずかな製材用もミズナラ、ヤチダモなど「有用広葉樹」が多い北海道が全体の七三%を占めている。キノコ原木など特定の用途を除けば、広葉樹のほとんどはチップに砕かれ紙の原料にされているのが現実である。今後はバイオマスエネルギーとしての需要が増し、薪にされたり粉砕してペレットにされたりする割合も増えていくだろう。いずれにしても、このままでは樹種それぞれの個性が尊重されないまま「処理」されていくだろう。

何度か述べたが宮城県北部の一桧山広葉樹林には、六haの広さの森に直径五cm以上の木だけで六〇種も見られる。そのうちミズナラ・ブナ・クリ・トチノキの四種だけで森林全体のバイオマス量の約七割を占める。他の五六種はたった三割である。このように温帯林は少数の優占種と数の少ない多くの種から構成されている場合が多い。したがって、一つの林分を伐採したとしても大多数の樹種は本数が少なくまとまった量を収穫できない。数本しかないものをいちいち気に留めてはいられない。さらに、一桧山のような保護林を除けばほとんどの広葉樹林には太い木は少ない。したがって、無垢材として利用しようという気にならないのだ。ケヤキ、イチイ、イヌエンジュなどの「銘木」クラスは、ある程度の太さがあれば一本でも売れる。しかし、ミズナラ、クリ、アオダモ、ヤチダモ、ミズメ、ハリギリ、サクラなど木材として価値が保証されている「有用広葉樹」でも、少しぐらい太くても本数が少なければ、広い森の中から一本一本選んで搬出するコストの方が販売価格よりも高くなる。土場(どば)まで出しても、樹種ごとにまとまった量がなければ売れる保証はない。ましてや、ウルシ、ヌルデ、シデ類、ハンノキ類、コシアブラなどはそれこそ「雑木」で見向きもされない。それ以前に、広葉樹林を伐採する前に、目標とする樹種が決まっている場合の方が少ないのではないかと思われる。たとえ有用広葉樹と言われるものが少し混じっていてもチップ材として十把一絡げに売られているのが実態である。紙パルプの原料として、細かく切り刻まれてしまうのである。チップ向けの広葉樹丸太の価格は二〇〇八年から二〇一一年九月までの四年間ほぼ一㎥当たり八六〇〇円で、低値で安定している（農林水産統計 二〇一一年一〇月）。ケヤキやミズナラなどの銘木が一㎥当たり数十万もするのとは大違いである。このように今の広葉樹の扱いはその「本来の価値」すなわち「無垢材としての価値」を十分に発揮させているとはとても言えない。このように一山なんぼで立木が買われていくことを「買い取り林産」と業界では呼んでいる。なんとも、情けない語感だ。

しかし、ここまでは山を売り払う林業者の話である。木を買い取ってからの木材業者の話は違うらしい。チップ用に買い取ったものでも少し良いものが混じれば素材として転売されるのが常だそうだ。東北・北海道から大量の広葉樹材を仕入れている岐阜の木材加工業者の所で話を伺ったところ、「転売も一つの仕事だ」という。これでは産地の森林所有者や林業者は儲からない。しかし、儲からないのは、産地側の無頓着さによるものである。土場にあるさまざまな種類の丸太一本一本が、無垢材として個性を生かした利用がされるように、樹種ごとに選別し販売するシステムづくりが必要だろう。そのためにも多様な樹種を用いた家具・建具作りなどを先行してやっていかなければならない。

コナラ・クヌギの家具

コナラやクヌギは日本の里山を代表する広葉樹である。材は非常に固いので昔から鋤や鍬の柄などに使われてきた。しかし、家具・建具にはあまり用いられてこなかった。加工しにくく乾燥すると狂い易いためである。このように長い間敬遠されてきたコナラやクヌギも有賀建具店では野外で五–六年天日乾燥することによって狂いを減らし使っている。重厚で杢の浮き出た木目の美しいテーブルが作られている。宮城県の登米森林組合では、小中学校の机の天板をコナラで作り始めている。また、東京の「愛工房」では低温乾燥することによって狂いやねじれを抑えることができるという。秋田の製材屋さんも狂わない乾燥方法のノウハウがあるという。コナラやクヌギを敬遠する時代はもう過ぎたように思える。無垢材として利用する新しい可能性を探る必要がある。

前章で見たように、コナラやクヌギ・ミズナラは燃料革命後放置され大径材が増え、ナラ枯れの発生を誘発している。このような時、ナラ枯れに感染しやすい太い木を感染前に伐採し利用することは重要である。ナラ類は太くなると伐っても萌芽しにくい。太いものを伐って利用していけば、コナラやクヌギが減って他の樹種が混ざって本来の種多様性に富む自然林が回復してくるだろう。同時にナラ枯れなどの病虫害の大発生に強い森林を造っていくことにも繋がるだろう。

太くなってきた日本中のナラ類を抜き切りしながら使っていったら、クヌギやコナラの無垢材の家具づくりが一つの産業として成立するかもしれない。材料は近くから比較的安く手に入るので、地域の産業として成立するだろう。よい無垢の家具や建具を作り収入を得ることができれば言うことはない。それにはコナラ・クヌギだけでなく、同時に他の多くの樹種を視野に入れた木材製品を作っていくことも大事である。生物多様を維持しながら多様な樹木を利用しながら生活するといった新しいタイプの里山ができると思われる。里山での生活を保証し未来の里山の景観を作っていくだろう。

雑木の魂――一千万分の一の命

目の前にハルニレの木が一本あったとしよう。たとえ直径五〇cmほどの太さであっても一本だけならパルプチップか薪にされてしまうだろう。無造作に伐り倒し粉々に砕かれるか燃やされてしまう前に、この太さに育つまでにどれだけの試練を乗り越えて生き延びて来たのかを我々は知っておく必要がある。ハルニレの半生を調べたのは北海道十勝地方の新得という小さな町の川沿いの林である。大きな洪水によって大量の土砂が推積した所にタネが飛んできて出来たと思われるハルニレ林である。ハルニレの開花から種子の発芽・実生・稚樹そして成木にかけての数の減り方を見ていこう。ハルニレは雪解け間もない四月末頃に開花すると、一気にタネが成熟し、六月初旬にはもう風に乗って飛んでいく。直径五〇cmほどのハルニレは一本で毎年約二二万個の花を咲かせていた。そのうち四五%がシイナ（実らないでしなびた果実）のまま落下した。他の木からちゃんと花粉が飛んで来なかったのだろう。残りはタネとして成熟する過程で九七%が樹上で食べられてしまった。ゾウムシや蛾の幼虫など三四種もの昆虫の幼虫が集まってきてタネを食べたのである。タネの中に潜って食べるもの、外側から豪快にムシャムシャと食べるものもいる。多分、普通の樹木は秋にタネを成熟させるがハルニレは初夏にタネを成熟させ

図 6.1　ハルニレのタネ（左上）と芽生えの成長

るので、普段は葉を食べている昆虫も栄養価の高いタネを食べに周囲から寄ってくるためだろう。その結果、健全な種子として地面に散布されるのは木一本あたり毎年四〇〇〇個ほどにすぎなかった。さらに芽生えとなって地上に出てくるのは八八個にすぎなかった。川沿いの林は落ち葉が厚く積もっているので、その上に落ちてもその下にもぐっても乾燥や被陰で発芽できないのである。発芽した後もナメクジに食べられたり立ち枯れ病で枯れたりしてどんどん数は減っていった。二歳まで生き延びることができるのは一八個ほどであった（図6・1）。つまり、咲いた花のわずか〇・〇〇八%である。その後は順調に大きくなれるかというと上の木が倒れてギャップでもできないとなかなか難しい。林内など暗い所で発芽したものは五–六年ほどですべて死んでしまった。しかし、毎年のようにタネを散布し芽生えを地表に送り続けることによって近くの大きな木が倒れるのを待っている。木が倒れた後にはそのうちの一本くらいは成木になれるかもしれない。つまり一つの親木が種子散布する範囲で上木が倒れるのが一〇〇年に一回位だとすれば、一本のハルニレは一〇〇年で二二〇〇万個の花を咲かせ、四〇万個の健全な種子を散布し、八八〇〇個の芽生えが地上に現れ、そのうちの一個が成木になれるかどうかなのである。一方、川沿いでは一〇〇年から二〇〇年に一度くらいは大きな洪水で木がなぎ倒され、泥や土砂に覆われた明るい平地ができることがある。そんな場所に散布されたタネの発芽率は七％ほどと高く大量の実生が出現する。一本の親木の子どもでも洪水の翌年には三〇〇個ほどの芽生えが見られ二年後もその半分は生きている。しかし、ハルニレどうしや草本や他の木との競合などにより個体数はどんどん減っていき三〇–四〇年後に成木になるまでには、その子どもは一–二本しか残らない。つまり、ハルニレの寿命が一〇〇–二〇〇年とすれば、一本のハルニレが一生で二二〇〇万から四四〇〇万個の花を咲かせ、四〇万から八〇万個の健全な種子をつくり、そのうち芽生えてくるのは一–二万個に満たないだろう。それも、その後ほとんど死んでいき、成木になれるのはそのうちの一、二本くらいであろう。目の前のハルニレを伐るときは一呼吸して、「一千万分の一の命」であることを肝に銘じるべきだろう。

ハルニレはケヤキに似た木目をもつので大径木は好んで伐られた。数々の試練を経てやっと大きくなったのに、人間は一切頓着することなく伐ってきたのが広葉樹の歴史である。雑木にも一分の魂がある。「伐られるのは仕方がないが、少しでも長く使ってもらいたい」と言っているような気がする。

鳥取大の佐野さんにブナのシンポジウムに招かれてジャンゼン－コンネル仮説の話をした。後に、鳥取大学の作野先生が「ブナ一本から創る木工品―ブナ一本プロジェクト―」という講演をされた。鳥取大学の演習林で伐採した樹齢七〇年、直径四〇cm、樹高一二mのブナの根元から枝先までをすべて使ってどれだけの木工品を創れるのか、それがどれだけの付加価値をもつのかを試してみようというものである。会場脇には鳥取木工芸振興会の藪田さんが加工したものが展示されていた。額縁、ペン立て、靴べら、ペーパーナイフ、肩たたき、コースター、独楽(こま)など合計三三種類の作品が並んでいた。いずれも、しっかりとした無垢の手触りがありブナ特有の柔らかい木肌が魅力的で、何十年使っても飽きのこないものである。このように、大事に加工されたらブナの木も本望であろう。そして付加価値をつけて売っていければ地域の経済の活性にも少しだけつながるだろう。新しいデザインも取り入れていけば、やがて、さまざまな木製品が普段の生活に馴染んでいき、日々の生活ももっと潤いのあるものになると思うのだが。

7章 食と風景の恵み

「森の民」という言葉には、滅び行く森と共に去って行った人たちの後ろ姿を見るような物哀しさを感じる。北海道のアイヌの人たちや東北の山里の人たちが狩猟や山菜採りで生計を立てていたのはつい最近のことである。森から採れるものだけで生活のほとんどを賄ったり、あるいは、それを売ったりして生活ができたのは、やはり森が豊かだったためだろう。さまざまな種類の太い木々が見られる森にはさまざまな果実が実り獣や鳥たちを養い、太い朽ち木にはキノコが一面に生えていたことだろう。森の民は森からの上がりで生き続けて行くために多様な生き物を根絶やしにしないようにして来た。今や、森は伐り拓かれ単調な生態系になり、森の民が戻って来ることはあり得ないが、その暮らしをすべて忘れ去るのはあまりにももったいない。森から遠く離れてしまった現代人でも森の恵みを楽しみ、森の息吹を普段の生活に取り戻すことは、これからでもできる。それには、多様な生物が共存する森を再び復元するしかないことを森の民の末裔たちは教えてくれる。

写真 7.1　鬼首の大久商店（右下：マムシとその粉末）

森を食べる人々――鬼首の大久商店

宮城と秋田の県境に鬼首（おにこうべ）（現在の大崎市）という小さな村がある。周囲を外輪山に囲まれたカルデラ地形の広々とした所である。ここに調査帰りに立ち寄る大久商店がある。寒い時には味噌汁を頼んで弁当を食べたりする。ここの味噌汁は何種類ものキノコが山のように入り、よく焼いたイワナがいいダシを効かせている。モンゴル人の留学生、バインダラ君・ウラントーヤさん夫婦も美味しそうに食べていた。四季を問わず、店には数えきれないほどの山のモノが並んでいる（写真7・1）。

春にはギョウジャニンニク、ミズ（うわばみ草）、モミジガサ、フキ、コゴミ、ワラビ、ゼンマイ、根曲がり竹（チシマザサのタケノコ）。秋にはヤマブドウ、サルナシ、クリ、オニグルミ、トチの実、キノコなどが店の外まで並んでいる。頭上に渡した竹にはイカリソウ、土アケビ、センブリ、オトギリソウが隙間なく吊るされ薬用として売られている。マムシは生きたまま大きなペットボトルに入れられ、多いときは一〇本以上並んでいる。話し好きな主人が時々水を換え、体内から糞とかネズミの毛などを排泄させている。小使い稼ぎに店にマムシを持ってくる人たちがいて「アカバイ沢沿いには赤マムシが多い」とか「鳴子ダムのガレ場ではよく捕れる」といったマムシ情報がここに集まっている。マムシを目当てに遠方から来て、店で調理してもらい食べていく常連も多い。干しマムシ、粉マムシも売られている。マムシの皮がボール紙に貼られている。三陸の漁師が財布に入れるとお金が入るといって縁起物として買って行くという。

二〇年ほど前、林道を地元の年配の人と一緒に走っていた時、車を急に止めて「マムシだっ」と言って走って行って捕まえた。その後、驚いたことに腹を裂いて何かを口に入れた。何ですか。と訊くと、「肝だ」と言っていた。大久商店の奥さんに「マムシの肝って何ですか?」と聞いてみると、ニコニコして天井から吊るしてある小袋から小さなビニール袋をたくさんとりだした。その一つから一㎝くらいの黒い膨れた紐のようなものを二個取り出して渡してくれた。マムシの胆嚢だという。これを、食べると草刈りの時に汗が目に入らないのだそうだ。苦いから噛まないで飲み込んだ方がいいよ、と言ってくれたが、せっかくなので噛んでみた。苦いことは苦いがヒグマの熊の胆ほどではなく少し油っぽい甘みのある風味があった。「本当は高いんだよ」と言って笑っていたが、後でネット販売の商品を調べてみるとやはり高価なものであった。胃腸薬にするキハダの内皮、強壮剤にする朝鮮人参の仲間であるトチバニンジンの根、虫瘤のついたマタタビの果実、そして癌予防のためのサルノコシカケ類なども所狭しと並んでいる。オオスズメバチの焼酎漬けもある。トチの蜂蜜もたくさん並んでいる。毎年、大瓶を買ってパンに塗っているが、太いトチノキが立ち並ぶ鬼首の深い沢筋の香りがしてくる。キノコの種類も極めて豊富だ。秋に行くと旬のマイタケやナメコはもちろん、マスタケや箒茸、山伏茸なども売っている。もちろんすべて新鮮だ。鬼首の人はかなりの種類のキノコを食べている。方言で名前も分からないものが乾燥したり塩漬けにされたりして桶に入れられ大量に売られている。トンビマイタケの佃煮は歯触りがよく癖になる。他にもサルノコシカケ類の煮物を食べさせてくれたこともあったが、かなり強烈な歯触り・歯ごたえであった。クマやタヌキなどの毛皮も売られている。言ってみれば何でも出てきそうなところが面白い。

　地元の人たちは、小遣い稼ぎに山菜やマムシなどを卸しにはくるが、買いには来ないようだ。店の主人夫婦も特に変わったものを売っているといった気負いもない。鬼首では日常的に普通に食べられているものを売っているのだろう。いつ行っても忙しく手を動かしている奥さんは、年がら年中、山菜・キノコなどの下ごしらえに暇ない。奥さんの父親が山菜採りの名人だったので、この店を始めたのも自然な成り行きだったらしい。お父さんの友人がまた村一番の伝説の山菜採りだったという。一八〇㎝を超える偉丈夫で大股で凄いスピードで山を歩き、一山二山を越えてあっという間に大量の山菜を背負って、それも極上のものばかり採って来たという。しかし、いつもより早く雪が積もった年に山に行ったまま帰らず、雪の中をみんなで二〇日ほど探したが見つからず翌春に崖下で見つかったのだそうだ。大久商店の奥さんはこのような山歩きの達人たちにくっ付いて歩き、山菜の加工やマムシの捌き方などを小さい頃から見て覚えたのだという。山菜は干したり、塩に漬けたり、瓶詰めにしたりして売るだけでなく、さまざまな漬け物や加工品も自分で作って売っている。結構どれも美味(うま)いのは、何気なくやっているようで鬼首の人たちに長年受け継がれた伝統技術に裏打ちされているからだろう。ここに並べられている物の一つ一つが鬼首の人たちが今でも森の民の末裔であることを示している。

大久商店にはいつ行っても心が落ち着く。多分、夫婦の素朴な人柄によるものだと思うが、豊かな森の恵みに囲まれるとどこかほっとするといった遠い記憶が潜んでいるせいなのかもしれない。似たような郷愁を感じる店は、以前、八甲田や鳥海山の麓(ふもと)などでも見たことがある。まだやっているのだろうか。

森のグルメ本――『摘草百種』

戦後間もない一九四六年一月、北大教授の舘脇操は『摘草百種』前中後全三巻を出版した（写真7・2）。その巻頭に『摘み草というと悠長な閑かさを持って耳に響いて来るが、近年の摘み草にはひしひしと食糧難の問題が含まれてそんな生易しいものではなくなった。（中略）私としては今純粋な学術的な立場から野生植物の食用化を書いて見たいのだが、多くの方々の道伴にもと思ひ、その要望に対して

写真 7.2 『摘草百種』全三巻（1946 年発行）

ひとまづこの本を世に送る次第である』と書いてある。戦後の食糧難をしのぐために急いで書き上げられたものだ。当時のさまざまな知識を総動員したもので、植物の絵、採取法、調理法、そして味や栄養についても書かれている。森林生態学者としての面目躍如である。原始の香りを色濃く残す北海道の森林を歩き回った者ならではの凄みも感じられる本で、本棚にしまい込んでおくのはもったいないので側に置いて時々眺めている。こんなものまで食べるのかと、当時のひもじさや苦労を想像させてくれるが、それだけではない。むしろ舘脇さんは山にどんな美味しい物があるのかを書きたかったに違いない。代用品とか、かて飯とかいう言葉が出て来るとまずいように思えるが、かなり美味い物も多く、美味い物を発掘するグルメ本でもある。今や、世界中から珍味や高級食材など美味しいものがふんだんに輸入されるようになったが、身の回りの野山にある食材にはあまりにも無関心で無知である。テレビのグルメ番組を消して、『摘草百種』を紐解いてみよう。ここでは私が試したもので、なかなか珍しいものや美味かったものを幾つか紹介し、森の生物多様性が授けてくれる食の恵みを味わっていただきたい。

数あるお茶の代用品で、試して美味しかったのはニセアカシアの花である。藤の花に似て小さな白い花が房状に集まって垂れ下がって咲き、初夏の夕暮れ時に甘い香りをそこら中に漂わせている。陰干しにして乾燥した花だけで飲んでみるとかなり甘ったるかったが、「オノエヤナギの葉を混ぜると佳い」と書いてあるので真似てみると、甘みが程よく抑えられ、お茶らしくなった。茶の代用品として他にもキヌヤナギ・ナナカマド・ハルニレ・ヤマザクラ・ヤマグワなどの茶の作り方が丁寧に書いてある。エゾニワトコの花、ハマボウフウの根も風味があると記されている。シナノキの花の茶はアテネの下町のハーブ専門店でも売られていたが、これはなかなか美味しい。コーヒーの代用品としてタンポポの根を少し煎ってから挽いて粉にしお湯を注いで飲んでみたら、とても美味かった。代用品というには申し訳ないほどのコクがあった。これは技官の赤坂くんが大量の根を集めて作ってくれたもので、もともと根が小さいので手間がかかる代物である。

東北大の学生や山菜好きの職員と一緒に春の山菜を食べる会を八年ほど続けたことがある。食味ランキングで毎年上位になるのがクズの新芽である。生命力の極めて旺盛なツル植物で、スギの植林地では苗木にあっという間に絡まり成長を妨げる悪者だ。春から夏にかけてどんどん伸びる新芽の先っぽを四一五㎝くらいの所でポキッと折って天ぷらにする。噛むとヌルッとした食感が舌に残り何本でも食べられる。

ニワトコは明るい林道沿いで夏にとても鮮やかな赤い実をたわわにつけている三〜四mくらいの木である。成長がとても早く、肥料をいっぱいやった畑にタネを播くと発芽したその年に一・五mほどに成長した。それだけでなく、花を咲かせ実をならせたのには驚いた。草のような木である。伸びたばかりの新芽は仄かにエグイ匂いがするが天ぷらにするとコクがあってかなり美味い。どれほど美味いかというと北海道の独身寮に居た時、山菜パーティーで、調子に乗って食べすぎた寮生が翌日下痢で休んでしまったほどである。

オオウバユリの地下の塊茎はアイヌの常備食であった。「ウンバイロ」と呼んでいたそうだが、「なかなか語感がその姿を良く言い表している」、と絵描きの坂本直行さんが書いていた。そういわれるとそう思える。アイヌの人たちはこのウンバイロを家族総出で山に採りにいったという。春先に採った時、ユリ根はまだ大きくは膨らんでいなかったが、結構、ホクホクして美味しかった。アイヌの人が書いた本を読むと花を咲かせる直前くらいに掘るという。林床植物に詳しい富松さんに聞くと、春から貯めた貯蔵養分を花を咲かせる時に使うので、その直前に採ると一番貯蔵澱粉が多いからだろう、ということであった。食べようと思い家の裏の木の下に植えているが、花もきれいで実を付けた姿も面白いのでなかなか掘れないでいる（図7・1）。毎年食べたいのでタネを播いて増やしている。

雪の解け始める三月にイタヤカエデの幹に傷をつけると、甘い樹液が幹から流れ出す。カナダの国旗に描かれているシュガーメープルの樹液は甘くて有名だが、それほどではないにしても結構甘くて美味しい。私の研究室の学生の加藤さんや大山君などは大好きで、採取した樹液を鍋で煮詰めてパンにつけて食べている。二風谷(にぶたに)アイヌ資料館の萱野茂さんが書いていたが、アイヌの子どもたちは樹液をオオイタドリの茎に流しこんで、一晩野外に放置し、アイスキャンデーを作ったという。オオイタドリは茎の中が空洞で、それも直径一―二㎝で長さ一五㎝くらいの円筒に分かれているので丸い筒状に固まったキャンデーができあがる。さすが植物を知り尽くした民族のオヤツである。

ハマナスは実を食べるが花も焼酎につけると素晴らしい色合いの酒ができる。カンバ林の調査を終え

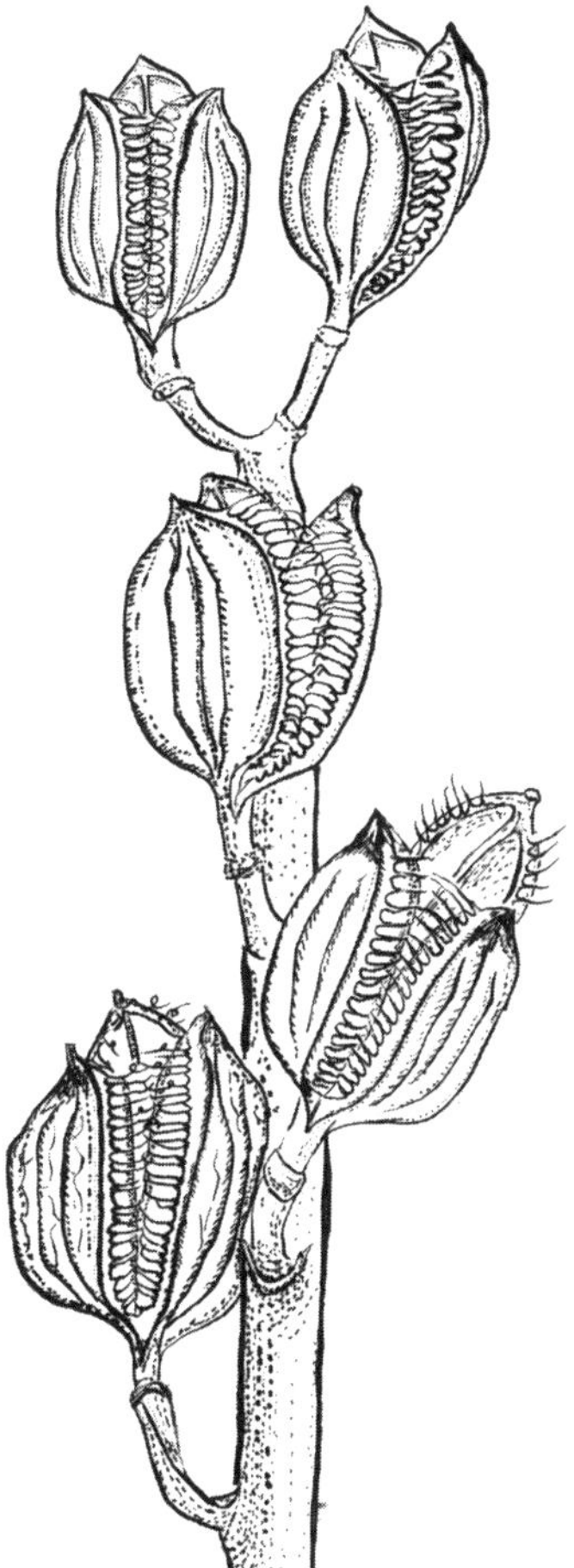

図 7.1 オオウバユリの果実が開いてタネを飛ばす直前のすがた

て西興部の浜にでてみると、オホーツク海の黒い海を背景にしたハマナスの大群落があった。見渡す限りの緑の絨毯にあざやかに開いた赤い花が見事に咲き誇っていた。芳香に包まれながら、色も形も一番よい花びらだけを選んで、さっと陰干しにして、焼酎につけてみた。なんともいえない薄紅色の酒が出来上がり、その色合いと香りはその後一〇年ほど保たれた。もう一度造ってみたい酒である。赤くて丸い実は、タネばっかりで食べられる部分は少ない。しかし干した実はビタミンCが豊富でそれなりに美味しく食べられる。花よし、実よし。庭で増やして群落にしてみたいと思っている。

『摘草百種』には、木の実の食べ方も詳しく書いてある。アクの抜き方から保存の仕方、そして調理の仕方まで小さな字で細かく教えてくれている。かて飯（まぜ飯）もたくさん紹介されているが舘脇さんはグルメだったのだろう。クリ飯・タケノコ飯から、五加飯（ウコギメシ）・令法飯（リョウブメシ）・筆頭菜飯（ツクシメシ）・桑飯・クコメシ・菫飯（スミレメシ）・フキ飯などの作り方も載っている。腹一杯にするための昔ながらの増量飯というより味の多彩さを楽しんでるようだ。

今や、日本中、世界中の美味しいものが手に入る時代だ。肉も鮮魚も果物も野菜も長距離輸送されている。美味しいものは遠くからやってくるように思えてしまう。フキやタラノキの芽までもスーパーやデパートで売られている。大学の実習で学生に聞いてみると野外で山菜を採って食べたことのある者は少ない。山菜というものはどこか知らない遠くで採られるものなのだ。いや、タラの芽もウドも今や温室などで大量に栽培されるものがほとんどだ。地産地消といってもやはりトラックに乗せられて少なくとも小一時間は運ばれて来る。今では、家の周りから川や雑木林はもちろん原っぱも消え、『摘草百種』に書いてあることは山間地に住むほんの一握りの人しか実現できそうにない。現代の食は人任せだ。せめて、もう少し、身近なところに川があり雑木林があればさまざまな食材採りが楽しめ、もっと美味しいものがたくさん食べることができると思うのだが。コンクリートで固められた川に魚を戻し、スギ、ヒノキだけがひろがる身近な山林に広葉樹を混交し、さまざまな食を楽しんで行けば良いと思う。そうすれば、自然は思いもかけない美味しい物をすぐそこに用意してくれ、人生も少しだけ豊かになるだろう。いざという時にも大いに助かるだろう。身近な森の多様性を復元することによって、「百種の摘草」を楽しむのは二一世紀のトレンドのような気がする。

蜂蜜の採れる森

蜂蜜は日本書紀に記述があるというから、日本人はずいぶん古くから植物の甘味を楽しんできた。養蜂業者は蜜源植物を求めてミツバチ（セイヨウミツバチ）のたくさん入った巣箱をもって移動している。ミツバチは蜂蜜をたくさん集めてくれるが単一種の蜜源植物だけでは栄養の偏りがあるので、次々と他の蜜源植物に移動する方が群れの健全性を維持するためには良いといわれている。したがって、さまざまな種類の蜜源植物が共存する地域が、多くのミツバチの群れを健康に維持でき、ひいては蜜の生産量も多いのではないかと考えられる。つまり、地域の蜜源植物の多様性が高いほど蜜の生産量も多いので

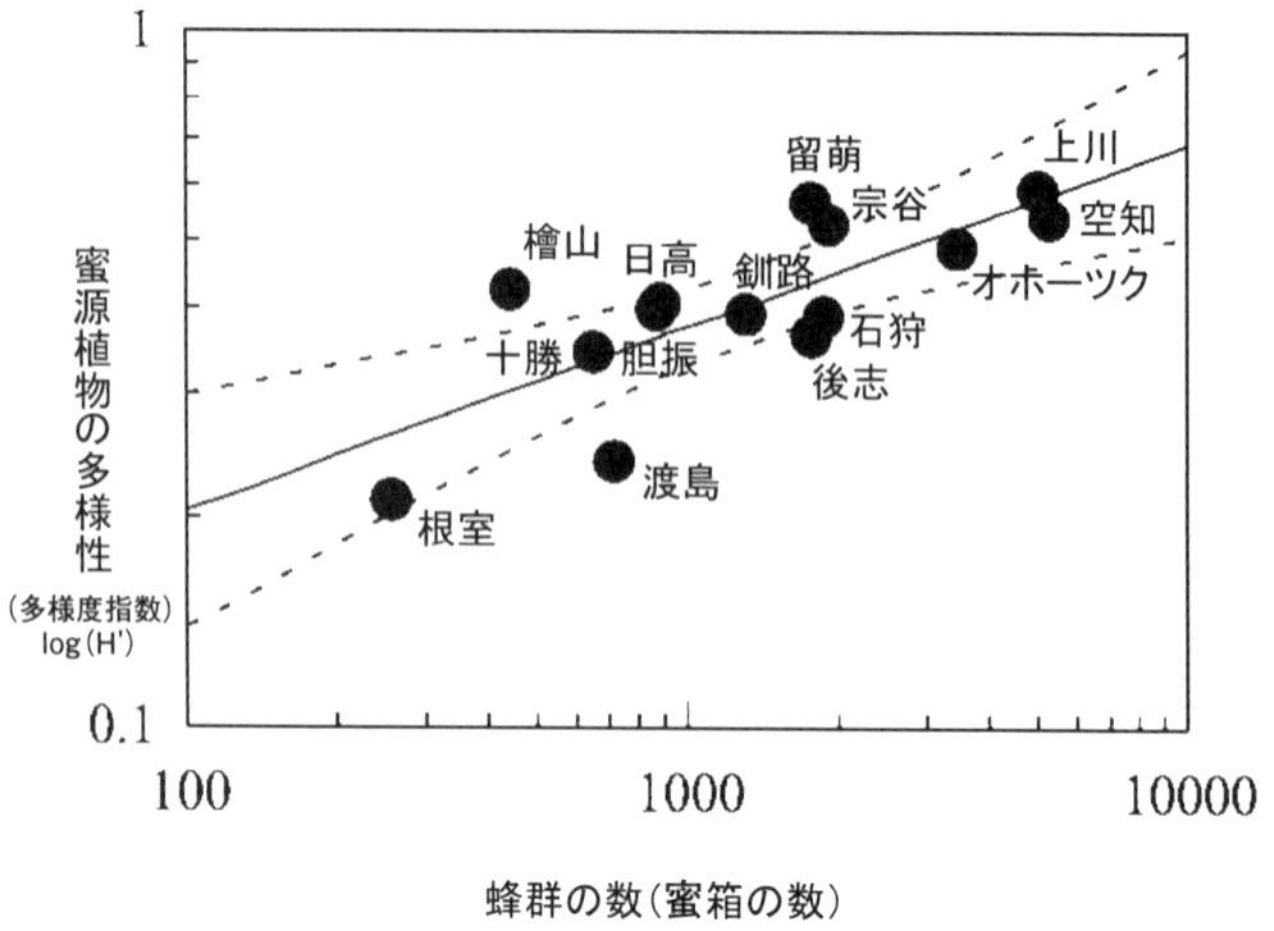

図7.2　北海道の地域別の蜜源植物の多様度と蜂群数との関係（真坂・佐藤・棚橋 2013）

はないか？　このようなアイデアに行き着いた北海道林業試験場の真坂一彦さんは、北海道養蜂協会の報告書を紐解いて確かめてみた。この報告書にはたくさんの巣箱を持って移動しながら採蜜して歩く養蜂業者の蜂群数や採蜜の場所・期間が記されている。解析した結果、予想は見事的中した。蜜源植物の多様性が高い地域ほど多くの巣箱を置くことができ、蜂蜜も多く生産されていることが分かった（図7・2）。

　蜜源植物はいろいろな種類があるが、その中でもニセアカシア、シナノキ、キハダ、トチノキ、森林性のアザミだけで全体の八〇％を占めているという。これは、森林が養蜂業を大きく支えていることを示している。北海道では他にもソバやクローバーが重要だ。道央地域ではニセアカシアやクローバーが六月初中旬、キハダは六月中下旬、シナノキは七月中下旬、ソバは七月中下旬、アザミは八月中下旬に採蜜される。このように多様な蜜源植物が共存している地域では生育期間を通じて採蜜が可能になることを意味し、その結果として累積の蜂群数が多くなるのである。このように森の種多様性は真坂さんの文章を借りれば「森―ミツバチ―食のつながり」を保証しているといえる。蜂蜜はかけがえのない森からの贈り物である。いつまでも食べていけるよう多様性の高い森を維持・復元していきたいものである。

毎日見る風景

原始の森が残されていた明治二七（一八九四）年、志賀重昂は『日本風景論』で次のように書いている。「日本の花はその種類真に多々、白色、黄色、頳黄色、紅色、赤色、青色、紫色のもの、濃淡相競いて乱開し、粉披掩映、日本の宇宙はみな花、すなわちこの間に戯舞し翩翻し、あるいは香を窃み、あるいは宿を借るもの、いかんぞ『類形』の原則上、その色を此花に類せしめその羽の光沢をこの花に似せざるなけんや、日本国じゅうの禽鳥、胡蝶の媿麗燦爛たるもとより所因あり。試みに日本の花卉のたいていを列挙すべきか。」と言いつつ、栽培種から野生種まで花の色の違いによって日本の植物の分類を試みている。日本列島を精力的に歩いた志賀が讃えたのは、日本の地質・地形や気象の多様性であり、そこに棲む生物の多様性であった。そして多様性が創る風景の美であった。しかし、今の日本の風景を重昂が見たらどう思うだろう。「なんと！　どこもかしこも同じ風景ではないか！」と絶句するのは間違いない。

すでに何度も述べたように日本の森林の五分の二、約一〇〇〇万haが針葉樹人工林になった。それも便利な所から植えて行ったので、どうしても目につく所に多い。本書の冒頭でも書いたように、職場から岩手との県境にある自鏡山までの小一時間、また、自宅から職場までの一時間も、目にする山にはスギがびっしりと植えられている。農家の屋敷林、神社の周りも戦後植えられた三〇–五〇年生ほどのスギがほとんどである。近所の小高い丘にある神社にはサクラの古木がたくさんある。昔は周囲のどこからでも花見が出来たと古老が言っていた。しかしその周囲にスギを植えたためただの黒い丘になってしまった。もちろん季節を通じてほとんど同じ青黒い林である。ただ、五月の末頃、藤の花がスギ林を一面に覆い、薄紫色のカーテンといった色合いを楽しめる所もある。しかし、それも一瞬である。このような景色でも、毎日見ていると馴染んできて、当たり前だと思って暮らしている人たちが多いのではないだろうか。スギ林は日本の原風景だといった評論家もいたが、それは江戸時代から続く有名林業地帯やその周辺のことであり、日本のほとんどの地方では戦後急に見られるようになった風景に過ぎない。

通勤途中、何カ所か広葉樹林を見ることができる。スギが植えられる前はずっとこんな景色だったのだろう。雪が解けるとコブシの白に、オオヤマザクラの薄紅色とイタヤカエデの黄色の花が咲き始め、春が来たことを実感する。五月も終わりになるとウワミズザクラやアオダモ、ミズキの純白の花があちこちに見え、道路脇の藪にはタニウツギがピンクの小さな花を細い枝に鈴なりに咲かせている。真夏にはこんもりとした涼しい緑陰が暑さを和らげ、残暑のころにはクサギが夏を惜しむかのように薄ピンクの花を咲かせている。秋には茶色に紅葉したコナラの葉がだんだん赤褐色のおしゃれな色に移り変わって行くのを見ることができる。冬もまた、葉を落としたヤチダモが真っ直ぐに天を衝く無骨な姿を見せてくれる。四季の移り変わりにさまざまな樹種が折々の表情を見せてくれる。ところどころ見える広葉樹林は私の毎日の通勤のささやかな楽しみである。

毎日何気なく見る景色は大事である。道路沿いの多くの家の前には花壇があり花鉢が置いてある。四季を通じて花々が咲き、道行く人の心を和ましてくれる。それならば、スギ林も間伐して少しずつ広葉樹を混ぜていけば、毎日、見る風景がかなり明るいものになるような気がする。毎日見る風景は楽しみでもある。毎日、朝、玄関を出てから、夕方、家に戻るまでどんな景色を見て過ごしているのかを振り返ってみるのも良いことだ。この積み重ねが人生を左右する訳ではないが、四季折々に移り変わる木々の花や葉の色合いを目にしながら暮らせる方が、手入れ不足の黒っぽい針葉樹ばかり見て暮らすよりも気分が明るくなることは間違いない。

飛騨の森林組合の広い木材置き場には至るところにスギの丸太がうず高く積まれていた。広葉樹は片隅に数十本申し訳程度に置いてあるだけだった。取扱量はここ何十年も少ないままだという。「長年スギで食わしてもらったが、やはり、広葉樹が好きだ。今一町歩（一ha）ほどの自分の山には広葉樹を植えて育てている。一本一本が自由に広く空間を使えるように育てている。売るためではない。樹の伸び伸びとした姿を見るためだ」と案内してくれた組合の専務理事の方が言っていた。同い年だったので、話が弾んだ。最近、日本中で、こういう方にお目にかかることが多い。スギ・ヒノキの手入れや売買を長年してきた人の中にも大勢いる。それほどまでに日本の景観はスギ・ヒノキ・アカマツ・トドマツ・カラマツ一辺倒になってしまったのだ。その反動が林業関係者にまで及んでいる。身近な風景を大事にする時代がすぐそこまで来ていることを感じる。

都会にこそ広葉樹林を

日本人の大多数は街に住んでいる。大都市、地方都市を問わず市街化された込み合った住宅地に住んでいる。したがって、ほとんどの読者は山間地や田舎の風景のことを書かれても実感がもてないだろう。ここでは街の風景について考えてみたい。私は自宅も職場も山間地で仕事も森の中なので、いつも木に囲まれている。たまに街に行くと木が少ないことに大きな違和感をもつ。木や緑が少ないだけではない。風景が極端に無機質化している。山間地や田園地帯ではカラフルな天然林が黒一辺倒の人工林に置き換わったが、それどころではない。街では森がないのはもちろんだが樹木も少ない。それだけでなく木材までも遠いものになってしまった。いくら都市緑化がはやりだといっても、それ以上のコンクリート化が進んでいるような気がする。東京・大阪などの大都市は言うに及ばず地方の中核都市でも駅前の再開発が盛んで、コンクリートの高層ビルや巨大なモニュメントが見られたりする。緑地帯は高いビルの狭間にあったりするがとても狭い。古い木造建築は取り壊され、街角の老木も伐られ、路地の鉢植えの緑も消え、生き物の気配がなくなっている。周囲には派手な商業ビルやビジネスホテル、灰色の高層マンションが建ち並んでいる。さらに国道やバイパス沿いは、家電・スーツ・靴・外食に、パチンコ・貸金など原色の大きな看板が派手さを競っている。それらの毒々しさは自然の色合いからはほど遠い。一〇年ほど前、韓国の地方都市に行った時、日本と同じような原色の建物を前にして恥ずかしそうに『韓国の景観は無国籍です』と景観生態学の金教授が言っていた。なぜ経済の急激な発展はどの国でも同じような不気味な景観を作ってしまうのだろうか。

日本の住宅地造成は景観を根こそぎ変えてしまうやり方である。まずは森を丸裸にし、元の地形は無視して山を崩し谷を埋める。東日本大震災では仙台市内の至る所で盛り土に造成した宅地で家が傾いたり流されたりした。もともとは広葉樹の二次林だったところだ。地上部の植生はすべて切り払い、土壌中の生き物もブルドーザーですべて除去してから、箱庭のような緑地帯をつくり外来種を植え、緑溢れる△△タウン、○×ビレッジとして売り出している。もともとの自然林を生かした都市開発などは見た事が無い。効率が悪く儲けが少なくなるからだろう。区画された平地に簡易鉄骨や新建材の家を建て、隣の家に邪魔にならない程度のハナミズキやシャクナゲなどの小さな花木を植える。整然とした街路樹はほとんどが外来種だ。仙台では市木であるケヤキが一番多いがトウカエデ、セイヨウトチノキ、メタセコイアなど外来種が植栽木ベスト一〇の半分を占める。その理由は多分、都市計画に生物学や生態学的な視点が少ないからである。建築学とか都市工学など工学的視点からほぼ決められているからであろう。イチョウ、ユリノキ、モミジバフウ、プラタナスの幹はまっすぐで枝が横に大きくは張り出さない。トウカエデもカエデの仲間では上に伸びる性質があるので道路沿いに最適だろう。これらの木はいずれも美しい木だが同じ木だけが一キロメートル以上も続くのは不自然である。大きな公園にいけば太い木があるかもしれないが、都会の人が毎日見ることのできる大木は街路樹であり、庭木である。周囲の広葉樹林で見られる在来のさまざまな木々を植えてはどうだろう。ホオノキは南国風の大きな葉を持ち、遠くまで良い香りのする大きな花を咲かせる。毎年開花を楽しみにする人が出てくるだろう。カツラの葉は春には赤く夏は緑で、秋には黄色くなり甘い香りをさせながら散っていく。ブナも新緑がとてもきれいだし、ミズナラ・カシワなどのごつごつした巨木があってもいい。イタヤカエデ、シナノキ、イヌエンジュ、アズキナシなど良さそうな木はいっぱいある。背の高い高木、それより低い亜高木、低くても花が咲く低木などを組み合わせて、階層構造のある街路樹も良いだろう。もっと、天然の森の姿を真似てみてはどうだろう。街に多様な広葉樹があったらなにか都合が悪いことが起きるのだろうか？　広い緑地帯にさまざまな樹種が混ざれば、小鳥やリスなどの小動物も居着くだろう。カナダのモントリオールの広い公園で寝そべっているとすぐそばに大きなリスがヒッコリーの実を集めに来ていた。オーストラリアのパースの公園では、乳母車の脇で立ち話する若い母親たちの上を大型のインコがゆったりと飛んでいた。日本には土地がないからではない。土地を生き物たちが棲みやすく使っていない点に問題があるのだ。野生の生き物たちが棲みづらい場所は人間にとっても良いはずがない。生物の多様性の高い生態系は人間に役立つ機能を多く持つことは既に見て来たが、美しい景観も創り出してくれるのである。多くの在来の広葉樹や針葉樹を使った公園や緑地帯をつくる時期が来ている。ただ、外来種には病虫害に罹りにくいといった利点もある。ニセアカシアと同じで自生地では天敵に囲まれるが、海外に行くと天敵たちから解放されるのだ。しかし、在来の自生種が病虫害に弱いといっても、さまざまな樹種を混ぜて使うことによって、つまり種多様性を高めることによってある程度、病虫害は防げるだろう。是非、街の中でもさまざまな樹木と共に生きて行きたいものだ。さまざまな樹木があれば、いずれさまざまな鳥や小動物も棲み着くだろう。

日本では山間地も農村も、地方都市も大都市も周囲の自然林を壊し、潤いのある風景を消滅させてきた。高度経済成長に浮かれたツケが今、我々が見ている景色なのだ。そろそろ、気付いても良い頃だろう。山間地では青黒い針葉樹一辺倒ではなく広葉樹と混交する。まちづくりも自然の地形や植生に配慮したものにする。また街路樹なども外来種だけでなく郷土樹種、在来種を植え、色々な樹種が混ざった自然の森に近いものにしていってはどうだろう。

鞭撻者

「美しい自然は日々の鞭撻者(べんたつ)である」と言ったのは北海道で開拓に明け暮れた画人、坂本直行である。

地元の人は親しみをこめてチョッコウさんと呼んでいた。寒冷な南十勝に入植したのは戦前のことである。遅霜や早霜は畑作物を一晩で壊滅させ、冷夏は畑の実りを大きく減らした。不毛続き、貧乏続きの畑に立ちすくんだ直行さんは、遠くの日高山脈の姿を見ては勇気を奮い起こしたという。「美しい自然は厳しい開拓の鞭撻者である」と開拓の記に書いている。夜明けから真っ暗になるまでの果てしない労働の合間に一段下の原生林に行き、多くの樹々や花々を心温まるスケッチに残した。直行さんの線使いは単純で植物の形の面白さや温かみを伝えてくれる。色彩もとても明るい。真似ようにも真似ることのできないおおらかなタッチで描かれている。

直行さんが感じた励ましや精神的な充足感は原始の自然だけが与えることができるような気がする。しかし、手つかずの自然、人間よりも圧倒的な自然の価値はなんと表現してよいのだろう。心理学などでどのように数値化して評価するのかは知らないが、直行さんの絵を見れば、原始の森のもつ力強さや鞭撻者としての温かさが感じられる。なによりも原始の森ではこんなにも植物が生き生きしているのかと思われるような花の絵が多い。

我々は巨木の森や原始の森はもう知るよしもないが、そこからのみ発せられる豊かなメッセージも同時に失ってしまったような気がする。日々の生活の合間に原始の自然に触れ得る人は日本にはもう殆どいない。あまりにも残念なことだが、少しは、取り返していきたいものだ。大都会の森林公園や大きな神社やお寺さんの裏山には太くて立派な木があるので、そこに行けば何か感じる物があるだろう。新しく作られた都市公園や河川敷公園などの緑地帯でも、都市近郊の二次林でも、ある程度の広い面積の木々を禁伐にし、数百年後には直行さんや内村鑑三が見たような森にしてはどうだろう。いや、五〇年もすれば立派な森を普段から見ることができるであろう。時間はかかるが巨木の森がそばにあることによって、最高の鞭撻者を得ることができるだろう。数百年後を目指した『巨木公園計画』などというものはいかがだろう。

Ⅲ部

多種共存の森を復元する

8章 針葉樹人工林を広葉樹との混交林にする

これまで見てきたように、森林というものは放っておいてもさまざまな樹種が混じり合うような自律的なメカニズムをもっている。多くの樹種が共存する森はさまざまな生態系機能を発揮し我々人間の生存基盤を支えてくれる。そればかりか、さまざまな風合いの家具や美味しい食べ物、そして四季折々の美しい風景で我々の日常を豊かにしてくれる。このように、森というものは、本来の生物多様性を取り戻した方がそれ自体も安定し、長く恩恵を与え続けてくれるのは間違いない。では、どのようにすれば、単純化した森を生き物が豊富な森に復元できるだろうか？

本章では、「針葉樹人工林に広葉樹を導入し針広混交林にするための方法」を整理してみたい。読者は細かいことは専門家に任せておけば良いと思われるだろう。しかし、森林をどのように管理するかは自分が住んでいる地域の生活環境はもとより地球全体の行く末にも大きな影響を与えることである。農山村の人も都会の人も、地球の人たちすべてが自分の将来のことを考えるように森林の管理の仕方にも気を揉んで口を出していくのが地球市民のこれからの姿勢のように思える。

細部に入る前に、まず、針葉樹人工林に広葉樹が侵入し針広混交林になりつつある二つの事例を紹介したい。一つは、人が何も手を加えなかったのに針葉樹人工林がひとりでに崩壊し、針広混交林になりつつある驚くべき事例だ。北海道のトドマツ人工林で見られた「自然力による種多様性の復元」ともいうべき珍しい現象を紹介したい。もう一つは日本で最初に混交林化を手がけた伊勢神宮林である。その技術や結果の素晴らしさはもとより、見習うべき根本思想を是非紹介したい。

トドマツ人工林の自壊と再生

北海道に強い台風は滅多に来ない。しかし、二〇〇二年は格別だった。台風二一号が一〇月に北海道を縦断し道東地方の森林に大被害を及ぼした。十勝平野のはずれにあるトドマツ人工林も台風で大きく崩壊した。驚くべきことにその跡にはトドマツの稚樹とともに多くの広葉樹が更新していた（写真8・1）。豊頃（とよころ）町久保にあるこの人工林は二〇年生から八四年生（二〇一二年現在）まで六四年間にわたり一本一本の木の成長が記録されており、密度管理や収穫予測に関する先駆的な研究が行われてきた。特に有名なのは生態学会の会長であった菊沢喜八郎さんが北海道林業試験場時代に作った「収量―密度図」というものだ。間伐などを繰り返した後、何cm以上の直径の木が何本生産できるのかを予測できるものだ。それまでは平均直径を予測する「密度管理図」が使われていたが、林業的にはより実用的なので現場でも広く使われるようになったものである。人工林の生産性向上に多くの労力が注がれていた一

写真 8.1　崩壊したトドマツ人工林跡に更新した広葉樹とトドマツの稚樹（調査を終えた左から寺沢・浅井・福地の各氏）

九七〇、八〇年代には多くの研究者がこの試験地を訪れた。当時は、とても有名な場所であった。

ところが、菊沢さんが収量―密度を発表してから二五年ほど過ぎた二〇〇二年にこの試験地の中の無間伐区が崩壊したのである。植えてから七四年間一度も間伐をしないで放置してきた極めて込み合った林であった。この人工林を長年調査してきた浅井達弘さんの解析に沿ってこれまでの経過を詳しく見てみたい（図8・1）。この人工林は一九二八年にha当たり四〇〇〇本のトドマツの苗木を植えたのが始まりだ。苗木が成長するとだんだん込み合ってくる。しだいに、小さい木が大きな木に被圧され死んでいき本数が減少する。しかし、大きな木はさらに成長していくので林分材積は増加し、林分本数と林分材積を示した点は少しずつ左上方にカーブを描きながら移動して行く。林分材積とは一定面積（通常一

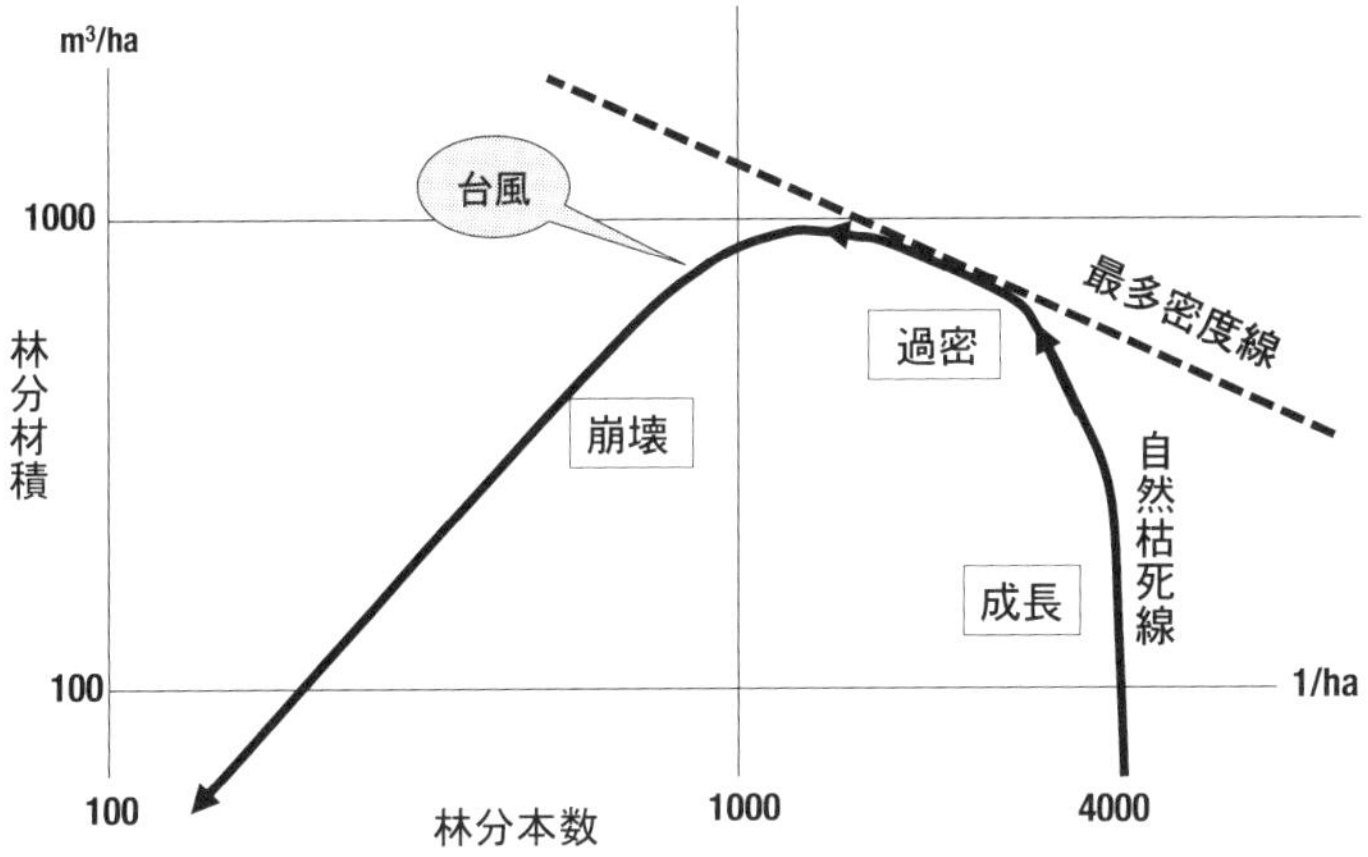

図 8.1　トドマツ人工林の崩壊への軌跡（浅井 2011 を模式化）

ha）に存在するすべての木の幹の体積（材積）の総和で、林分本数とは一ha当たりの本数をさす。林分本数と林分材積の軌跡を示したものが「自然枯死線」である。その後、自然枯死線は人工林の成長に連れて「最多密度線」に移行する。この線はそれぞれの密度（林分本数）で一定面積に詰め込むことができる最大の林分材積を示しており、樹種ごとに一定である。ここのトドマツ林は約四〇年生で最多密度に達した後、林分本数を減らしながら林分材積を増やし最多密度線を左上方に移動した。ここまでは極端に込み合った人工林でよく見られる軌跡である。しかし、六〇年生を過ぎた頃から、これまで誰も見たこともないような軌跡をたどり始めた。本数の減少だけでなく材積の増加も鈍るようになり最多密度線から離れ始めたのだ。さらに七〇年生ころからは材積も減少に転じた。この頃から一本一本の木の樹冠が小さくなり樹冠と樹冠の間に隙間が出来始めた。これは、森林がすでに衰退していることを示していた。浅井さんの調査は、さらに驚くべきことを見いだしていた。樹冠が小さくなりはじめると同時に林床が少しだけ明るくなり、膨大な数のトドマツや広葉樹の実生(みしょう)が更新してきたのである。その矢先に強風が来て崩壊したのである。強風は一つのきっかけで、むしろ自ら壊れたというべきだろう。今、日本の針葉樹人工林は非常に込み合ったまま放置されており、最多密度に達して久しいと思われる林分は至る所にある。久保のトドマツ林で起きたことは日本の針葉樹人工林の近未来を暗示しているようにも思える。人ごとではない。

林分が崩壊する前から更新していた実生たちはどうなったのだろうか? 浅井さんたちと二〇一二年八月に更新木の調査に出かけた。台風で倒れたトドマツの長い幹が幾重にも折り重なっていた。その高さは地上から三-四mにも達しており、その合間からトドマツやさまざまな広葉樹が天に向かって伸びていた。最も多いのが、トドマツであるが、次いで多いのがヤチダモとミズナラであった。他にも、ハリギリ、シナノキ、ミズキ、シラカンバ、オニグルミ、バッコヤナギ、タラノキなどがみられた。広葉樹の方がトドマツより樹高は幾分高く、高いものでは五-六mに達していた。トドマツの上に樹冠を広く張っているので、このままいけば、間違いなく針広混交林ができあがるだろう。

この一連の経過は「トドマツ人工林は放置すると植栽前の針広混交林に戻ってしまう」ことを示している。元々は天然林だった所を伐採しトドマツの苗木を植え、広葉樹やツルが生えて来たらすぐに排除し手間暇かけてトドマツだけの人工林を造った。しかし、そのまま放置したら自ら崩壊してしまった。そこに、周囲の広葉樹の親たちは子どもたちを送り込み、今、トドマツの子どもたちと混ざり合いながら成長している。自然の復元力に驚かされるばかりである。これもまた自然の自律的な再生であり、森林は放っておいても種の多様性が出来上がることの一つの証左でもある。このように種多様性の創出は天然林だけに見られるものではなく人工林でも見られることがわかった。この事実は針葉樹人工林の種多様性の復元が理にかなっていることを示している。逆にいえば、森林のもつ自律的メカニズムに逆らうと、森林を長く維持・管理して行くことが難しいことを意味している。このトドマツ人工林で見られたことは、まだ非常に珍しい現象だ。しかし、六〇年以上にわたる長期間の観察は、一つの事例として済まされない重みをもつことを忘れてはいけない。

夕方、調査が終わって帰ろうとするとトドマツの枯れ木のテッペンにクマゲラがやって来た。キョロキョローと鳴きながらしばらく止まっていた。本来の棲処である天然林の再生を喜んでいるようだった。

先駆者、伊勢神宮林

長い間、憧れていた伊勢神宮の「宮域林」を二〇〇三年秋に見学させていただいた。神宮の背後に広がる宮域林にはヒノキが植えられ「式年遷宮」に備えている。式年遷宮とは、日本神道の本宗である伊勢神宮がすべての社殿を二〇年ごとに造り替えることを言う。西暦六九〇年、持統天皇の時代に始まり

写真 8.2　伊勢神宮の宮域林

その後一三〇〇年にわたって絶えることなく行われている行事である。社殿の造成には長大な大径材を必要とするので、宮域林ではha当たり五〇本の大樹候補木を決め二〇〇年伐期という気が遠くなるような期間育て上げる。大樹候補木の幹には白いペンキが二重巻きにされ、競合するヒノキは早めに伐られる。結果的にかなり強めの間伐になるので、大樹候補木は広い空間を占有し伸び伸び成長している（写真8・2）。周囲には多くの広葉樹が侵入・成長し、高く枝打ちされたヒノキの下枝よりも上の方まで育っており、いずれヒノキと同じ高さに達するような勢いである。サクラ、ケヤキ、カゴノキ、シロダモ、クス、アオキ、ヤブツバキ、ヤブニッケイ、ユズリハなどが育っている。針広混交林といった趣である。広葉樹はヒノキに傷をつけない限り伐らないという。利用する予定もないそうだ。「どうして、広葉樹を混交させるのですか？」と尋ねてみた。「宮域林は神域であり、日本神道では自然そのものが神様であります。ヒノキばかりの山ではなく、本来の自然の景観を取り戻すことも大事なことです」。朝から案内してくれた神職でもある営林部の次長さんが山で弁当を食べながら静かにお話ししてくださった。日本神道では自然のありとあらゆるものに神が宿るとされる。神道の立場から言えば、針広混交林化は「多くの神々が宿る豊穣な森を取り戻す」ことなのだ。

式年遷宮が始まった飛鳥時代の宮域林はどんな森だったのだろう。西暦一三〇〇年頃までは、遷宮のための木材供給を一つの宮域林で賄っていたというから、非常に広い天然林が広がっていたと思われる。花粉分析から古植生の復元を行っている京都府立大学の高原光さんによると「二〇〇〇年前以前は暖温帯に分布していたスギ、ヒノキ、コウヤマキなどの針葉樹が常緑広葉樹と共に優占していた。その後、針葉樹は有用樹として伐採され、さらに常緑広葉樹も破壊され二次林化した」らしい。近くの大台ケ原の分析からも「一三〇〇年前にはヒノキ、コウヤマキがブナ、ナラ類、カエデ類などと混交していた」という。しかし、「その後ヒノキが大きく減る傾向にあるのはやはり遷宮の伐採などによるものではないか」と推定している。多分、式年遷宮が始まった当時は巨木を惜しげも無く使った建築様式からして、直径一ｍを超えるような大径のヒノキがふんだんに見られる針広混交林だったと推測できる。神宮造営のため大木を伐り尽くした後いくつかの場所を経て、一七〇〇年代頃からは主に木曽谷からヒノキが供給されている。伊勢の宮域林は大径木が枯渇した後も、江戸時代の「お伊勢参り」の客のために、薪炭林として酷使された。そして禿げ山同然になり、そのため神宮の中を流れる五十鈴川は氾濫し、江戸から大正にかけて伊勢の町は洪水が頻繁に起きるようになった。大正七年の大洪水を機に、神宮司庁内に本多静六ら当時の著名な森林学者を招き森林経営計画がつくられた。大正一二年に策定された三つの方針は、一．神宮に相応しい景観の保持、二．五十鈴川の水源涵養、三．遷宮用材の確保であった。この三つを同時に達成することを今から九〇年以上も前に目標にしていたのは驚きである。驚きというのは失礼であり、その後の林学や森林科学の不明を恥じるべきであろう。まず、神宮造営の木材を自給するため全面積の半分ほどにヒノキが植えられた。さらに神宮にふさわしい景観を作ると同時に水源涵養機能を高めるために強度の抜き切りが行われ広葉樹との混交林がつくられていった。伊勢神宮の営林部は今日までその目的に従って営々と管理を行ってきている。その結果が世界に誇れるような針広混交林として今、目の前に現れてきているのである。五十鈴川は集中豪雨の時さえ清流を維持し、洪水を防いでいる。混交林化すれば洪水防止機能が増すかどうかは、大正時代にはまだ分かっていなかった。にもかかわらず、いち早く混交林化を実践していったのは自然を敬うといった日本古来の伝統的な、そして質朴な自然観をもつ人たちがそうさせたのであろう。伊勢神宮の針広混交林化の方針は林業経営の本質を突いている。日本各地の人工林施業も遅ればせながらも神宮林の後を追っていくような気がする。

混交林化の技術開発が始まっている

針葉樹人工林にどうしたら広葉樹を導入できるのか。技術開発が全国的に始まったのはごく最近のことだ。兵庫県林業試験場（現琉球大学）の谷口真吾さんは一九九〇年代からスギ人工林へのケヤキ導入など先駆的な実験を行ってきた。当時は「なにをやっているんだー」と呆れられたそうである。二〇〇〇年代に入りやっと、針葉樹人工林における生物多様性の重要性について認識されるようになり、多くの研究者・技術者が広葉樹導入の具体的な方法論を探り始めた。二〇〇七年には森林施業研究会が『主張する森林施業論』を刊行し、これからの森林施業は生物多様性に配慮すべきだと訴えた。さらに、近年、「針葉樹人工林の広葉樹林化」と銘打った大きな研究プロジェクトが森林総合研究所と全国の公立の研究機関などと共同で行われ、その成果が二つの小冊子にまとめられている。これら多くの人たちの調査からさまざまなことが分かってきた。しかし、混交林化の方法論の確立は一筋縄ではいかない。個々の針葉樹人工林の置かれている環境や施業の履歴などはそれぞれ大きく異なるからだ。例えば、個々の林分ごとに造林樹種・林齢・前歴（植栽前の植生）、近くの広葉樹林からの距離など林分固有の属性がそれぞれ異なる。さらに間伐強度・伐期・伐採方法・搬出方法など、これまでの手入れの仕方も異なる。これらの要因が広葉樹の更新プロセスにどのように影響するのかを解きほぐしながら混交林化を目指す必要がある（図8・2）。

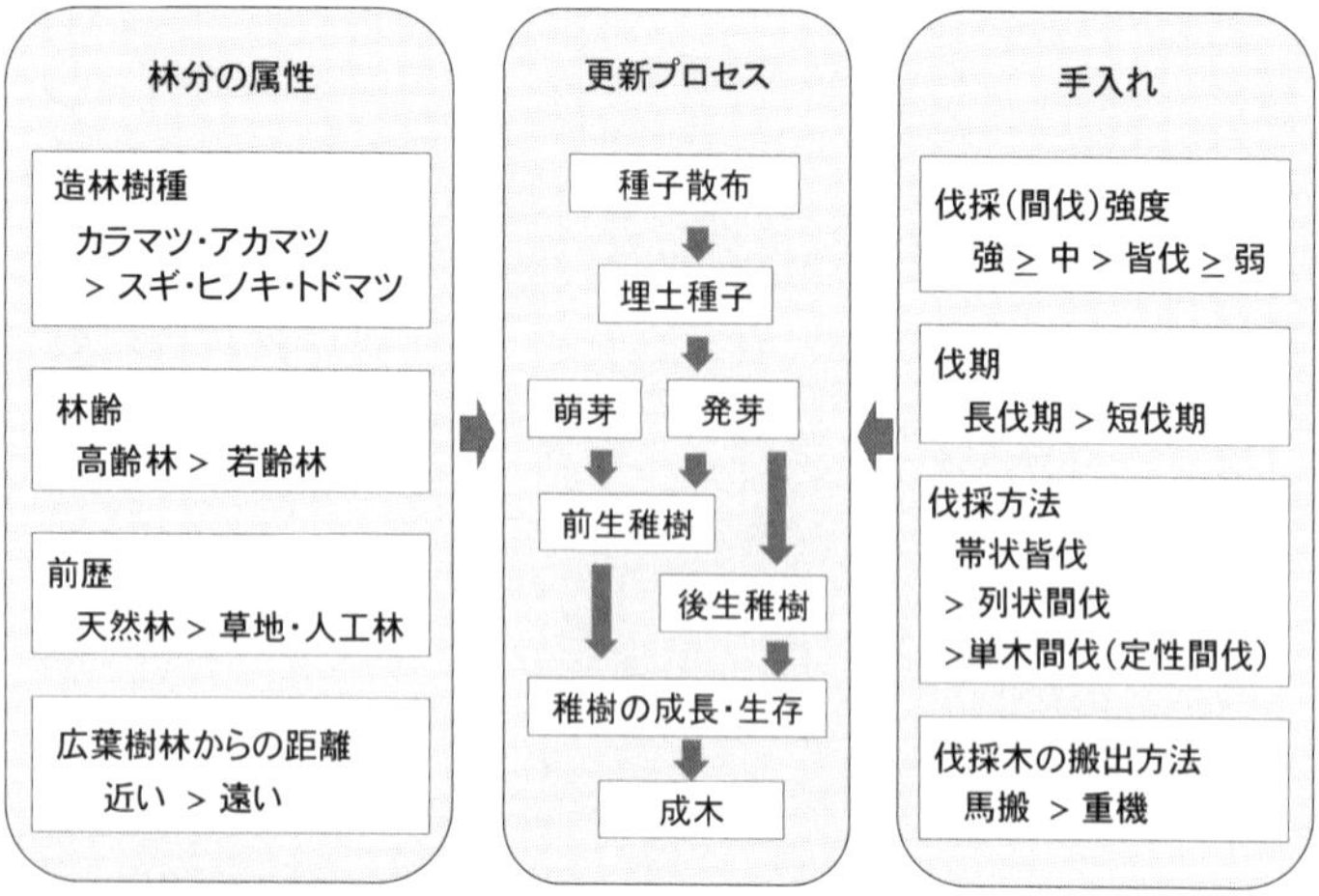

図 8.2 針葉樹人工林における広葉樹の天然更新のプロセス（中央）と更新成功に影響する林分の属性（左）と手入れの仕方（右）

広葉樹の導入はスギ林、ヒノキ林、トドマツ林に比べカラマツ林やアカマツ林の方が容易である。これは、カラマツ林やアカマツ林の方が林分あたりの葉量が少なく林床に明るい光が差し込むためである（図8・2）。また、若齢林より高齢林の方が林内に定着している広葉樹が多い。これは、高齢林ほど枝が枯れ上がって枝下高が高くなり林床が明るくなるためである。また、針葉樹人工林の前身が広葉樹林だった方が、草地・放牧地、畑さらには同じ針葉樹林だった場合よりも広葉樹がたくさん更新している。これは、広葉樹林を伐採した後には伐根から萌芽した稚樹が数多く見られるからである。また、前身が広葉樹林であればその地中には休眠している「埋土種子」が数多く見られ、それらが発芽してくるためでもある。したがって、有名林業地帯やその周辺など古くからスギやヒノキが何世代にもわたって植えられてきた所よりも、戦後になって広葉樹林を伐って新しく作られた人工林の方が広葉樹の導入はたやすいであろう。さらに、北海道・東北や日本海側を中心に広がる冷温帯では、ブナやミズナラ、イタヤカエデなどの落葉広葉樹が主だが西日本や南日本の太平洋側の暖温帯では常緑の広葉樹が多い。これらの樹種の特性は大きく異なり、それぞれの地域ごとに広葉樹導入の方法は分けて検討する必要がある。本書では、冷温帯の落葉広葉樹林帯における針広混交林化における技術的な課題について東北大フィールドセンターのスギ人工林での実践例をもとに整理してみたい。まずは自然に散布された種子を利用して広葉樹の定着を図る「天然更新」から見ていきたい。そのあとに人工植栽にも触れたい。

広葉樹林に近いほど多くのタネが飛んでくる

天然更新で混交林化するには、まず、人工林への広葉樹の種子の供給が必要である。種子は隣接する広葉樹林から飛んでくる。そこで、スギ林と広葉樹林との境界からの距離別に種子トラップを設置し、そこに落下した種子の数を調べてみた（図8・3）。種子トラップとは開口部が上に向いた細かいメッシュの網を地上一mに設置したものである。トラップに散布された広葉樹の種子の粒数と種数は広葉樹林との境界付近で最も多く、境界から離れるにつれて急激に減少した。

人工林への種子の供給は新しく散布されるものだけでない。地中で発芽せずに休眠している「埋土種子」からも行われる。何年も何十年も前に散布された種子が発芽せずに土中の比較的浅い所に眠ってい

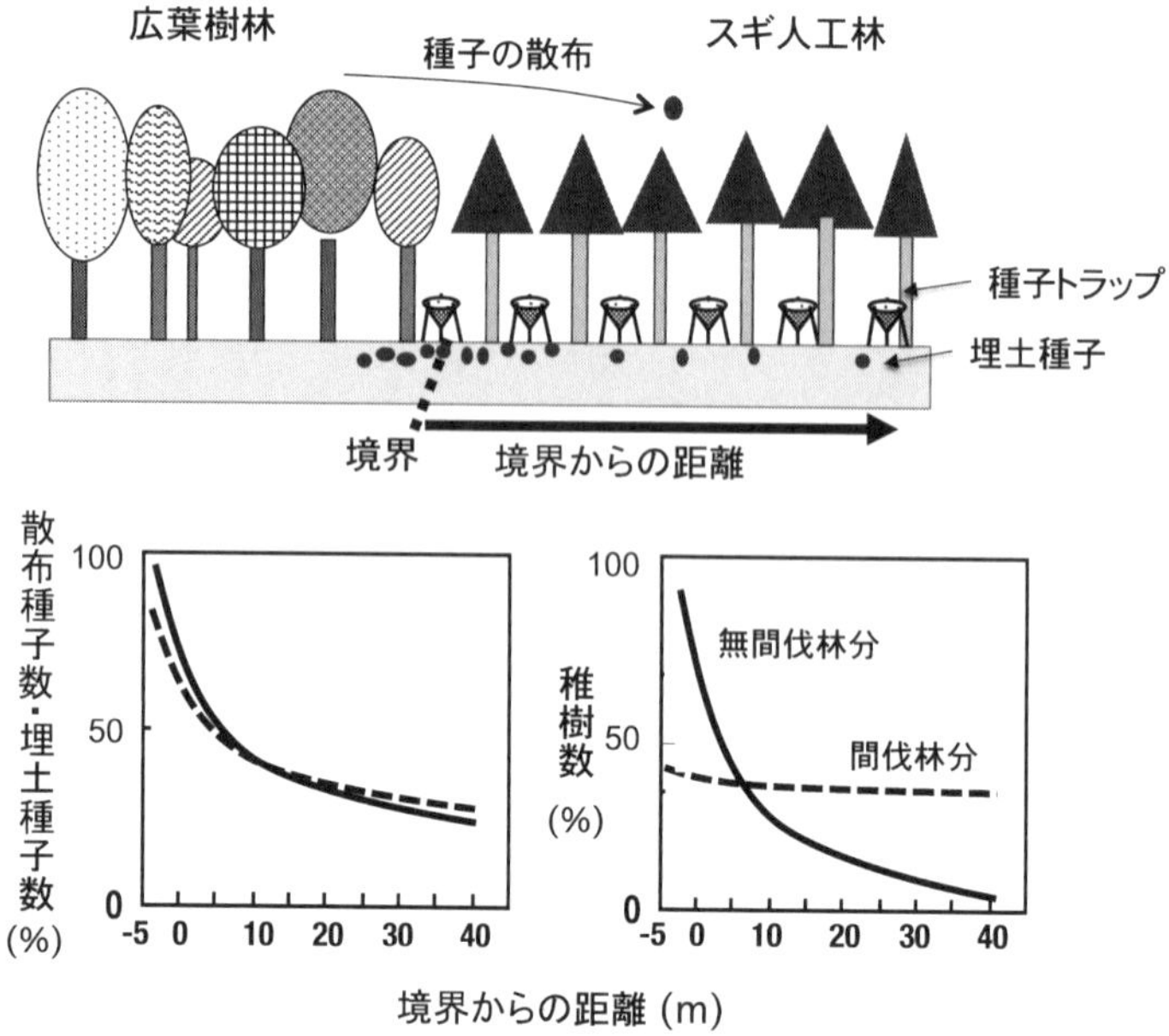

図 8.3　隣接する広葉樹林からの距離にともなう広葉樹の散布種子数・埋土種子数・稚樹数の変化（宇津木ほか 2006 を模式化）。種数もほぼ同じパターンを示した。

る。スギ林の表層の土壌を採取し、その土を薄くならして明るく暖かい温室に置いて発芽した芽生えの数を数えた。いわゆる「播きだし法」で埋土種子の数を調べた。その結果、埋土種子の粒数と種数もまた境界付近で最も多く、境界から離れるにつれて減少した（図8・3）。このように、スギ人工林への広葉樹の種子の供給は新しく散布される種子も埋土種子も広葉樹林に近い所ほど多いということが分かった。そのためだろう、広葉樹林との境界に近いほど広葉樹の稚樹の数や種数が多くなり広葉樹の更新が成功していた。稚樹の数は間伐が行われず暗い込み合った林分（無間伐林分）では、境界から一〇－一五mほどまではある程度の数が見られるが、それ以上離れると急に少なくなり、境界から三〇－四〇mも離れるとほとんど見られなくなった。これは、境界付近では種子の量が多いだけではなく、林冠木が葉を開く前はかなり明るいので、種子発芽や実生の成長を大きく促すためである。それに対し、常緑のスギ林の内部では年中暗く、広葉樹の発芽や生育に適していないためである。日本のスギ林は間伐遅れで込み合った林分が多い。しかし、その中でも広葉樹林との境界付近では広葉樹の稚樹が多く見られることは興味深いことである。

間伐すると広葉樹林から遠くても実生が更新する

無間伐のままだと広葉樹の稚樹はスギ林の内部ではほとんど見られない。しかし、間伐率が二五－三三％程度の弱度間伐を行った所では広葉樹林の境界から遠い所でもたくさん見られるようになった（図8・3）。つまり、間伐により境界から遠い所でも環境が大きく好転し、種子の発芽や実生の成長が促されたためである。鳥が散布するコシアブラ、アオハダなどの種子は広葉樹林との境界から五m以内にしか散布されなかった。果実食の鳥類の活動が広葉樹林内やその林縁に限られたためだろう。しかし、間伐林分では境界から四〇m離れた所まで多くの実生・稚樹が見られた。間伐により強い光が差し込み温度も上昇し、長い間にわたって土壌中に蓄積された埋土種子が発芽したためである。風に乗って種子が散布されるヤマハンノキやカンバ類なども同じように土の中で休眠していた埋土種子が発芽を促進される。これら風散布の小さな種子は我々の調査地では境界から四〇mほどは軽く飛んでいた。北海道の今さんたちが調べたところでは境界から一五〇mは飛んでいくという。これらの種子は手入れされず込み合った林分では広葉樹林から遠い所でも大量に埋土種子となり地中で待機しているのである。したがって、間伐によって環境が好転すると広葉樹林から遠くてもたくさんの実生が見られるようになるのである。

それだけではない。面白いことに間伐による環境の変化によってネズミたちが種子を遠くまで散布させるようになった。例えば、コナラは大きなドングリを重力落下させるが境界から一〇mほどまでしか飛んでいかない。無間伐林分ではネズミの隠れ場所もなくタネを運ばないので実生や稚樹も境界から一〇m付近までしか見られなかった。しかし、間伐林分では境界から三〇-四〇m離れた所まで多くの実生・稚樹が見られた。間伐により林床に灌木や草本が繁茂し、その下に隠れながらアカネズミやヒメネズミがドングリを口に咥えて遠くまで運んだためである。ドングリは一旦埋められ、食べ忘れられたのが発芽したのである。

強度間伐するとなぜ種数が増えるのか——発芽を促す

スギ人工林では本数間伐率で二五-三三%程度の弱度間伐でも広葉樹が侵入してくる。さらに、強度

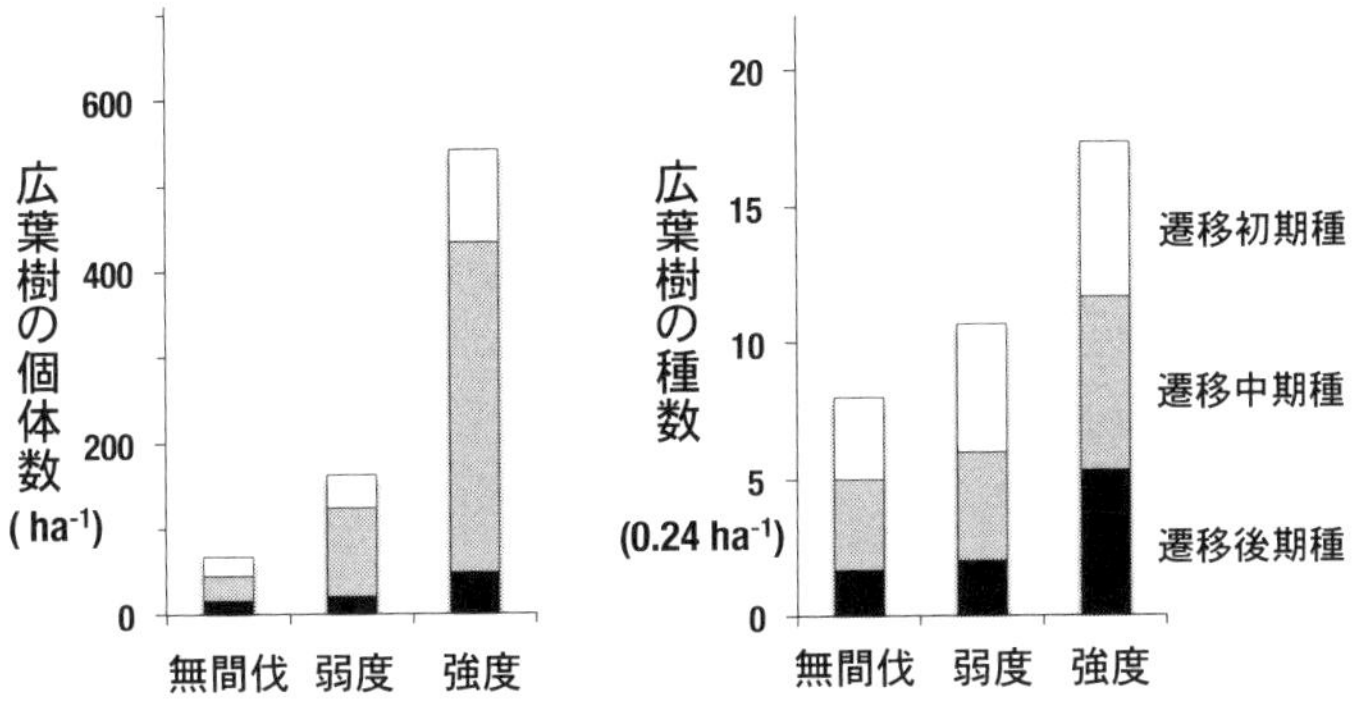

図8.4　スギ人工林における間伐強度と間伐5年後の広葉樹（清和ほか2012より描く）

に間伐すると広葉樹の種数やサイズが増大し、水源涵養機能や水質浄化機能なども弱度間伐よりも高くなった。5章で見たとおりである。もし、生態系機能の回復がこれからの森林管理の大きな目標となっていけば、強度間伐による混交林化が大きく注目されてくるだろう。ここでは、強度間伐するとなぜ多くの広葉樹が侵入し種数が増すのか？　そのメカニズムを東北大の間伐試験地の観察結果から見ていきたい。

その最も大きな理由は、「種子発芽の促進」である。図8・4を見ても分かるように強度に間伐するほど広葉樹の種数と個体数が増加した。その中身をみると遷移初期種と中期種が大きく増えたことが分かる。特に遷移初期種であるカンバ類やハンノキ類・ヌルデ・タラノキなどの種子は、強い光が差し込むことによって初めて発芽してくる。スギの葉は太陽光を吸収して光合成をするが、その際、波長の短い赤色光（波長：六五〇–六八〇nm）は利用するが波長の長い遠赤色光（波長：七一〇–七四〇nm）は利用しない。したがって、葉が

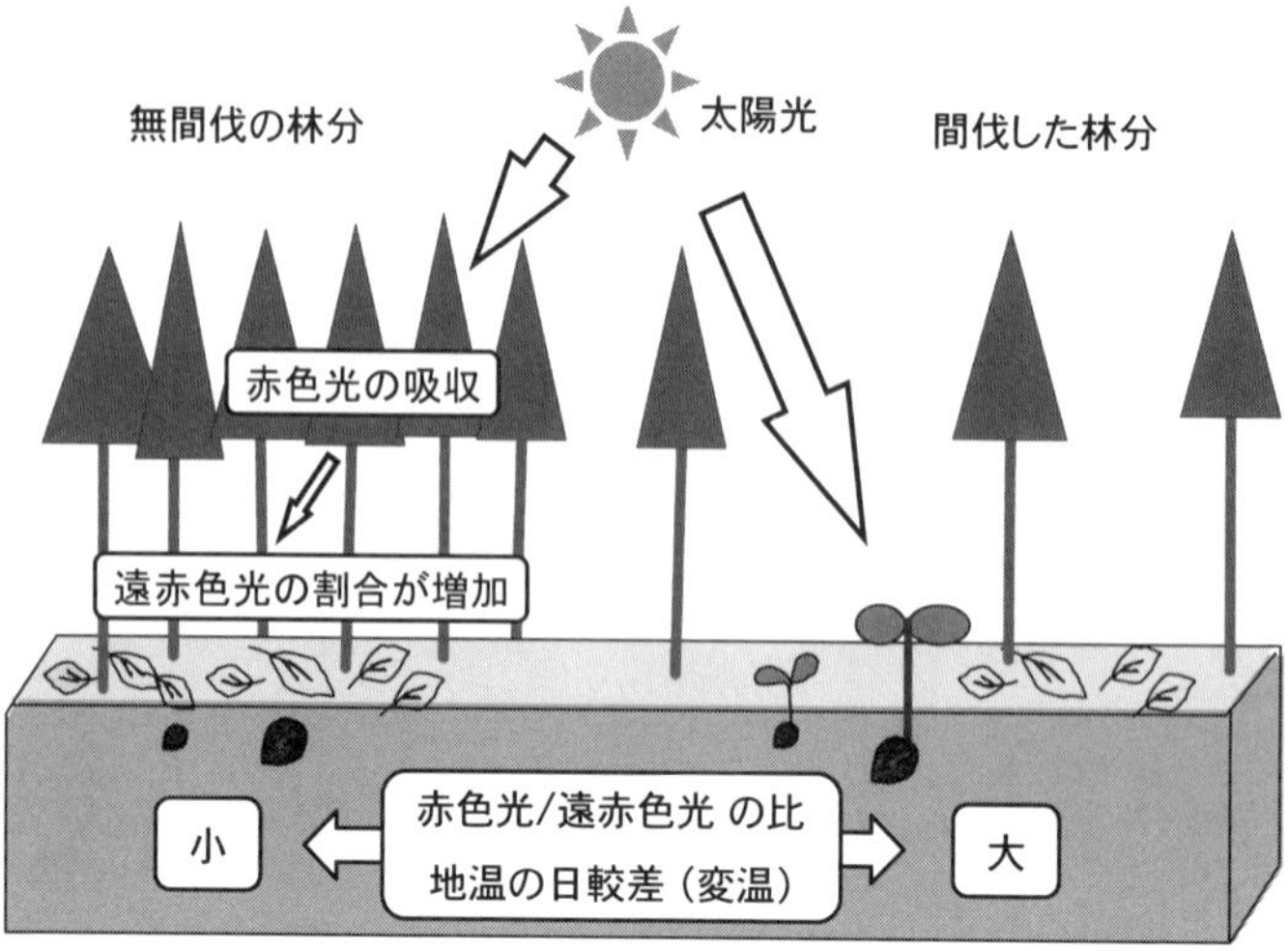

図 8.5　種子発芽を促進する環境のシグナル

びっしりと生い茂った無間伐林分の林床に差し込む光は光合成に利用されなかった遠赤色光の割合が高い（図8・5）。つまり遠赤色光に対する赤色光の割合、「赤色光／遠赤色光比」の低い光が差し込む。そうすると種子内のフィトクロームというタンパク質が反応して多くの遷移初期種や遷移中期種の種子発芽が阻害される。しかし、間伐をすれば太陽光は直接地面に到達するので「赤色光／遠赤色光比」が高くなる。ここでも、フィトクロームが反応して種子は休眠から目覚め発芽する。また、間伐をすると太陽光が土の表面を直接温めるので地表温度は昼に高くなり、逆に夜は低くなる。すると「温度の日較差（変温）」が大きくなる。この変温に応答して発芽するのは遷移中期種が多いようだ。遷移初期種よりややタネが大きいヤマグワやカスミザクラ、ホオノキ、コブシなどがそうである。また、「赤色光／

遠赤色光比」や「変温」といった発芽を促す環境シグナルは弱度間伐の方が圧倒的に大きい。環境シグナルが大きければ大きいほどより多くの樹種が発芽し、また同じ種でもより多くの個体が発芽する。したがって、広葉樹の種数や個体数ともに弱度間伐より強度間伐区で増加したのである。

強度間伐区で種多様性が最も高くなった二番目の理由は、新しく発芽した実生がしっかりと育って定着したためである。間伐後に発芽して大きくなった稚樹は「後生稚樹」と呼ばれており、間伐前からすでに定着していた「前生稚樹」に比べ定着しにくいと言われてきた。前生稚樹がたくさんあるか調べれば混交林化の成否が分かるとまで言われてきた。実際、無間伐区では前生稚樹の方が成長も良く多く生き残った。弱度間伐でもわずかながら前生稚樹の方が成長が良い。しかし、強度間伐では後生稚樹は前生稚樹とほぼ同じ高さに成長し生存率も遜色なかった。なぜならば、前生稚樹は間伐前までは暗い環境に順応していたので、間伐によって急激に明るい環境に曝(さら)されたためすぐには適応できなかったのだ。一方、後生稚樹は遷移初期種や中期種が多いので明るい所では遷移後期種より高い成長率を示すので前生稚樹に追いついたのである。このように強度間伐区では後生稚樹も新しいメンバーとして迎え入れ種多様性を高めているのである。

しかし、強度間伐には欠点もある。特定の種が増え過ぎることである。我々の試験地でも、強度間伐区では遷移中期種のミズキだけが突出して大量に更新した。したがって、種数は弱度間伐より多かったが「多様度指数」は弱度間伐とほぼ同じになった。多様度指数とはすべての種が同じ本数の時に最大になり、特定の種が増えると減る。種数と同様に種多様性を表す重要な指数である。海外の例だが、さらに強度に間伐をすると逆に種数や多様度指数が減ることが知られている。間伐率が八〇%以上であったり皆伐したりすると草本やツル・灌木類が繁茂し成長の早い遷移初期種が数種だけ優占するようになることが報告されている。高木性の樹木の更新が抑制されたりする場合もある。したがって、種多様性を上げるには、七〇%を超えるような「超」強度の間伐は危険なような気がする。かといって、従来のような三〇%ほどの弱度間伐ではあまり効果がないので、五〇–七〇%ほどの間伐率が最適だと考えられる。これは、3章でみた天然林における中規模攪乱仮説と良く似ている。人工林でも中程度の強さの間伐（攪乱）で最も種多様性が高くなるようだ。

一方、間伐しても種多様性は大きく変化しないという報告も多い。内外の文献をよく調べると特に高齢の人工林で言われているようだ。よく間伐された高齢林では背丈を越え二–三mほどに成長した前生稚樹が見られるが、このような林分では、間伐後に発生した後生稚樹は前生稚樹に被圧されてしまうので間伐しても種数が増えることはない。我々の試験地のように前生稚樹があまり見られない林分、つまり極めて込み合っている林分では間伐後に発芽してくる後生稚樹が種多様性の回復に大きく貢献する。多分、日本の人工林は若齢でも少し高齢でも、かなり込み合っていて前生稚樹がほとんど見られない林分が多いと思われる。したがって、後生稚樹の定着を促す「強度間伐」は種多様性の回復にとって重要な施業方法である。

経営目標を実現する間伐の強度

人工林の経営目標と言えば「良質材の生産」と相場が決まっていた。しかし、材の価格が低迷している今はそれどころではない。適正な間伐や枝打ちをしている所は少ない。むしろ、林道網の整備や高性能機械の導入による生産のコスト削減が林業経営上の大きな課題であると言われている。さらに、混交林化による生態系機能の回復も経営目標に加えていく時代になりつつある。もし、林冠レベルの混交を目指すようになれば、いずれ広葉樹生産も一つの経営目標となるだろう。このように、これからの経営目標には多様な選択肢が考えられる。それぞれ個別の目標に向かうのか、すべてを満たすような経営をするのかは、個々の森林経営者に任されている。いずれにしても、経営者の選択によるので、ここでは、スギ人工林を例に間伐強度を変えた場合、それぞれの経営目標がどのくらい達成できるのかを考えてみたい（図8・6）。

ただし、ここで言う間伐強度はあくまで若いスギ人工林で見られた結果に基づいている。適用できるのはせいぜい二〇–四〇年生ぐらいまでの林分だろう。五〇年生以上の高齢林では枝も高く枯れ上がっており樹高成長も鈍いので間伐した後の林冠の回復も遅い。したがって若い林よりも間伐率を一〇％ほど少なめにして適用する必要があるだろう。

まず、本書の主題である生物多様性の回復を目的とするなら、五〇％から七〇％ほどの本数を抜き切

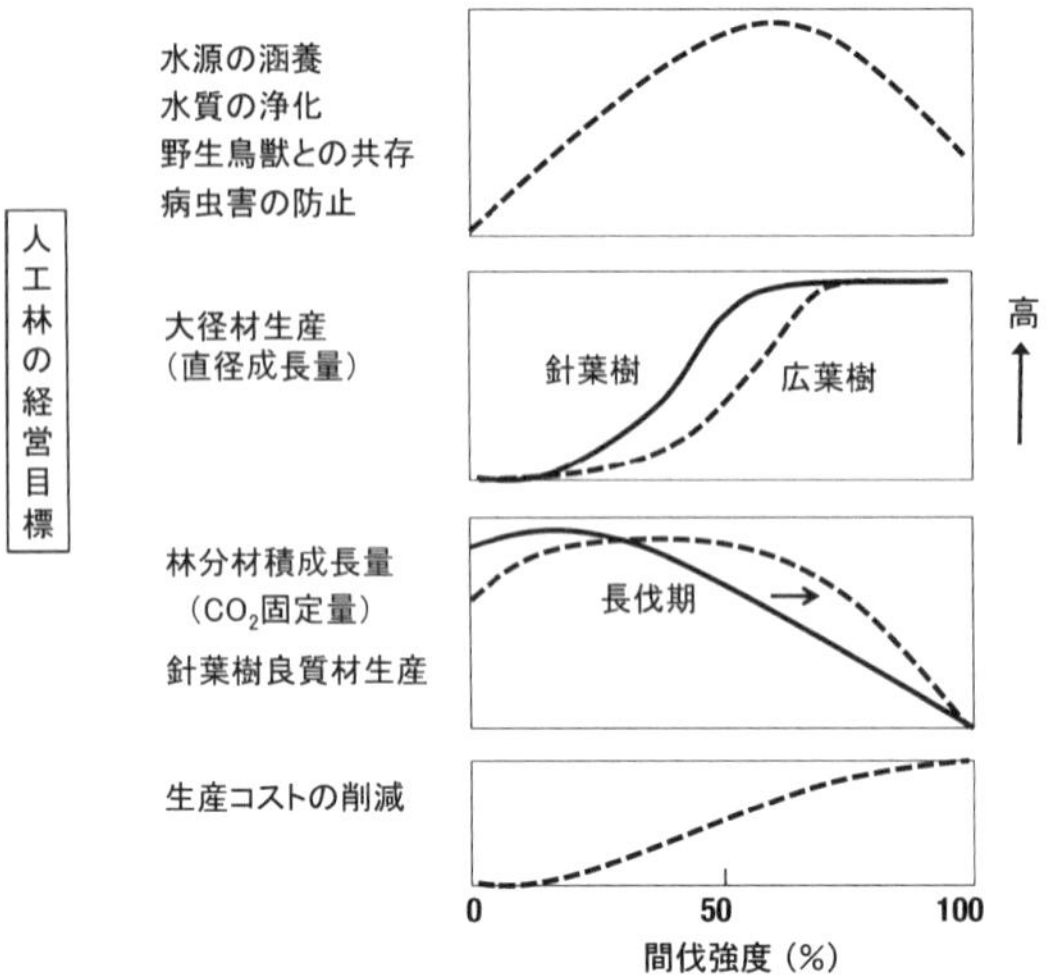

図 8.6　針葉樹人工林の管理目標と間伐強度

りするのが適当だろう。侵入した広葉樹を大きく成長させるにはかなりの強度間伐が必要だ。我々は三分の二の木を伐る強度間伐を二〇年生、そして二五年生時に二度行った。いくら実験でも伐り過ぎのような気がしたが、最初の間伐から五年過ぎると林冠が閉鎖しはじめ林床が暗くなり、せっかく更新した広葉樹の成長が鈍ってきた。広葉樹が林冠まで到達するように、思い切って再度間伐をした。今では、三〇年生でha当たりの本数は二〇〇本に満たないので、もう間伐しなくとも広葉樹が林冠に到達できるスペースは十分である。広葉樹の成長も最も良いので、多分一〇年以内に林冠レベルでの混交林ができるだろう。近い将来、広葉樹が林冠に達する頃には花が咲き果実が実るだろう。ミツバチが蜜を集め、クマが越冬のために脂肪を溜め込むことが出来るようになると思われる。鳥たちも餌が豊富になり営巣するようになるかもしれない。広葉樹の葉も大量に堆積し、根も土中の隅々まで行き渡り、ミミズも増え土もフカフカになり水源涵養機能も水質浄化機能もさらに向上することは間違いないだろう。

次にスギの成長を見てみよう。これまでも針葉樹人工林の間伐試験は世界中で行われてきた。間伐強度と針葉樹の成長との関係については多くの知見が蓄積されている。我々の試験地の結果もこれまでの常識と大きく変わらない。やはり、一本一本のスギの直径成長は強度間伐区で最大であった。例えば、間伐前の直径が三〇㎝の木の間伐後五年間の成長量を比べてみると、無間伐区では四・五㎝しか太らなかったが、弱度間伐区では六・五㎝、強度間伐区では八㎝も太った。

一方、林分全体の材積成長量は強度間伐区では弱度間伐の三分の二しかなく、間伐後五年間の炭素吸収量が大きく減ったことを示している。しかし、よく調べるとそれは一時的なことのようだ。強度間伐区では個々の木の成長量が極めて良いので林分全体の材積成長量の回復も早いからだ。間伐直後の林分材積を一〇〇とした時の林分材積成長量の回復率は一六〇で、弱度、無間伐の一四〇、一二〇に比べ最も高くなった。これは炭素固定能の下落は一時的なもので長伐期にしていけば損失は少なくなることを示している。むしろ、強度間伐区のように生物多様性の高い森林は気象変動や病虫害などに耐性があり森林自体が崩壊しにくいので、長期的にみれば安定した炭素貯留につながり地球温暖化防止機能は単純林より高まることが期待される。こうしてみると強度間伐はむしろ温暖化防止の根本的な解決策になると考えられる。また、一回で伐採・搬出する材の量が多いので造材・搬出のコストを減らすことができるだろう。

しかし、強度間伐も良いことずくめではない。問題点の一つは、多種多様な広葉樹が太く成長したとしても現時点では付加価値をつけて売れる手だてがないことである。さまざまな広葉樹が高く売れるような利用方法を開発することが、広葉樹の混交を推進する上で最も大切な用件になるだろう。二つ目は針葉樹の良質材生産が難しいことである。成長が速く大径木が得られるのは良いが年輪幅が太くなり過ぎる。また、樹冠が枯れ上がった状態で急に幹に光があたるので萌芽枝が多く発生してくる。樹皮の下で休眠していた芽が目覚めて枝となり、その後も自然に落枝しないので節の多い材が出来上がる。このような材質の低下を防ぐには広葉樹を副木として利用するのも一つの方法である。広葉樹でスギを囲み、スギの幹を暗くしてやることによってスギの萌芽枝の発生を抑制したり、下枝の枯れ上がりを促進することができると考えられる。それには広葉樹とスギ両者一体となった密度管理体系の確立が必要であり今後の課題である。このように、多少良質材生産は望めないが、今ある若齢林や壮齢林を針広混交化し生態系機能を高度に発揮させることを目的にするのであれば、全層間伐（本数間伐率と材積間伐率を同じにする間伐方法）で二〇－四〇年生ほどの若齢林で五〇－七〇％の強度の間伐がかなり有効であると考えられる。五〇年生以上の壮齢林なら四〇－六〇％が良いだろう。

スギの良質材生産が一番の目標で生態系機能も少しは回復したい。しかし広葉樹生産までは望まないというのであれば、これまでの長い経験に裏打ちされているように間伐率が三〇－四〇％の弱度の間伐が良いだろう。四〇％以下の間伐では林分材積成長量を一時的にも低下させることはない。スギの年輪幅が揃いやすいので良質材生産には好適だ。しかし、我々の試験地ではすぐに林冠が閉鎖し間伐後五年目には林床は無間伐と同じくらいに暗くなった。そのため、せっかく侵入した広葉樹の成長は急激に減衰し、いくつかの遷移初期種は消えてなくなった。間伐後五年経ってもう一回弱度の間伐を繰り返したが、一一二年で再度林冠が閉鎖し広葉樹は大きくなれず林床で待機したままである。林冠レベルでの混交林化はけっして望めない。弱度間伐の問題点を強いて挙げれば、生態系機能が思ったより低いことである。無間伐よりは高くなるものの強度間伐区よりかなり低い。将来、強度間伐区で広葉樹の成長が進むにつれその差はどんどん広がるだろう。弱度間伐は下層植生だけの回復によって、そこそこの生態系機能を維持しながら、針葉樹材を生産するシステムだと言えよう。しかし、今の日本の林業の置かれた状況では間伐を五年ごとに繰り返すことは難しい。経済的な不況がくれば、長く放置され生態系機能はさらに大きく低下するであろう。

帯状皆伐で境界効果を活かす

強度間伐区では広葉樹が大きく育ってきたので大いに喜んだ。しかし、それも束の間、二回目の間伐の際に、せっかく定着した広葉樹が相当数スギの下敷になってしまった。「広葉樹を傷つけないように伐倒して下さい」と頼んだが難しい作業だった。さらに、広葉樹を傷つけずに林道に搬出するのはもっと難しいことが分かった。その結果、部分的には無立木地帯になりクマイチゴやモミジイチゴなどの灌木やテンニンソウのような背の高い草だけが繁茂するような場所も見られるようになった。強度に間伐するとしてももっと良い方法はないものだろうか。

おそらく「帯状」に皆伐すれば、伐採・搬出の際も広葉樹をあまり傷つけないで済むと考えられる。地形に沿って等高線方向に帯状に伐採する。強度の列状間伐といっても良いだろう。そこに広葉樹を導入すればよい。伐採幅は広葉樹が定着し林冠に到達できるように二〇m位とする。帯状皆伐や列状間伐は通直な木も曲がった木も形質にかかわらず伐採するのであまり良い方法ではないが、伐採・搬出コストの削減を考えると最初の伐採は帯状の皆伐が良いと思われる。伐採後一〇-二〇年もすれば、そこに広葉樹林帯ができるだろう。大きくなった広葉樹や針葉樹を伐採する時は、そこの一部を搬出道にし、そこに向けて倒せば残存木にあまり傷をつけずに済むだろう。また、帯状に広葉樹林が出来ることによって、残った人工林も広葉樹林との林縁部分が増えることになる。すでに見てきたように無間伐林分でも広葉樹林との境界から一〇-一五mまでは広葉樹が侵入しやすい。したがって、あまり強度に間伐しなくとも五〇%前後の間伐率であれば広葉樹林との境界から混交林化が進むだろう。また、少しぐらい間伐の間隔が空いても境界近くでは多くの広葉樹が残り、森林全体の種多様性は維持できるだろう。

「帯状皆伐」による混交林化のさらなる利点は食葉性昆虫の大発生が防止できることである。広葉樹と混交した林では天敵によって食葉性昆虫が低密度に抑えられることは5章でも述べた。しかし、必ず

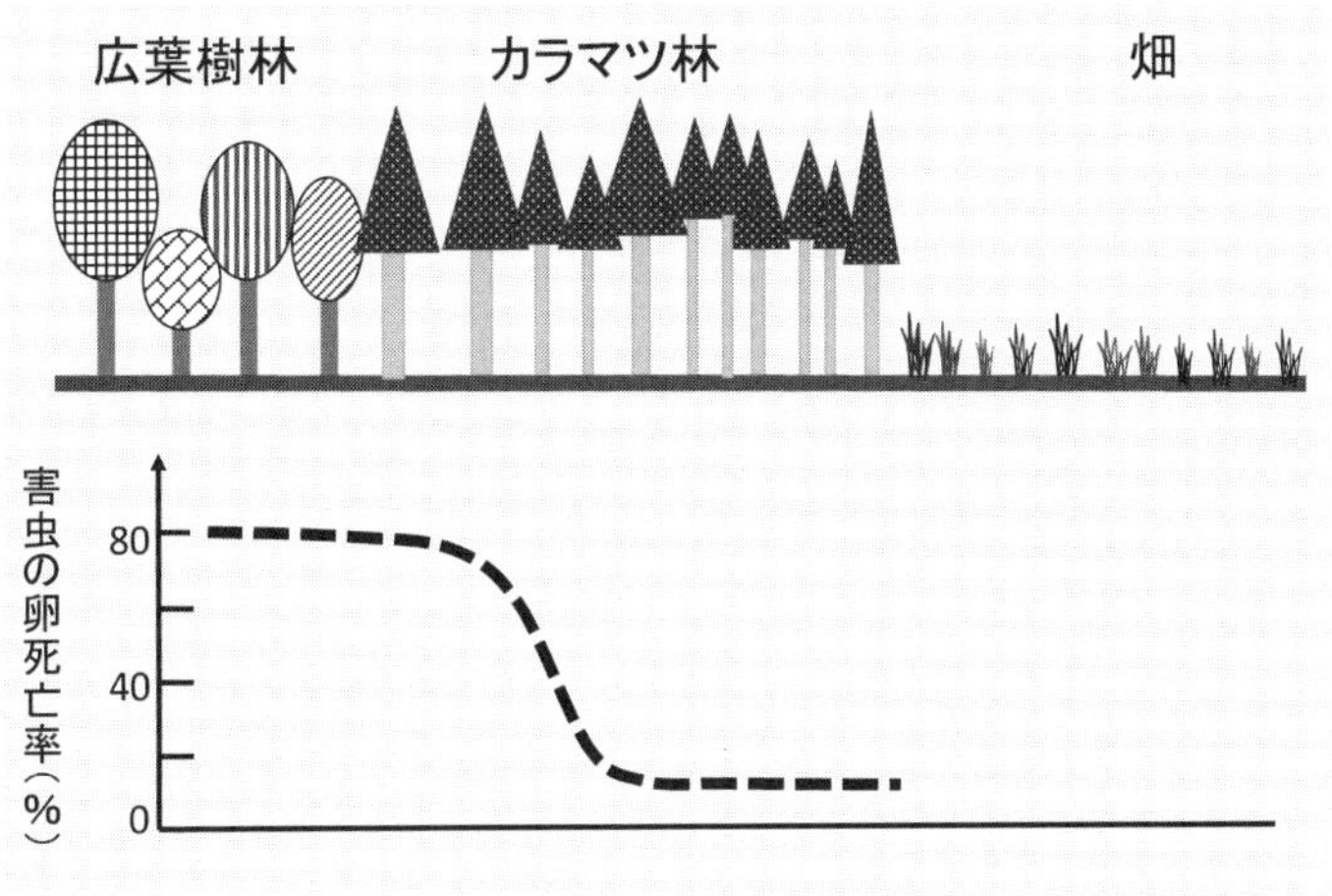

図8.7　寄生蜂によるミスジツマキリエダシャクの卵死亡率（原1997より作図）

しも混交しなくても広葉樹林に接していれば、林縁には天敵が多数やってくる。原秀穂さんの面白い実験に付き合ったのはもう二〇年以上も前のことである。原さんはカラマツ林の枝に吊るした食葉性昆虫（ミスジツマキリエダシャク）の卵に、コバチなどの寄生蜂がどのくらい卵を産みつけて殺すのかを調べた（図8・7）。予想どおり、寄生蜂による卵の死亡率は畑に接した林縁ほど低く、広葉樹林と接した林縁で圧倒的に高いことが分かった。この調査を行った北見地方は平らな丘のような山地が続き、カラマツ人工林は畑地や広葉樹林とモザイク状にパッチワークのように配置されている。やはり、農薬を使ったりする人工的な生態系に近い場所では天敵は少なく、より自然度の高い広葉樹林に近い所ほど天敵の数が多いことが分かった。したがって、この害虫の被害を減らすにはカラマツの大面積人工林は帯状に伐採し、そこを広葉樹林にして広葉樹林に接する面を増やしてやれば良い。また、広葉樹林と隣接すれば、そこから鳥、ネズミなどの天敵も侵入しやすいと考えられる。

このように強度間伐による効果だけでなく帯状皆伐（強度の列状間伐）による境界効果を組み合わせることによって、木材生産の効率性や病虫害への抵抗性を高めることができるであろう。生態系機能の発揮と林業のやりやすさを兼ね備えた混交林化の一つの方法だと考えられる。

馬搬

三〇年以上も前だが、カラマツ人工林で間伐試験を行おうとした際、かなり複雑な試験設計をしたので、残存木を傷つけないように間伐木を搬出できるかが問題となった。そこでブルドーザーではなく馬による搬出をすることにした。キセルをふかしながら大きな道産子に乗ってやって来た物静かな年配の人が使い手だった。見事な手綱捌きで馬を制御し細かい動きで木の間をスルスル抜けて間伐木を運び出していった（写真8・3）。もちろん、立木に傷一つ付いていなかった。仕事を終え馬にエサをやった後、またキセルを咥えて馬に乗ってゆっくりと帰っていった。優雅な所作であった。最近の研究では、短距離の搬出ではブルドーザーなどの重機よりも馬搬の方がコストは低いという。さらに、地表面の土を踏み固めない森にやさしい方法だという。

宮城にも一人だけ馬搬をする人がいる、とテレビで放映していた。見てみたいと思っていたら、偶然、

写真 8.3　馬によるカラマツ人工林の間伐材の搬出（北海道新得町有林 1981 年）

近所の伐採現場で見かけた。三〇㎞ほど離れた所から馬をトラックに乗せてやって来たのである。小面積の皆伐地からスギ丸太を曳きだしていた。やはりとても静かな作業であった。夕方にもう一度見ようと行ってみたらもう帰った後だった。岩手の遠野には馬搬振興会がある。イギリスではとても盛んだという。見ていて、とても静かである。なにか優雅さまで漂うような気がする。「馬搬」をもう一度見直しても良いだろう。とくに、更新した広葉樹を傷つけないようにスギの伐倒木を搬出するには、小回りの利く馬搬はとても重宝するだろう。馬は針広混交林化の良いパートナーになるのではないか。

混交林化し易い地域と難しそうな地域

近くに広葉樹林があればタネが飛んで来易いので広葉樹の更新は容易である。東北では小面積の人工林が多く、周囲のいずれかが広葉樹林と接しているような林分が多い。絶えず広葉樹のタネの供給がありそうに思える。一方、南・西日本ではスギやヒノキの人工林がどこまでも海のように広がっているといった所が多いように思える。一つの人工林が数百m四方というのもあり、周囲を見回しても広葉樹林があまりに遠くてどこにあるのかわからないような場合もある。タネの一つも飛んで来ないような所もある。

実際に、森林面積に占める人工林面積の割合（人工林率）を調べてみると北海道は飛び抜けて広い森林面積をもつが、その割に人工林率は二七％と低い（図8・8）。その次に広い森林を持つ東北の岩手・福島・山形・青森や中部・北陸の長野・岐阜・新潟の各県でも人工林率は一九–四五％と少ない。森林面積は狭いが北陸や山陰の富山・福井・石川・島根なども四〇％未満である。森林の二一–四割が針葉樹人工林で残りは広葉樹林であれば、やはり、周囲に広葉樹林が多いのは間違いないであろう。これらの道県では周囲を見渡せば比較的近いところに広葉樹林がある場合が多く、人工林に広葉樹の種子が供給され易い地域だろう。また、これらはまた、不思議なことに冷温帯の落葉広葉樹林帯である。戦後初めて造林地が作られた所が多く、萌芽由来や埋土種子由来の更新も期待でき、混交林化が比較的容易だと思われる。

一方、林業の盛んな近畿の三重・奈良・和歌山県、四国の徳島・愛媛・高知県そして九州の宮崎・熊本・福岡・佐賀県などでは、人工林率が六一–六七％と高い。森林の六–七割が針葉樹人工林であれば、

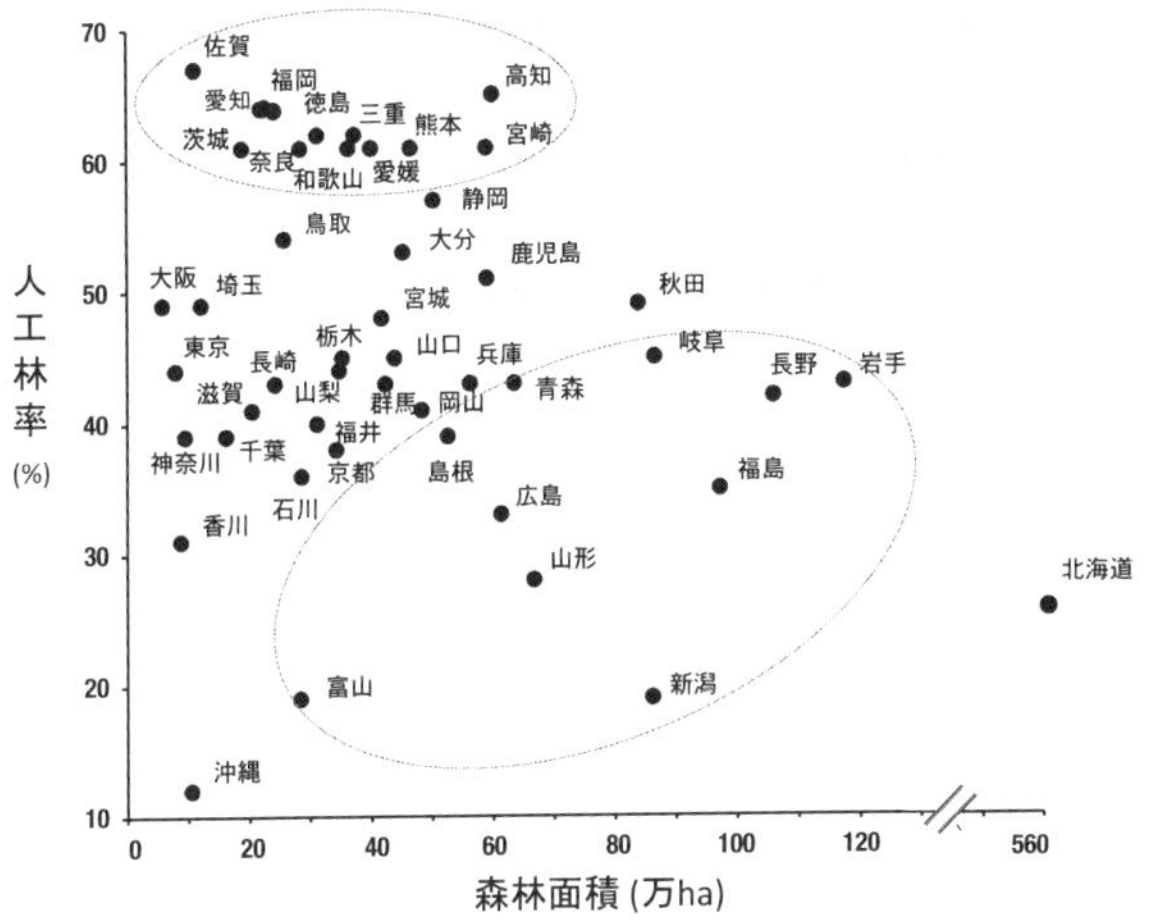

図 8.8　都道府県別の森林面積と人工林率（林野庁ホームページ 2012 から作成）

やはり、周囲に広葉樹林が少ないのは間違いないであろう。広い人工林の中心部では、種子が散布されず広葉樹が侵入できないといったこともあり得るだろう。さらに、これらの地域は古くから林業が盛んで、数代、十数代にわたって人工林を皆伐しては再び植栽するといったことを繰り返して来た所も多い。したがって、周辺の広葉樹林から散布される種子も少なく、間伐前からすでに定着していた「前生稚樹」も少なければ、「埋土種子」も少ないだろう。広葉樹の「ソース」の不足が混交林化を図る上で大きな制限になる林分が多いと思われる。

広葉樹を植える――精英樹・密植・パッチワーク・菌根菌

これまで、自然の力を利用した天然更新について見てきたが、広葉樹林から遠すぎて更新が期待できない地域も多いと思われる。それに何が更新して来るか分からないといった不安もある。ここでは、針葉樹人工林に広葉樹の苗木を植栽して混交林化する方法を考えてみたい。人工植栽の最大の利点はなんといっても好きな樹種を選べることだ。植栽する場所や密度も設定できて管理しやすい。しかしコストは高い。タネの採取・苗畑での苗木の育成・植える場所の整地（地拵え（じごしらえ））・植え付け・下刈りなど、自然任せの天然更新より圧倒的に手間がかかる。また、天然更新では大量のタネが散布されその中でもその場所に適した樹種が生き残って大きくなるので問題はないが、人工植栽の場合は樹種選定を誤ると成長が悪く成林しない場合がある。個々の広葉樹の天然林での生育環境や環境要求性（地形、水分量、光量、土性、肥沃度、随伴種、菌根菌タイプなど）を詳細に調べた上で適地や植栽方法を選ぶ必要があるだろう。今、『日本樹木誌』という大部の本が刊行されており、その中には一つ一つの樹種の特性が詳細に記載されているので大いに参考になるだろう。

もう一つ、人工植栽で危惧されるのは形質の悪い木が残ることである。幹が曲がっているシラカンバの並木を見たことがある。天然林では見られないことだ。多分、苗畑で大事に育てた苗は天然更新した実生に比べほとんど競争を経ていないため形質の悪いものも生き残ったのだろう。天然更新したシラカンバはタネから成木になるのは数十万分の一以下である。厳しい競争に勝ったものだけが生き残る。そのため天然林では形質の悪いものは淘汰され真っ直ぐなものが多い。また、密度が高いと横に自由に枝を伸ばすことができず、上の方に真っ直ぐに伸びていく。形質の悪い木を減らすには、遺伝的に優れた形質をもつ精英樹からタネを採取し、それらをある程度高い密度で植えるのが良いだろう。

実際に、密植によって広葉樹林を作るのに成功した例を北海道林業試験場の実験林で見ることができる。さらにこの試験地では九種の広葉樹を混交させることに成功している。まず、七m四方の方形区に一種の広葉樹を等間隔に五列×五行で二五本ずつのかたまり（パッチ）で植栽する。それを九つの樹種でランダムに混ぜてパッチワーク状に混植したのである。植栽されたのはシラカンバ、ウダイカンバ、エゾヤマザクラ、ハリギリ、カツラ、イヌエンジュ、ミズナラ、シナノキ、キハダであった。菊沢さんが設計し一九七六年に植栽されたものだ。一九八〇年代には私も何回か調査を手伝い、黒スズメバチの集団に襲われ気が遠くなった思い出深い試験地である。その当時はまだ林冠が閉鎖していない方形区が多く、成林するのか心配だった。しかし、四〇年近い種内競争を経て生き残ったものが今、成木となり九種が混じり合った混交林ができている（写真8・4）。このような高密度のパッチワーク型の混植は広葉樹の人工植栽の一つの見本であるが、針葉樹人工林の混交林化にも応用できる。例えば、帯状皆伐の跡地にパッチ状に広葉樹を植えれば確実に混交林化するだろう。ただし、「種間競争がしだいに大きくなってパッチが消滅する場合もでてきたので方形区の大きさを七m四方よりも大きくする必要がある」と追跡調査をした中川さんは述べている。

写真 8.4　パッチワーク状に広葉樹を混植してできた広葉樹林（北海道林業試験場実験林、中川昌彦氏撮影）

人工植栽で見過ごされることは菌根菌のことである。2章で見たように陸上植物のほとんどは菌根菌と共生し、菌根菌に土壌中の栄養分を集めてもらって成長している。菌根菌には、アーバスキュラー菌根菌と外生菌根菌の二種類がある。スギはアーバスキュラー菌根菌と共生するのでスギ林内には、アーバスキュラータイプの樹種の方が更新し易いと考えられる。実際、強度間伐した後はアーバスキュラー菌と共生するタイプのミズキやウリハダカエデ、カスミザクラなどが優占していた。一方、コナラ林に隣接しているにもかかわらず外生菌根菌と共生するコナラはほとんど見られなかった。卒業研究で九石君が調べてみると、更新したミズキの実生の根にはすべてアーバスキュラー菌根菌が感染していたが、コナラの根を調べてみるとアーバスキュラー菌根菌はもちろん外生菌根菌の感染率も低かった。スギ林では最初はアーバスキュラー菌根菌と共生するタイプの広葉樹を植えていった方が定着しやすく大きくなれるのではないだろうか。広葉樹と菌根菌との共生関係は広葉樹実生の定着には極めて重要なことだが、未だ分からないことが多い。これからの研究の進展が待たれる。

再造林は超疎植に——無駄をなくす

「針葉樹人工林に広葉樹を導入して混交林を作りたい。しかし、天然更新は難しそうだし、人工植栽も面倒だ。一旦、皆伐してキレイにしてから作ってみよう」と考える林業経営者もいるだろう。ここでは、マッサラになった裸地に新しく針広混交林をつくる時のデザインについて考えてみたい。

まず、針葉樹の植栽密度が大事である。日本の人工林における植栽密度は必要以上に高いような気がする。奈良県の有名な吉野林業ではスギをha当たり八〇〇〇―一〇〇〇〇本という超高密度で植える。その後、弱度の間伐と枝打ちを何度も繰り返すことによって、年輪幅が狭くかつ均一で、完満直通そして節のない良質材を生産してきた。吉野スギの芸術的ともいえる施業体系は日本の林業技術の一つの模範であった。日本全国でha当たり三三〇〇本と密に植えて除間伐を繰り返すような体系がみられるようになったのは、吉野の影響が大きかったような気がする。カラマツのような初期成長の良い樹種でも二〇〇〇―二五〇〇本といったようにかなり高密度に植える傾向がある。これは、早く林冠を閉鎖させ下刈りや除伐を早目に終了できるようにするためである。しかし、最初から針広混交林を作ることが目的であれば、最初からそんなに高密度に植える必要はないだろう。でも、「疎植をすると成林しないのでは？」「いつまでも下刈りが必要になるのでは？」といった心配がある。

しかし、心配は杞憂であることを、グイマツ雑種F_1の密度試験の結果が見事に示している。グイマツ雑種F_1はサハリンや千島列島に分布するグイマツを母親として日本カラマツを父親としてかけ合わせた雑種で、初期成長が早く、ネズミの食害を受けにくい。試験地は一九八五年春に北海道林業試験場実験林に作られた。ha当たり五〇〇本、一〇〇〇本、二〇〇〇本、四〇〇〇本、八〇〇〇本、そして三二〇〇〇本といった超疎植から超密植までの六段階の密度を設定した。

設計段階では「五〇〇本、一〇〇〇本とか八〇〇〇本、三二〇〇〇本は現実的ではない。実際の施業に使われるような一五〇〇本から三〇〇〇本の間の密度をもっと増やしなさい」と幹部に修正を命じられた記憶がある。その当時は、将来、疎植や超疎植が奨励されるようになるとは誰も考えなかったのである。しかし、当時の研究室の直属の上司の菊沢さんや浅井さん・水井さんに「いいから、そのままやれ」と言われそのままにした。その後、多くの人に調査が引き継がれ想定を超えるオモシロイ結果が見られるようになった。

疎植だからといって余分に手間がかかることはなかったのである。下刈りは植栽後毎年行ったが二〇〇〇本区でも、一〇〇〇本区でも、そして五〇〇本区でもすべて五年で終了した。その後、六年目にツル伐りをし初期の保育作業を終えることができた。植栽二四年後には二〇〇〇本区では個体間競争が激

写真 8.5　グイマツ雑種 F_1 の疎植区（ha 当たり 500 本植え）（北海道林業試験場実験林、八坂通泰氏撮影）

しくなり自己間引きが起こり本数が減ったが、五〇〇本・一〇〇〇本区では当初の八〇–九〇％の本数が残っていた。曲がりのある木が多くなるといった心配も無用であった。それに五〇〇本区では二四年生で三〇cm以上の個体も見られ、疎植なほど直径成長も良かった（写真8・5）。さらに、五〇〇本・一〇〇〇本区では苗木代や植え付け代に加え、間伐経費も少なくて済むので経費節減になった。ただ、五〇〇本区では自然落枝しないので枝打ち経費が一回分増えた。これが唯一割高になったことである。このように疎植は保育に関わる労力・経費を極力節約できるばかりか、小径の間伐材を減らすことができる。なにより、早期の大径材生産が望める。北海道庁では「植える本数をへらしてみませんか」といったパンフレットを配布して低密度植栽を奨励している。スギ・ヒノキの施業でも超疎植は今後重要な施業方法となっていくと思われる。

したがって、針広混交林を作る際にも、最初からha当たり五〇〇本程度の針葉樹を植えれば良いだろう。もっと疎植のha当たり二〇〇–三〇〇本程度でも良いかもしれない。最初の数年間だけ苗木の周りのみを下刈りし、侵入した広葉樹は除伐しないようにして、広葉樹との混交を図ることができるだろう。下刈り終了後は、有用広葉樹は残し、スギでも有用広葉樹と競合するものは伐採しながら混交林を作っていくというのも一つの方法である。また、将来、作業道も必要なので二〇–三〇m間隔に何も植えない三–四m幅の帯状の空き地を最初から造っておくといったことも必要だ。このような方法以外にも色々な混交林化のデザインが考えられるだろう。

南三陸町の羽賀さんは広葉樹がある程度育ってからスギなどの針葉樹を植えている。耐陰性を考えると合理的だ。秋田の佐藤さんという方は広葉樹林の中でスギの「巣植え」を行っているらしい。三本の苗木を三角形に植える方法である。下刈りや除伐のコストがかなり低くて済むのだそうだ。まだ、羽賀さんや佐藤さんのような実践者は少ないと思われるが、今、日本全国で多くの研究者や技術者が混交林化のための施業レベルでの実験を始めている。それも若い人たちの熱心さが際立っている。さらに私と一緒に研究している東北大の若い学生さんたちも、生物多様性の維持メカニズムといった基礎研究にも興味を惹かれているが、それに劣らず林業の将来像を考える「森林施業の研究」への興味も強いようだ。ここまで記してきたことも宇津木、江藤、安藤、国井、日下、九石、根岸、榎並各学生諸君や佐々木技術職員らの大きな興味や努力に支えられて明らかになってきたことである。これからも、日本全国で若い人たちによってさらにさまざまな方法が試され、それぞれの地域の実情にあった最適な混交林の造成方法が作り上げられていくだろう。

9章

生物多様性を基軸に据えた境目のない曖昧なゾーニング

針広混交林化の技術的な課題は時間をかけていけば、いずれ克服されていくだろう。もっと切実で根本的な問題は土地利用区分（ゾーニング）である。生態系機能の回復を本気で目指すならば、すべての針葉樹人工林で混交林化すべきだろう。しかし、「低山や道路に近い所では林道網を整備し高性能機械を導入し木材生産の効率化を図ることが先決であり、いちいち広葉樹の導入をしていては作業能率が落ちる」といったことは戦後の林業人から見れば常識だろう。したがって、「針葉樹生産に適さない標高の高い奥地林などに限って混交林化し生物多様性を高める区域をもっと広げれば良い」といった意見が大勢のような気がする。しかし、一旦、ゾーニングされて個々の土地ごとに目標とする森林の姿が決められてしまうと、木の寿命は長いので、その場所の景観も機能も数十年から百年以上も決まってしまうことになる。したがって、日本の森林をどのように区分するかは、よくよく熟慮する必要がある。

新しい森林計画制度とゾーニング

二〇〇一年、森林・林業の理念や施策の方向性を示した森林・林業基本法が約四〇年ぶりに見直された。これに基づき、林野庁は新しい森林計画制度をスタートさせ、日本の森林を機能別に区分（ゾーニング）しようとしている。森林の機能は第Ⅱ部冒頭（表5・1）で示したものと同じである。ただし、地球温暖化などを防止する「地球環境保全機能」は木が生えていればどこでも炭素を固定できるのでここでは除いてある。

実際のゾーニングは市町村にまかされているのだが、どの地域でも国有林や県有林・市有林などの公有林が多い上に、民有林でも国からの補助金が欠かせないので、国の方針には敏感にならざるを得ない。林野庁は「全国森林計画」における「森林の整備及び保全の目標」を二〇一一年に発表したが、多分、この方針に大きく依拠して地域の計画が立てられていくのだろう。この目標によれば、日本全国を天塩川、最上川、木曽川、四万十川など四四の大きな「流域」に分けて、それぞれの流域単位ごとに決めていこうとするものらしい。おそらく、一つの流域内では自然環境（温度、降水量、地質、生産力）や森林のタイプ（天然林の植生、造林樹種、人工林率、林業の成熟度）、さらには社会的環境（都市への近さ、人口の密集度合い）などが似通っているので、それぞれの流域で重点的な機能を定めて管理目標にしていこうというものだろう。

北海道や、本州北部の日本海側の各流域では「原生的な森林の保存に努めることとする」という文言が見られる。一九八六年に知床の国有林の伐採に対して反対運動が起きた時代から見れば夢のような言葉だ。まだ幾分かは残されている原生的な自然林をそのまま残すことによって、「生物多様性保全機能」が高度に発揮できるゾーンを少しでも維持していこうとしているのだろう。二〇〇六年には林業白書が「生物多様性の保全」を数ある森林の機能の中でも第一に挙げるようになり、二〇一〇年には林野庁が「森林における生物多様性の保全及び持続可能な利用の推進方策について」という指針を出した。そこには「森林生態系は野生生物の生息・生育の場や種・遺伝子の保管庫として、生物多様性の保全にとって最も重要な位置を占めるもの」と書かれている。このように多様な生物を存続させるため知床や白神山地、屋久島などの貴重な生態系を手を入れないで丸ごと管理しようといった考え方が、広大な奥地林を管理する林野庁の方針になったことは画期的である。さらに、自然度の高い保護林などはそれぞれ孤立しているので、動植物が互いに交流できるように緑の回廊（コリドー）を作る計画もある。東北地方でも、八甲田山から宮城県蔵王山に至る「奥羽山脈緑の回廊」を設定し、八甲田山森林生物遺伝資源保存林（一三九五ha）などを連結しながら広域的な生物多様性の保全がなされようとしている。コリドーになる奥地や高標高地帯の針葉樹人工林には広葉樹を混交させ、生物多様性の「保管庫」のエリアをもっと広くしていこうとしている。このように「生物多様性の保全機能」に重きを置いて区分された森が追い風に乗ってその枠をどんどん押し広げているように見える。

一方、北海道から九州まで日本全国どの流域でも共通してみられる文章がある。「育成単層林について除伐、間伐等を適切に実施し、健全な森林の育成に努める」という、一見当たり前の文言である。「育成単層林」とは針葉樹人工林などの単純林をさし、これら既存の人工林は間伐しながら木材生産林として維持していこうという整備目標が見て取れる。さらに、二〇〇九年に林野庁は「森林・林業再生プラン」を発表した。これは、人工林の集約的な経営を進め針葉樹材の効率的な供給を促そうとする計画である。「戦後植林した人工林資源が利用可能な段階に入りつつあるので、路網の整備、森林施業の集約化をすすめる」とある。また、木材等生産機能を発揮する森林の望ましい姿として「林木の生育に適した土壌を有し、木材として利用する上で良好な樹木により構成され成長量が高い森林であって、林道等の基盤施設が適切に整備されている森林」と定義されている（林野庁ホームページ二〇一三）。このように見てくると、奥地の原生的な自然林では生物多様性の保全を図り、一方、一〇〇〇万haにも及ぶ針葉樹人工林では木材生産機能を特に重視し、単純林を維持していこうといった「両極端のゾーニング」への意欲が感じられる。

二〇一一年の森林計画には、新しい方向性を感じさせるものもいくつかある。一つは環境への配慮である。「水源涵養（かんよう）機能や山地災害防止機能・土壌保全機能などの生態系機能を向上させるため、育成単層林を立地条件に応じて育成複層林への転換、または長伐期化を推進する」ことである。育成複層林とは従来のように伐期（収穫の時期）に皆伐するのではなく一部を残し、そこに新たに苗木を植えたり、天然更新を図ることで複数の樹冠層からなる森林を指すものである。例えば、カラマツの下にトドマツを植えたり、スギの下にヒノキを植える二段林施業などがある。一度に皆伐して裸地化することがないので生態系機能の極端な低下を抑えることができる。本書で述べてきた針葉樹林に広葉樹を導入することもこれに含められる。このように環境保全機能を向上させるための実践的な指針ができ、日本各地で目標とされることは素晴らしいことである。しかし、水源涵養機能を発揮する森林の望ましい姿として「下層植生とともに樹木の根が発達することにより、水を蓄える隙間に富んだ浸透・保水能力の高い森林土壌を有する森林であって、必要に応じて浸透を促進する施設等が整備されている森林」と定義されている（林野庁ホームページ二〇一三）。そのために間伐を励行し伐期を遅らせようとしているのだろう。しかし、5章で見てきたように、この機能を十分に発揮するには針葉樹造林木の根や下層植生の発達だけでは不十分である。また、下層植生は絶えず間伐を繰り返さない限りすぐ消えてしまう。やはり森林本来の環境保全機能を十分に、かつ安定的に発揮させるには広葉樹の林冠レベルでの混交が必要だろう。また、育成複層林化や長伐期化は、「立地条件に応じて」という枕言葉がついている。つまり、特に地形が急峻で、基岩が風化しやすい花崗岩地帯や、火山灰土壌などの脆弱な地盤の場合や下流に大都市がある場合などに限られるものらしい。いずれにしても、持続的に生態系機能を発揮することが森林の使命であるならば、どの地域のどのような環境にある人工林でも、間伐が滞っても生態系機能が十分に発揮できるような森に根本的に作り直していくべきだと思われる。

もう一つのこの森林計画の特徴は、快適環境形成機能、保健・レクリエーション機能も重視している点である。特に人口密度の高い地域では、下流の人間が安全にかつ快適に暮らせるような森林管理の方針が述べられている。「都市近郊等においては、快適環境形成機能の維持増進に配意しつつ、森林の適切な保全に努めるとともに、森林空間の整備、花粉発生源対策、広葉樹林化や針広混交の育成複層林の造成を推進することとする」。普段の生活を健やかに暮らすためには身近な森林が大事であることを認め、そのためにスギ人工林などに広葉樹を混交させたり、広葉樹林に転換させていこうとしている、これは多いに評価できる。しかし、スギ花粉症を防いだり快適な環境で暮らしたいのは、都会だけでなく地方でも山間地でも同じはずだ。人口の多寡によってそこに住む人々の快適性が変わって良いはずがない。地方は人工林をさらに集約化し都会に木材を供給する場として位置づけられ、一方、都会周辺は花粉症が嫌なので広葉樹林化し、快適な環境を作っていこうとする。このような機能分化は、ますます、地方、特に中山間地を住みにくくし人を減らす方向に向かわせると思われる。

色々批判してきたが、生物多様性を回復しつつ持続的な森林管理をやっていこうという機運が芽生えていることは確かである。しかし、どこまで、森林の持続的管理と生物多様性とを関連させて考えているのかは、この森林計画からはあまり見えてこなかった。ただ、生物多様性の保全は奥地林に任せておいて、あとはできるだけ木材生産の効率化を図ろうとする。ただし、都市近郊では住民の快適な環境を作ろうとしているような気がする。二極分化ならぬ、三極分化なのだろうか。いずれにしても今、日本の森林管理や林業を牽引している「森林・林業再生プラン」というものがあるが、その中身を覗いて、人工林施業にも広葉樹の導入や生物多様性の復元の余地がどこまで残されているのかを、ひとまず見てみることにしよう。

森林・林業再生プランとゾーニング

「森林・林業再生プラン」は「コンクリートから木材へ！」といったキャッチフレーズを掲げ二〇〇九年に農水省が打ち出した。木材利用を進めることで、長く滞っている針葉樹人工林の間伐を進め同時に林産業も活性化しようとする新しい施策だ。日本の木材自給率はここ二〇年ほど二〇％程度だった。最近の数年こそ二五％ほどに上がっているもののまだ四分の三は海外の木に頼っている。木材の蓄積量の増加に比べると異常な状態が長く続いている。一〇年以内に半分は国産材にしようというものである。要するに日本の山に膨大に眠っているスギ・ヒノキなどの針葉樹人工林材を安定的に、そして効率的に供給することで、木材の国際競争力をつける、というのが骨子であろう。そのために林道や作業道などの路網を充実させ、高性能機械を組み合わせた作業システムを整備して伐採から搬出までのコストを大幅に削減する。また、それによって地域の雇用を生み出し疲弊した山間地域の再生を図ろうというものだ。このプランは川上における林業の合理化だけでなく、川下における木材の利用と強く繋がっているという点では、これまでにない推進力を持っているように見える。特に地元の木材を使って住宅、幼稚園から小学校など学校を建て、公民館や区民会館などを建てる。公共施設では内装から床、建具、家具に至るまで、とにかく木材を利用しようというものである。このプランは人工林の崩壊を食い止める特効薬として期待されている。針葉樹人工林の年齢別（齢級別）面積を見ると間伐が必要な二〇-五〇年生ほどの林分は全体の六〇%もある（二〇〇七年三月三一日、林野庁業務資料）。とにかく間伐をしないと過密化し山は崩壊してしまう。また、拡大造林時代に植えられたものが利用できるようになってきており、林齢六〇年以上の面積が全体の三五%ほどになっている。このまま伐らないでいると木材が山にだぶつくようになる。人工林の木を大量に伐ることは、人工林の崩壊を防ぐだけでなく、木造住宅などによって炭素を町に固定することに繋がる。人工林の木を伐ることは地球温暖化防止にも繋がるし、地域の経済にも良い影響を与えるだろう。なによりも木の家に住むことができるので人の健康にも良いことである。

このように見てくると、「森林・林業再生プラン」はかなり練られた良い施策で方向性は基本的には正しいと思われる。しかし、是非注文したいことが三点ある。一つは、もうお分かりだろうが生態系機能に対する理解である。本書ですでに見てきたように「針葉樹の単純林では、間伐や手入れが行き届いているうちは良いが、手入れをしないとあらゆる生態系機能（環境保全機能）が低下する」ということを念頭に入れていない点である。また、たとえ弱度間伐により下層植生が回復しても針広混交林ほどの高い機能は期待できない。木材の生産には植えてから少なくとも五〇年はかかる。今は長伐期化の傾向にあり一〇〇年、二〇〇年伐期というものもある。したがって、植えてから伐期までには好景気もあれば大不況もある。不況が来てお金が回らなくなれば一番最初に放置されるのが森林である。食べ物と違い、今年収穫しないと飢えて死んでしまうものではない。しかし、放置すれば生態系機能はあっという間に低下し、洪水や渇水、そして土砂災害などを引き起こす。病虫害の大発生や風害、または表層崩壊によって森林自体も消滅するかもしれない。したがって、針葉樹単純林のまま維持し、皆伐後は再造林するといったこのプランでは、経済的な不況とともに再び放置された場合、またしても生態系機能の低下にともなう大きな経済的損失をもたらすだろう。そうはならないように林道網を整備し人工林にアクセスしやすくすれば大丈夫だろう、という期待は理解できる。しかし、何度も述べるが、「木が育つ時間と同じくらいの長期的な経済動向の予測は不可能である」。これからも人工林の長期的な放置を繰り返さない保証はどこにもない。それよりは混交林化を図ったほうが森林管理も気楽なような気がする。

二点目はこのプランの目玉の一つであるフォレスターの育成の問題である。このプランでは、森林・

林業に関する専門知識・技術や実務経験などで一定の資質を有する者をフォレスターとして認定する。フォレスターは市町村森林整備計画を策定したり、市町村や森林所有者、森林組合林業事業者などを指導し助言する者とされている。「再生プランにおいてすべての政策に関わる」といわれる中核的人材で全国で二〇二〇年度には二〜三千人ほどを育成しようとしている。これまでは、補助金などで制度の運用がなされてきたが、それを人材中心でいこうとする根本転換であり、ドイツなどを見習ったもので、大いに評価できる。しかし、その人材をどのような資質のある人に育てようとしているのかがあまり良く分からない。再生プランの「人材育成検討委員会」がまとめたフォレスターのあり方を引用すると、「森林の取り扱い等の計画作成や路網作設等の事業実行に直接携わり、指導等の実務を行うなどの実務を経験し、併せて課題解決能力の向上に向けた研修等を修了するなどにより一定水準に達したものをフォレスターとして認定し、名簿に登録。」とある。やはり、これでは針葉樹人工林における木材生産の効率化の担い手の育成であり、それもこのプランで最も力を入れている路網整備のプロを多く育てようというものだ。フォレスターを認定する際森林の持つ多面的な公益機能（生態系機能）の理解度はどの程度を相定しているのだろうか？　このプランからはあまり見えてこない。しかし、この本で見てきたように、生物多様性が高いほどより多くの、そしてより高い生態系機能を持つことが世界中の森林で明らかにされつつある。ぜひ、これらの新しい知見も逐次取り入れるような柔軟なフォレスターの人材育成であって欲しいものである。

もう一点は、木材需要予測の甘さである。二〇〇八年の調査によると、日本には約八〇〇万軒の空き家があり、そのうち、入居待ちや別荘などを除く「純粋な空き家」は二七〇万戸に上っている。その数は年々増加しているという。『空き家急増の真実』の著者、米山さんの示す処方箋は明確だ。「新築を抑制し、中古住宅を活用する方向に転換をはかるべきだ」という。国土交通省「住宅着工統計」をみると一戸建ての住宅着工数は一九九九年から二〇〇八年までに六〇万戸から四二万戸に減り、そのうち木造は四九万戸から三六万戸に減っている。一方、今、日本には三二億七千万㎥の人工林材がある（二〇〇四-二〇〇八年森林資源モニタリング調査：林野庁ホームページ）。これは直径三六㎝高さ二〇ｍの木が三二億七千本に相当する。普通の木造住宅は一軒で三〇㎥ほどの木材を使うので、木材の歩留まりを七割としても七六三〇万戸（三二億七千万㎥×〇・七÷三〇）の家が建つ（木造住宅の木材利用実態調査、長野県二〇一〇・四を参考）。今のペースで家を建てていっても二〇〇年間は建て続けることができる。木造化を推進して倍増させても一〇〇年もつ。しかし、少子化が今後も続き需要が減り続け、一方では森林の蓄積も増えていくならば、どうみても需要と供給のバランスが悪くなっていくのは目に見えている。林業・林産業者にとっては、木材需要を三倍ほどに画期的に増やすしかない。それも持続的に木材を使ってもらうにはどうしたら良いのか、もっと頭をひねるしかない。

今、建築基準法も改正され、学校や公共施設などの大型の建物では木造化が進もうとしている。集成材などによる木材の強度向上や建築資材の各パーツの規格化・難燃化も技術開発が進み大型建築物の工法も飛躍的に進歩している。見た目の美しさや居心地の快適さはコンクリートとは比べ物にならないので、木造建築はこれからどんどん増えていくだろう。さらに地球温暖化防止に貢献できることも追い風になるだろう。「木造住宅を建て町で炭素を固定しよう！　それにはなるべく長持ちする分厚い無垢材を使用しよう！」といったキャンペーンも効果倍増だろう。また、大型の建築だけではなく、個人の住宅でも床・建具・家具にいたるまで、身の回りのものになるべく木材を使うような「文化」を定着させていけば、どんどん国産の針葉樹材の需要は増えていくかもしれない。今、木材需要は追い風だ、と言う人も多い。それには、安く供給できることは大事な要素だ。外国産材に負けないような価格を実現できるように大量の木材を効率的に伐採搬出することは大事な要件ではある。しかし、長い目で見れば、木材が「人間にやさしい森」から生まれた素材であることを強調できることが、本質的には大事なことなのだ。生物多様性に配慮した施業を進め、いろいろな生態系機能が高い森から作られた木材を供給していくことが木材生産業としての理想である。いずれにしても、今後、最大限の木材需要を開拓できたとしても、これ以上、いまある膨大な針葉樹人工林を単純林として維持していくことが合理的だとは思えない。針葉樹人工林に広葉樹を導入し、針葉樹の蓄積だけを異常に増やすことのないようにしなければならない。そして同時に広葉樹の木材産業を興していくことである。森林・林業再生プランを押し進めている一人、梶山恵司さんもその著書の『日本林業はよみがえる』の中でヨーロッパにおける針葉樹人工林への広葉樹導入の事例を紹介して次のように書いている。「針広混交林化などの森づくりは、長期的な目標をしっかり定め、自然の力を利用して、カネを出来るだけかけずに時間をかけて推進すべきなのである」。このプランの冒頭にも「森林の有する多面的機能の持続的発揮」を第一の理念に掲げてあり、これらを読むと森林・林業再生プランも単なる効率的な生産が目的ではなく、次のステップを考えていることが読み取れる。しかし、具体的な策はこれからのようだ。

生物多様性を基軸に

森林の機能を細分化してそれぞれの機能に特化した森林を作ることは得策だろうか？　もう一度、本書で見て来たことをおさらいすると、「生物の多様性が高い森林が一つあれば、その中にはさまざまな生態系機能のすべてが備わっている」（図9・1）。たとえば老熟した天然林はきれいな水と空気をふんだんに供給し、洪水や渇水、そして土砂災害を防止してくれる。つまり、我々人間の生存の基盤を無償で支えてくれる。また、さまざまな樹種の木材、樹皮、キノコなどを持続的に供給し、時に画期的な医薬品も生み出し生活の糧を与えてくれる。さらに、四季折々の美しい風景で我々の心を癒し、励ましてくれる。ゾーニングというのは人間の都合によって機能ごとに森林をいくつかのタイプに分けて土地利用の区分をしただけである。生物多様性の保全を目的とする森林、土砂災害防止や土壌保全を目的とした森林、水源涵養機能を目的とした森林、あるいは木材生産を目的とした森林、といったようにさまざ

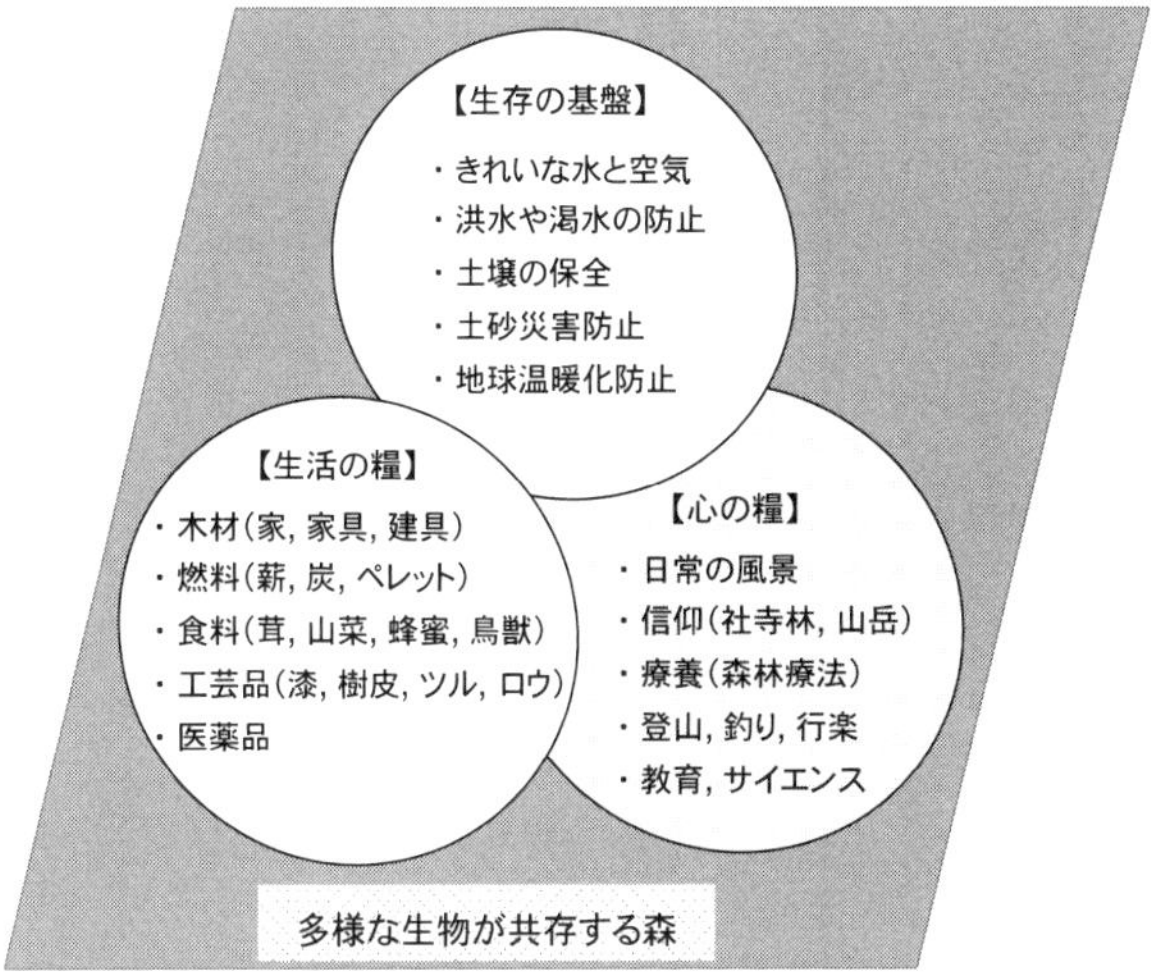

図 9.1 生物多様性が高い1つの森がもつさまざまな機能

まな機能に応じて土地利用区分をするよりも、すべての森林で生物の多様性を回復させた方が、一つ一つの森林においてすべての機能を高度に発揮できるようになるのである。つまり、生物多様性の高い森林を復元することですべての機能が回復し、ゾーニングは不要になる。すべての人工林で生物多様性の回復を！　といったことが生態学的には正解なのである。多分、経済学的にも長期的には正解だと思える。木材生産を目的とした人工林でも、生物の多様性を高めれば水源涵養機能も土砂災害防止機能も同時に高まり、木材生産の持続性も高まるからである。個別にそれぞれの機能に特化した森林を作らなくとも、それぞれの機能すべてをある程度以上持っているといったような森林がもっとあっても良いような気がする。森林のゾーニングは先鋭化するのではなく「生物多様性を基軸に据えた境目のない曖昧なゾーニング」が最も良いと思われる。次に、境目のない曖昧さについて具体的に述べていきたい。

たとえ一等地でも混交林に――有用広葉樹の導入

針葉樹人工林では成長の良い所を一等地、悪い所を三等地といったように「地位」の区分がなされている。人工林における地位は四〇年生時点の木の高さ、それも密度に影響されない上層高で評価されるのが一般的だ。地位は温度・降水量・積雪量・土壌条件、さらには季節風の強さなど地域の自然環境に大きく影響される。また、地形の影響も大きい。同じ山に植えられたスギでも、肥沃で水はけの良い平坦地や緩やかな斜面の下部では成長が良く尾根筋より二倍近い樹高になることもある。したがって、スギは川のすぐ側まで植えられている。スギだけでなくヒノキ、カラマツなどでも、どこが一等地なのかは長年の経験や膨大な調査からはっきりしている。したがって、一等地では、これまで通りに本数率で二五―三三%の弱度の間伐を繰り返し、皆伐後は再度、同じ針葉樹の「再造林」を繰り返していくのが普通の林業者の考え方であろう。ましてや、林道や作業道が整備されている場所であればなおさらである。

しかし、本書では敢えて、一等地でも広葉樹の導入による種多様性の復元を図ることを提案したい。一等地ほど川沿いや人里に近い所に多いので、洪水や渇水、さらには土砂災害を防ぐことは一等地の森林の重要な使命である。また、地域の住民がきれいな水を飲み美しい風景を楽しむためにも林冠レベル

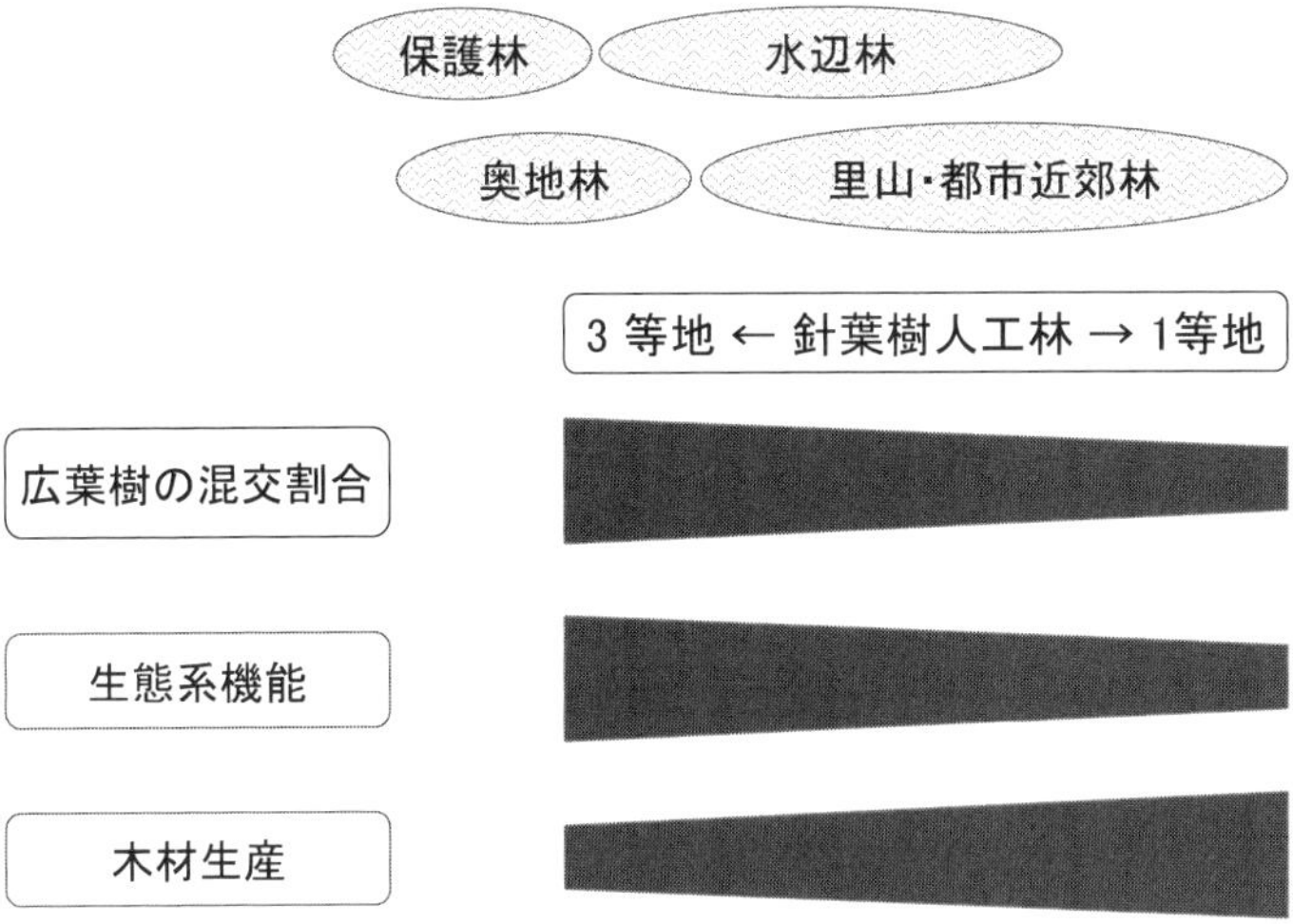

図 9.2 境目のない曖昧なゾーニング―針葉樹人工林の混交林化―

で混交林化していくべきだろう（図9・2）。一等地で健全な森林を長期間維持したまま木材生産をしたいのであれば、自然のメカニズムに沿って多様性に富んだ森を復元するべきである。

そうはいっても、一等地ではやはり木材収入を確保したい。そうであれば、高く売れる有用広葉樹を混交させたらどうだろうか。あまり多くの樹種を混交させるのはコストの面からも現実的ではない。しかし、数種だけの混交でも生態系機能を高めることが出来るのだろうか？　もう一度、５章で紹介したテルマン博士の草地での実験結果（図５・１）を見てみよう。最初、種数が増すほど植物群集全体の生産力が急激に増したが、図をよく見ると約六種ほどで最大値の八〇％ほどに達し、それ以上種数を増やしても生産力はゆっくりとしか上昇しなかった。これは、必ずしも混交する広葉樹の種数を最大限に増やさなくとも数種でかなり高いレベルの生態系機能の回復が期待できることを示している。もし、五―六種程度の混交で生態系機能がかなり発揮できるのであれば、当面は高く売れる樹種を混交させた方が得策だろう。広葉樹が太くなれば、針葉樹の単純林よりも経済的な価値が上がるのは間違いない。できれば、ケヤキ、ウダイカンバ、イヌエンジュ、ミズナラなど材価の高い有用広葉樹を残すか、植えれば良い。また、斜面下部であればトチノキ、ヤチダモ、ハルニレ、イタヤカエデ、オニグルミなど、斜面上部であればクリ、アオダモなどでもよいだろう。まずは、三―四種でも、一―二種でも良いだろう。もし林内に有用広葉樹が生えていれば、それらを一本でも二本でも残すことから始めてはどうだろう。

二等地、三等地では広葉樹の混交で生産力アップ

針葉樹造林木の成長があまり良くない二等地、三等地では広葉樹の割合を一等地より高めた方が良い。二、三等地では広葉樹の方が針葉樹より成長が良い場合がしばしば報告されている。美唄(びばい)市のトドマツ二等地では植栽されたトドマツより同時に侵入したウダイカンバの成長が勝っていた（図9・3）。このような場所では広葉樹を除伐をしてもやはり広葉樹が優占してしまう。必ずしも針葉樹生産にこだわる必要はないのである。むしろ広葉樹の混交割合が高い方が林分全体の生産力は高くなるだろう。3章で見たように広葉樹には尾根筋など痩せて乾燥した土地を好む樹種も多いので、二、三等地では大いに広葉樹林の導入を図るべきだろう。一方、二、三等地では針葉樹の成長は悪いが長伐期にすれば年輪幅

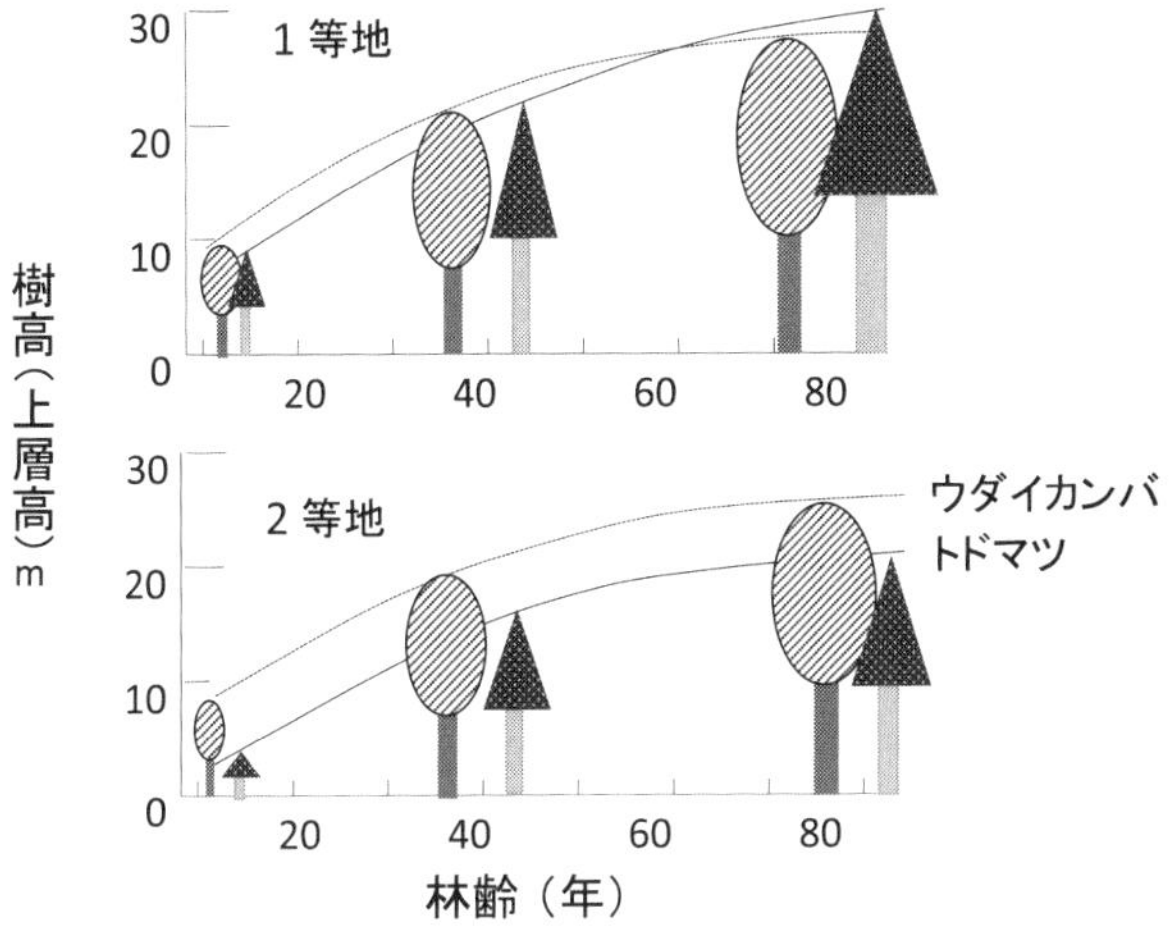

図 9.3 トドマツ造林地の１等地と２等地におけるトドマツと天然更新したウダイカンバの成長（阿部 1990 に加筆）

の揃った良質材が採れる可能性も高い。樹木の年輪は植栽後の二〇年ほどは幅広く、それからしだいに減少していく。二、三等地では年輪幅が最初から狭いので、強度に間伐して直径成長を促していけば、むしろ年輪幅が均一な良材が採れる可能性がある。したがって二、三等地では広葉樹生産と同時に針葉樹の良質材生産も行うといった生産目標が立てられるだろう。

すべての広葉樹を生産目標に

天然更新では必ずしも有用広葉樹が更新してくるとは限らない。周囲の広葉樹林に見られるような樹種しか更新してこない。どちらかというと、パルプチップの原料としか見られてこなかった雑木が大多数だ。しかし、6章で紹介したように、信州の有賀建具店では細い木、低木、灌木さらにはツルまで、ありとあらゆる種類の木を使って、デザイン性の高い無垢の建具・家具を製作して評判を呼んでいる。パルプチップ用の多くの樹種が有用広葉樹に変身しているのである。多様な広葉樹を利用し製品化していく技術を身につけ、さらに家具・建具のデザイン性を高めていけば、どんな樹種が更新してきても、「有用広葉樹」としてある程度の値段で売れることになるだろう。そうなれば、針広混交林化は自ずと進んで行くだろう。一等地とか三等地とか言う用語は針葉樹生産のためにある用語だ。利用できる広葉樹が二、三等地でも大量に生産され、それらが高い価値をもつようになれば、こういった序列は必要がなくなる。将来、針広混交林化が進み、針葉樹だけでなく広葉樹の木材生産まで行われるようになれば、針葉樹と広葉樹を合わせた生産量で森林の生産力や地位を評価するようになるだろう。

このように針葉樹人工林では地位にかかわらず、すべての場所で混交林化を進めることによって、生物多様性が高まり国土全体の生態系機能が飛躍的に高くなると考えられる。同時に、一等地から三等地まで人工林全体をみれば木材の生産性も高まるだろう。さらに針葉樹だけでなく広葉樹の木材生産も行うことによって、林業や林産業が多様化し活性化され、木でできたものが町に溢れるだろう。多くの人が針葉樹材をふんだんに使った木の家に住み、多様な樹種で出来た家具や建具に囲まれた温かみのある生活が送れたら楽しいだろう。

水辺林の機能を取り戻す

子どもの頃の一番の遊び場は近くの小川だった。両岸にたくさん生えていたヤナギを削ってチャンバラゴッコをした。水かさの少ない夏には石を積んで流れを変え、干上がった浅い水たまりでナマズを手づかみにした。堆肥置き場のミミズを餌にヤマメやアブラハヤ、ウグイを釣った。ワクワクしながら出かけた「のどかな小川」はもうない。日本中から子どもたちが遊べる川が消えてしまったのは、高度経済成長の頃、ちょうど中学に入った頃であった。田んぼの脇を流れる川では、まず川辺のヤナギ林が伐られた。そして川床も側面もコンクリートの三面張りになった。川ではなく水路になってしまった。山に行けば、砂防ダムや治山ダムといった土砂の流出を抑えるためのコンクリートの巨大な固まりが作られていた。川は分断されサケ科の魚たちは産卵のため上流にいくことができず、また棲む所もなくなり姿を消した。このころは、拡大造林の最盛期で大面積の皆伐が盛んに行われていた。川沿いまで禿げ山にしたことが土砂の流出や洪水を誘発したことには何の疑いもない。その当時でも伊勢神宮林のような施業を心がけていれば、洪水も、土砂の流出もそして無駄なコンクリートへの出費も抑えることができたであろう。

山地の水辺林の跡地にはスギが植林された。スギは湿ったところが好きなので川のすぐそばまで植えられた。元々はトチノキ、カツラ、ハルニレ、ヤチダモ、シオジ、サワシバ、サワグルミ、オニグルミ、ハンノキ、ヤナギ類など水辺に適したさまざまな種類の樹木が見られる林だった。すでに見てきたように、種多様性に富む天然の水辺林はスギの単純林より、渇水や洪水を防ぎ、かつ水質を浄化する機能が高いことは間違いない。また、山間地が多い日本では農地に撒いた肥料や畜舎から漏れ出した糞尿が直接に雨に洗われ河川に流れ込む危険性が高い。水辺林があると硝酸態やアンモニア態の窒素などを樹木や草本類さらに微生物が吸収し、河川には浄化された水が流れ込むようになることが海外の研究ですでに明らかにされている。しかし人工林化とその荒廃によってそれらの機能が大きく後退したことは間違いないだろう。

それだけではない。水辺林の伐採とスギの植栽や大小のダムの設営などは、本来水辺林が持つさまざまな生態系機能を大きく後退させたことはあまり知られていない。長年、水辺林を研究してきた石川県立大学の柳井清治さんは「川辺の広葉樹は栄養豊富な葉を落とすことによって食物連鎖の起点となり淡水の生態系の物質生産を支えている」という。例えば、ハンノキやヤナギなど水辺の広葉樹は柔らかくて窒素分の多い栄養豊富な葉をたくさん生産する。それらの葉を食べに蛾の幼虫が集まり、さらにそれらを食べるクモなどが集まる。風に吹かれてこれらの虫たちが川に落ちると、今度は魚の大事なエサになる。また、秋になり落葉が森の中の小川の中に落ちると、待ってましたとばかりに、トビゲラやガガンボなどの幼虫、いわゆる水生昆虫が寄って来て食べ始める。樹木は葉を落とす前に葉の中の窒素分を枝に回収するのが普通だが、ハンノキ類は回収しないのでハンノキの落葉は栄養が豊富で水生昆虫の大

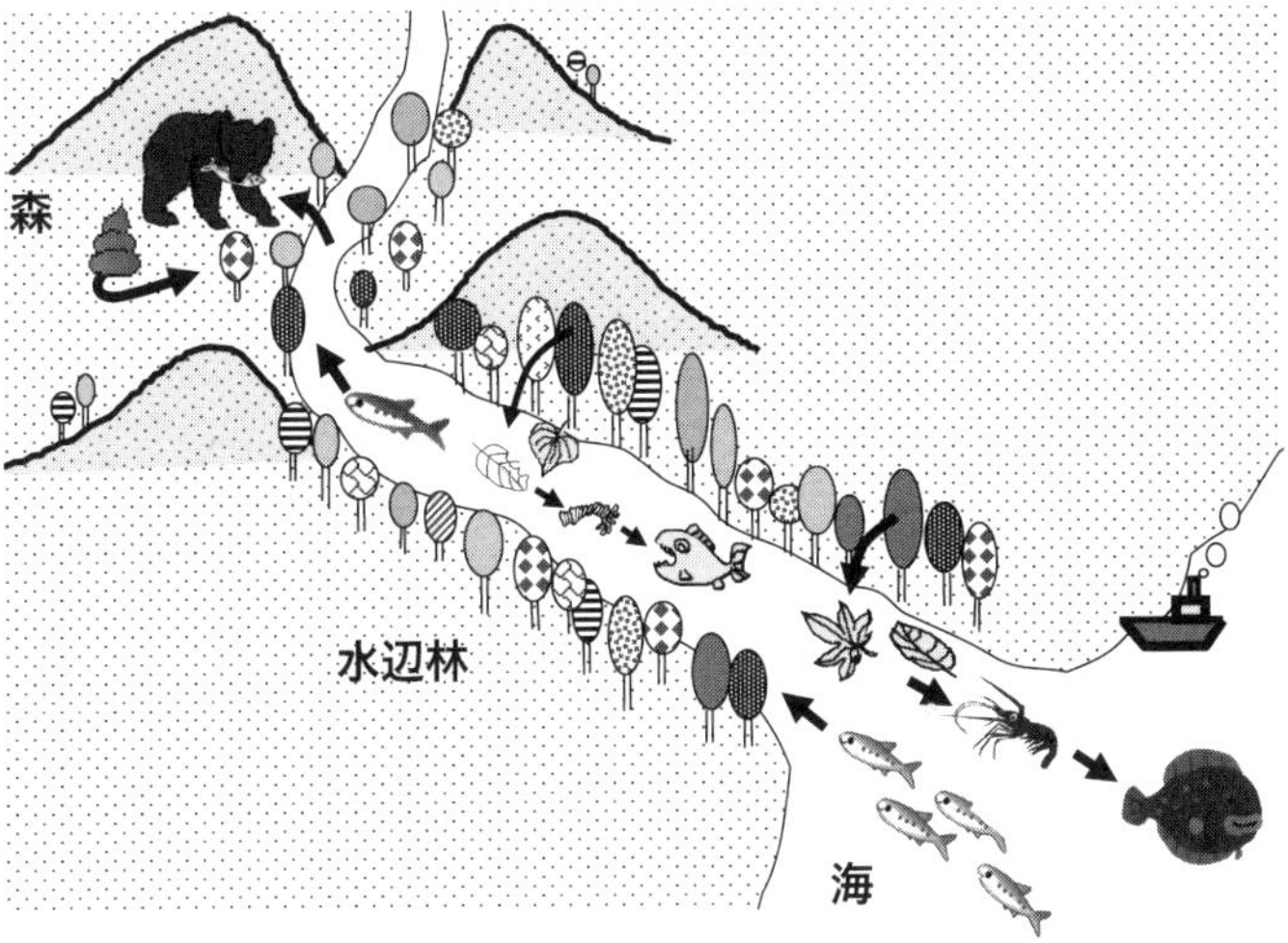

図 9.4　水辺林を通じた森と川と海のつながり

好物である。これらを食べて増えた草食性の水生昆虫は肉食の水生昆虫のエサになり、これらはヤマメやイワナなどの淡水魚のエサとなる（図９・４）。これまで林業者の側から見れば、ハンノキやヤナギなどが生えている水辺林はパルプチップにしか利用できない無用の林であった。河川管理者から見れば、洪水の際に立ち木が流され下流の橋を壊すなどして災害を助長する邪魔者として伐採されてきた。しかし、川の中の生き物たちにとっては極めて大事な存在なのである。魚がうようよいる豊かな川は豊かな水辺林のおかげであることをもっと知るべきであろう。

さらに、「水辺の林は海の魚介類を大きくしている」と柳井さんはいう。北海道の小さな入り江や内海の浅い所には自然河川を通じてハンノキやイタヤカエデなどの葉が流れ込んでいる。いわゆる「落ち葉だまり」が見られる。これを草食性のヨコエビが食べ、それをカレイが食べていることが安定同位体[注1]を用いた調査から分かって来た。つまり、落ち葉、エビ、カレイといった食物連鎖が確認されたのである。水辺林は淡水性の魚類だけでなく沿岸の海の魚類の成長にも貢献しているようである。にわかに信じられないが、我々が食べているカレイには広葉樹の葉の栄養も含まれている場合もあるのだ。

さらに驚くべきことに、川を通じた海から山への栄養供給もあることを柳井さんたちは明らかにした。サケ科の魚類の多くは海から川を溯り山奥の小渓流で産卵する。それを狙ってクマやキツネ、タヌキやシマフクロウなどが集まり、近くの森の中に引き上げ、食べては糞をする。それによって、川沿いの水辺林の土壌は肥沃になりその栄養を使って植物が大きくなるのだ。サケの遡上する北海道網走の「モコト川」の水辺林に生えているフキやハルニレの葉には海由来の窒素が多く含まれていた。ダムがあってサケが遡上できない隣の「千草モコト川」では海からの養分供給は見られないのである。これもまた安定同位体を用いて明らかにした。このように海からサケと一緒に窒素やリンが森に持ち込まれ、木々が大きくなっていくことが明らかになったのである。

このように水辺の森は、川の生き物の生活を支えているだけでなく、川を通じて森から海へ、逆に海から森へ栄養を供給するためになくてはならないものなのだ。新しい「森林計画」でも渓畔林(けいはんりん)を「生物多様性保全機能の維持増進を図る森林として保全する」といった方向性を示している。残された自然の水辺林を保全することは大事だ。それだけなく、自然の川辺林からスギばかりになった水辺の造林地も、再び広葉樹林を混交させ本来の水辺林の機能を再生させる必要があるだろう。

注1――安定同位体：生物体をつくる炭素Cや窒素Nには、質量数が異なる安定同位体が存在する（^{13}Cと^{12}C、^{15}Nと^{14}N）。質量数が異なる同位体は物理化学的性質が違うので、これらを吸収・合成してできる生物体の炭素Cや窒素Nの安定同位体の比率は、生物の種類や生育場所の環境によって異なる。この性質を利用して、食物連鎖や物質循環の解析が行われる。

奥地林は巨木の森に

この本の冒頭で見たように北海道・東北における巨木の伐採はつい最近まで行われていたことである。一九九〇年頃に「日高山地ではヘリコプター集材が有効だ」といった研究発表を聞いたことがある。奥地林でも最後の巨木まで伐り尽くされたのは事実であろう。原生林の伐採は林業関係者だけによるものではない。絶景に目ざとい観光業者や不動産業者がスキー場やホテルなどのレジャー施設を建て、いとも簡単に景観を変えていった。そして不景気になれば撤退し、廃墟のような建物と植生が剥がされた無惨な山腹が残った。一九九〇年頃、北海道の新得町のサホロ岳に大きなスキー場計画が持ち上がった。麓(ふもと)に住むシイタケ生産者の関根さんが代表となり、養鶏家の羽賀さん、無農薬野菜農家兼歌手（シンガーソングファーマー）の宇井さん、郵便局員の西村さん、喫茶店の森本さんなど、他にも元新聞記者、指人形家など地元在住の色々な人たちが夫婦揃ってサホロ岳の斜面を守ろうと集まった。雪山をスキーで調査してみると直径一mほどのハリギリやミズナラの巨木があった。猟師でもある西村さんは「人間が手を広げたくらいの翼をもつ大きなフクロウが居る」と言っていた。実際見た訳ではないが、ひょっとしたらシマフクロウがいるかもしれないと思えるような豊かな森であった。小さな町を二分した誘致派と反対派の闘いは突然終わった。バブルの崩壊でスキー場計画を断念したのだ。この時、計画を立案したリゾート企業の人が最後の飲み会で泥酔して言った言葉を覚えている。「一〇年営業できればモトは取れた！」多分、その先のことはあまり念頭になく、巨木の森がどうなろうとフクロウたちが住めなくなろうと関心は一切なかったと思われる。経済的には先進国の仲間入りをしたと思われていても、当時の観光業の「民度」はこんなものであったのだ。

奥地に残された原生的な自然景観は無秩序に破壊されていったが、我々はいつも無力で手をこまねくしかなかった。そして日本から原生的な老熟林は静かに消滅していった。しかし、近年の若い世代は環境に関する教育を受けているせいか、希少種や奥地の生態系の保全に関する意識の高い人が、我々の世代に比べ圧倒的に多いような気がする。地道に自然保護運動をしてきた人たちの努力も実って、今では、少しばかり残された原生的な森林を保全地域に指定し、そこをコリドーで結ぼうとしている。我々の世代から言えば、伐採したくなるような太い広葉樹がなくなったので、生物多様性の保全という別の事業に乗り換えたような気もしないではないが、悪いことではない。

奥地の保護林はもっと拡大し、世界に誇れるような大規模な大巨木林を再現したらどうだろう。日本の個々の保護林はまだまだ面積が狭い。大型の鳥類や大型哺乳類など多くの生物種や遺伝子の保全には、複数の保護地域を繋ぐ緑の回廊（コリドー）が必要であり、それらを含めた大面積の保全地域が必要である。地形が急峻な奥地林は保護林を周囲に大きく拡大して、基本的に禁伐にし、希少生物を含めた野生の楽園にでもした方がよいだろう。したがって、奥地林では、たとえ人工林が成林していても強度の間伐で混交林化し、利用しながらいずれ自然植生に復元し、自然度の高い生態系を大規模に維持・回復することが第一であろう。そして、三日にも四日にもわたって歩けるような長距離の歩道を整備したらどうだろう。そうしたら、日本の森を見たい人が世界中から来るようになるだろう。今はまだ直径が四〇–五〇cmくらいの木しか見られなくても、日本の森なら一〇〇–二〇〇年もすれば直径一m近くの巨木が見られるようになるだろう。一本一本のミズナラやブナ、カツラやトチノキなどが大きくなっていく様子を見ながら道が成熟するのを気長に見守っていくのも良いだろう。そうしたら、いつかは巨木の森のトレイルができる。春、夏、秋、冬、季節によって色合いや香りが移り変わる巨木の森は、とてもエコな観光資源として世界中から人を集め、山村の糧になっていけるだろう。

天然林の木材生産——生物多様性と生態系機能を高めながら

世界遺産や国立公園などの保護林やその周辺の奥地林の保全や活用については、私などがどうこう言うよりも、その道の専門家にまかせるべきだろう。面白いアイデアを持つ人も多く、多くの市民の目も向いているのでどうにか保護され利用されていくだろう。むしろ、問題は、日本の里山から山岳地帯にかけて広がる広葉樹林や針広混交林などの天然林である。薪炭林施業や過度の択伐や皆伐などで細くなった広葉樹林も少しずつ太くなっている。これらの木材生産を目的としてきた天然林では、やはり樹木を伐採し利用しながらも、森林の成熟度を上げて行くといった努力をすべきだろう。日本各地の天然林はそれぞれの気象条件や地形的な条件で植生のタイプが異なる。さらに人為の影響の強さによって本来の姿からかなり遠くなったものもあるだろう。その上、放置されてからの年数も異なるために遷移の進み具合も異なりさまざまな発達段階の森林が見られる。それぞれの森林のタイプを見極めた上で、薪炭林やシイタケ原木林施業でない限り、遷移に逆らうことなく、利用を進めていく必要がある。

天然林における持続的な木材生産を目的とした施業の研究はこれまでもなされてきた。古いものでは「木材の収穫量を持続的に確保する」ことを目的とした「照査法」がある。しかし、この施業方法の理念は「できるだけ少額の資源によって、できるだけ価値ある木材を大量に生産することを目標」としており、生物多様性や生態系機能の評価にはまったく無頓着であった。また、天然林では大きな木から抜き切りするといった「択伐」が長い間行われて来た。択伐は、「材積成長量に見合う分だけの伐採量に止(とど)める」といった森林のバイオマスを一定に保ち続ける収穫方法である。択伐は森が若返るので重要だと推奨する林学者が多くいたのも事実である。したがって太い木が残っている間、択伐は続けられ、森林はどんどん小径化し貧弱になっていった。そして、稚樹の更新や成長がうまくいかない場合も多く見られ、伐った跡にはササがはびこったりして無立木化した所も多く見られるようになった。多くの広葉樹の更新メカニズムがほとんど分からないままに伐採だけが先行して来たためである。天然林施業ほど自然科学の粋を集めた先端産業のはずなのに、科学が追いついていないのである。また、大径木が失われることによる生態系機能の劣化についても調べられておらず、伐る側も無頓着であった。

太い老齢木は、大小の樹洞（じゅどう）（ウロ）を作りさまざまな生物に棲家を提供している。ウロは大きな枝が折れた後に芯の方まで腐ってできるのでやはり太い木に多い。樹上性のムササビ・ヤマネ・モモンガ・リスなどの齧歯（げっし）類だけでなく、ツキノワグマまでも越冬・子育てをすることがあるという。シジュウカラなどの小鳥から、フクロウやアオバズクなどもウロに巣を作っている。太い木はさまざまな森の動物たちや鳥たちのアパートとしての役割があるのだ。さらに、太い木は木の実を大量に実らせるので、小さい木を伐るのとでは動物たちに与える影響は大きく異なる。大きな木から抜き切りする択伐は多くの哺乳類、鳥類の個体数を激減させたであろう。さらには、それらの種子散布を制限することで種多様性を維持する駆動力を失ったであろう。多分、太い木から順番に伐るような択伐は森林生態系を急激に不安定なものにしてしまったような気がする。さらには、大径木の択伐が水源涵養機能などの生態系機能にどう影響するかも何も分かっていないのだ。

しかし、特筆すべきは「林分施業法」である。東京大学の北海道演習林の高橋延清さんが提唱した森林施業の方法であるが、「環境を維持する公益機能と木材を生産する経済機能の二つを合わせ持つ森林管理」を目指している。いろいろな状態の森林を似たもの同士に分け、そのタイプごとに最も相応しいと考えられる取り扱いをしている。特に、次代を担うであろう小中径木（更新木）が十分かを重視し、もし十分であれば、その林分の健全度、成長量、形質が改良されるように心がけて伐採する木を一本一本決定していく、といった細心の注意を払っている方法である。東大の北海道演習林にはクマゲラを始めとする多くの鳥獣が住み、まだ多くの大径木が見られる。素晴らしい理念をもって実行しているようである。ただ、その実践を他の人がマネが出来るような「科学的な理論」としては整備されていない点も多いように思える。さらに、林分施業法の実践がどれくらい生態系機能の維持に寄与しているのかも科学的に評価する必要があるだろう。そうすれば林分施業法の評価はさらに高まるような気がする。また、近年、寺澤和彦さんたちはこれまで長年痛めつけられてきたブナ林の再生のための科学的な処方箋を『ブナ林再生の応用生態学』という本に著している。ブナの開花・結実から集団の遺伝的構造まで最新の生態学的な知見を整理し、「科学に基づいた」伐採や更新補助作業など持続的な施業の必要性を説いている。

このように、これからの天然林施業は伐採の仕方や強度が森林の構造や遷移さらには種多様性や遺伝的多様性に及ぼす影響、さらには生態系機能全般に及ぼす影響を科学的に調べながら行っていくべきであろう。さまざまな生態系機能を大きく劣化させないようなレベルで持続的な木材生産を行う天然林施業の理論や技術を確立しなければならない。そのためにも、天然林、すなわち生物多様性に富んだ森が維持される仕組みや機能についてもさらに詳細に明らかにする必要があるだろう。

日本の山村とヨーロッパの山村――ゾーニング嫌い

世界遺産の知床半島や屋久島、白神山地、さらには国立公園の特別保護区域などの保護林では、基本的に樹木の伐採や山菜の採取・狩猟などが禁じられている。日本の原生的森林は伐採し尽くした感があるので、最後に残った幾許（いくばく）かの楽園を手つかずのままに残し、生物の多様性を保全しようというのは現代人の大事な使命だろう。しかし、北海道の原生林はアイヌ民族が生活の糧として守ってきたのと同じように、白神山地なども地元の人が生活のために利用しながら守ってきた所である。山菜採りやクマやカモシカなどの狩猟が日常的に行われていた所である。そんなに太い木が無い所をみると、樹木の伐採もそこそこ行われていたであろう。むしろ、人々の日常的な生活が営まれてきた所で比較的原生的な自然が守られて来たことに、その凄さがあるような気がする。自然と共生してきた地域の人々の考え方や生活の仕方そのものが文化的な遺産として、自然環境以上の普遍的な価値があるような気がする。そこに住む人たちの生活の仕方、森に対する考え方を排除した自然だけの遺産では見た目の良さだけが残り、よそからやって来た人たちだけが喜ぶ形だけの遺産という気がする。自然遺産の指定により地元の人たちの日々の日常的な生活場所がなくなってしまうのでは意味がないだろう。また、そこで子ども時代を過ごした人にとっても思い出が戻ってこないような気がして寂しい感じがするだろう。

一〇年ほど前に磐梯朝日国立公園の麓の山村に調査に行った時、屈強な体つきの七〇代半ばくらいの区長さんの言葉が印象的だった。「いろいろな学者が調査にくるが、ひとつも良いことはなかった。学者たちが色々調べて帰ったが、これまで山菜採りにいっていた所が国立公園の特別保護地域に指定された。もう普段どおりの山菜採りはできなくなった。」最後に、「学者は信用しない」と言われた。学者、とくに自然科学の人たちは希少な動植物には興味を持つが、そこに住み続けることによって自然環境を守ってきた人々の暮らしには興味がなかったのだ。誰が自然を壊し、誰が守ってきたのか。地元の人たちの伝統的な生活様式こそがそこの自然環境や生態系を守る一番の力だったのではないか。天然林からの略奪の限りを尽くしてきた外部の人間が、奇跡のように残った地域に目を付けて、それが貴重だからと言って、地元の人を排除するようなことは傲岸なことである。物質文明の恩恵を受けながら暮らしてきた都会人は、むしろ間接的には加害者なのである。山間地の人の身近な自然を取り上げるようなことをしてよいはずはない。地元の人たちの生活のための伝統的な狩猟や山菜の採取、また、生活の維持のための樹木などの伐採は、いくら保護林といえども保証すべきだろう。その資源利用形態こそ貴重な文化なのだ。本来、自然と共存している山村の人たちはゾーニングなどしないのである。ゾーニングは嫌いなのだ。

このように、「生物多様性の保全」はそれまでそこで穏やかに生活してきた山の人々まで排除してまでも野生の生物だけを保全しようとしている。一方、木材生産林は木材の生産効率をとことん追求する。

目的とする機能を一つに絞りそれをとことん追求する。今の日本の土地利用区分を見てみると、かなり厳密な区分を目指しているようだ。森林のタイプを厳密に分けることは、一つの森を特定の機能だけに特化させることになり、本来の多面的な機能を失わせてしまうことになるだろう。

海外の森林政策に詳しい愛媛大学の大田伊久雄さんが「海外における森林ゾーニングと我が国の機能類型区分」と題した論文でヨーロッパの森林の現状を紹介している。北欧でもドイツでもフランスでも木材生産林でありながらキノコや木いちごなどを採りに、またスポーツハンティングやレクリエーションなどにも活用されており、「一つの機能だけ取り上げてゾーニングするのは有益な管理手法とは言えない」という考え方が一般的なようだ。さらに最後の一文で次のように書いている。「森林の多様性、多機能性を考えると、必ずしもゾーニングという還元主義的な管理方法が合理的であるとは言えない。部屋の使い方のように、機能別に区別して使い分けることは一見すると合理的に思えるが、樹木や草本が繁茂し土壌や動物や昆虫が一体となって形成する森林という空間は、機能ごとに単純化してしまうとその存在意義が大きく変わってしまう。要素に還元するのではなく、全体を総合的に生かすという考え方に立脚してこそ、本来の機能を発揮できる森林を維持することが出来るのではないだろうか。そうであるならば、ゾーニングは短期的な政策としては有効でも、あるべき持続可能な森林管理にとってはむしろ有害であると言わざるを得ないのかもしれない。」　まさに科学的にも正しく、同感である。

10章 森と人が共生する社会

山村で暮らせるか――収入源は生物多様性に富む森

鬼首（おにこうべ）の大久商店の片隅にはアケビのツルで編んだ手提げカバンが置いてある。製作者はスキー三昧を夢見て都会から移り住んできた人である。スキーで大怪我をして入院先で読んだツル細工の本がきっかけだという。ランプシェード、果物をいれる深鉢など素朴で気品のある作品はさまざまな場所で展示されている。漆塗りの職人もいれば、地元の天然杉を使った桶や盥（たらい）を作る人も居る。鬼首に住む人たちは今でもさまざまな植物を余すことなく利用し、山の恵みを楽しんで暮らしているように見える。鬼首カルデラの広々とした草地では牛が草を食（は）み、空も広々として住むには最高の高原である。念願のトンネルも開通する予定で交通の便も良くなる。しかし、日本全国の田舎の例に漏れず、ここでも過疎化は凄まじい勢いで進んでいる。離農や都会への流出は歯止めがかからず、若者は一度出たらなかなか帰ってこない。東京・仙台などで働いている息子が三人いるという小さな食料品店の奥さんは、「帰って来て欲しいが、家から通える所に仕事がないし、しかたがないねー」とため息をついていた。都会から若者を移住させるプロジェクトもあったが、五人ほどの応募者も数年で結局皆帰っていったという。

熊本大学の徳野先生によれば、明治初期の農林漁業人口は全人口の九五％もあった。高度経済成長が始まる直前の一九五〇年でも六三％くらいはあったという。私の子どもの頃、一九六〇年代は村の神社やお寺の庭に子どもがあふれて遊んでいた。しかし、一九七〇年には二八％、二〇〇〇年には約二一％まで減ってしまった。その上高齢者率が毎年上がり続けている。農林水産省の「農村地域の現状」によれば二〇〇五年の六五歳以上の高齢者率は都市的地域の一八％に比べ、中間・山間農業地帯ではそれぞれ二七％・三二％と圧倒的に高い。年寄りだけの世帯が残ってしまっている。さらに最新の二〇一二年一〇月現在の総務省の人口推計は驚くべきことを示している。秋田・高知・島根の三県は六五歳以上の高齢者率は三〇％を超え、二七％を超える県が東北、四国、山陰を主に一八県にも及んでいる。まるで、二〇〇五年の中山間地のような状態になっている。これらの県の中山間地はさらに高齢化が進んでいるであろう。一方、東京、愛知、神奈川などでは高齢者率はまだ二一％台で人口も増えているのである。つまり、日本では全体的に高齢化が進んでいるが、それが都市に比べ地方では猛スピードで起きているのである。地方には若い人が住まなくなってきている。ディズニーランドに遊びにいったまま帰ってこないという状況が加速しているのである。

山間地に限れば山に仕事が無くなったことが若者離れの大きな理由であろう。それは、とりもなおさず「豊かな森の喪失」にほかならない。山村の周囲に広がる森林が本来の恵みや価値を生み出さなくなってしまったからだ。天然の巨木や銘木はすべて伐採してしまった。高く売れる木はもう残っていない。針葉樹の育苗や植林はやり尽くしもう植える所もない。人工林の間伐の仕事はあるが、搬出コストが嵩み木材収入にはならない。補助金で食いつないでいるだけだ。したがって、日本中どこもかしこも山は荒れ、どこか薄暗い少し貧乏ったらしい景色になってしまっている。観光資源としても劣化している。

もし、森林に関わる産業で生計を立てていこうとすれば、まず、森自体を豊かにすることから始めるのが遠回りに見えても最も良い方法だ。豊かな森とはどういう森だろう（図10・1）。それは針葉樹も広葉樹も巨木・大径木がちらほらと見られる森である。たとえ、それらを少しずつ抜き切りしても次々と後継樹が育って、人の手を入れなくとも大きく壊れない森である。流れる小川は、魚影も濃く日照りが続いても水は枯れず、下流の田畑を潤し、町の人たちにも毎日美味しい飲み水を送り続ける森である。大きな台風や大雨でも大面積で崩壊したりせず、洪水も起きない森である。さまざまな山菜やキノコ、木の実、蜂蜜が採れ、多くの鳥獣が見られる森である。これは、とりもなおさず生物多様性の高い成熟した森であることは間違いない。各地に残っている保護林のようなものだ。東大の富良野演習林なども木材生産をしながらも豊かな森を維持しているように見える。今、我々の身近にある人工林や広葉樹二次林をこのような森に持っていくには少なくとも百年、長ければ数百年もかかるかもしれない。しかし、一旦豊かな森を取り戻せば、いつまでも豊かな恵みを与え続けてくれるはずである。

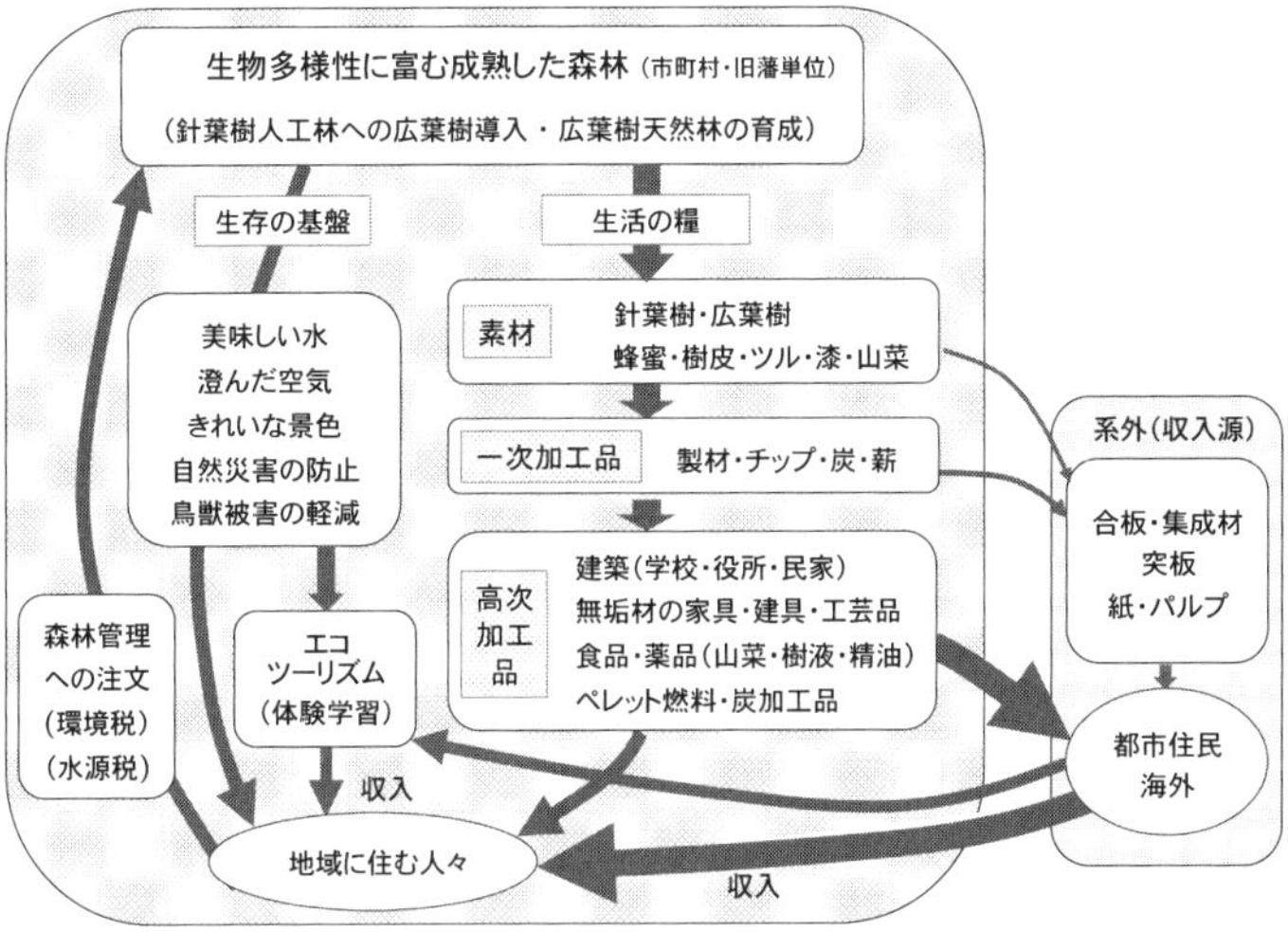

図 10.1　生物多様性に富む成熟した森を作ることによって得られる山間地に住む人々の恵み（資源の循環型利用と高次加工による系外からの収入の確保）

ありえないような話だが、もし、身近な所に数千haの老熟した針広混交林があるとしよう。例えばスギ人工林に広葉樹を混交させ、それをうまく管理し二〇〇年から三〇〇年も経ったとしよう。それも、スギやさまざまな広葉樹の若い後継樹もすくすくと育っている理想的な森林になっているとしよう。そういう広い森林があれば、その地域はとても豊かになれるだろう。直径一m近い巨木でも、成長の早いスギならば毎年、数百から数千本、広葉樹でも数本から数十本くらいは収穫できるだろう。六〇–八〇cmほどの大径木なら毎年そこそこの量を生産できるだろう。もちろん、伐採は後継樹の更新や小動物のネグラや食事分も残す配慮をし、かつ生態系機能を落とさないような工夫をしながらである。このような、なんでもうまく行くような施業は無理だろうというかもしれない。やはり木材生産、環境保全、観光それぞれに機能分化した方が短期的には管理し易いのは事実だろう。しかし、木材生産も、生態系機能の発揮も、生物多様性の保全もすべてがうまく行くような理想的な森の姿を見据えて、それに向かって技術開発することは可能なのである。時間はかかるが、その方がやりがいはあるだろうし、そういう森が出来上がれば長期的な管理はむしろ容易になるであろう。ただ、目標を近くに置くか、遠くに据えるかの違いだけである。

針葉樹の大径材がある程度まとまって出てくるようになれば、地元で乾燥し、地元の大工・工務店が学校やホールなど大規模な建築物を木造で手がけていくことができるだろう（図10・1）。もちろん、個人の家も地元の木で造っていく。そうすれば地域の景観も美しいものになっていくだろう。さらに広葉樹大径材の無垢の一枚板で机やテーブルを作れば、かなりの付加価値が付く。針葉樹も広葉樹もなるべく素材で売り払わず、地元で製材するだけでなく、建具・家具など高次の加工まで行うことが高収入に繋がるだろう。中小径材も枝まで利用し尽くせばよい。ありとあらゆる生活用品を自然素材のものに変えて行く努力をしたらどうだろう。日本にはもともと世界に冠たる木工芸の技が残っている。優れたデザイナーと協力すれば自ずと販路は遠く海外まで拡大するだろう。そうすれば、地元の林業家はもちろん、製材業者、工務店、さらには木工・家具・建具職人の仕事も途切れないだろう。さらに、樹液・精油・蜂蜜・キノコ・山菜・木の実などの加工も地元で行えば、副収入も安定して得られる。生物多様性の高い森林からは多品目の生産物が採れるので、毎年採れないモノがあっても、経営リスクを分散しながらやっていけるだろう。

また、成熟した巨木の森があれば、それもあまり遠くなければ、すぐにでも行ってみたい人は大勢いるであろう。まず、豊かな森を作れば、自ずと人が集まってくる。大樹の木陰を静かに散策したい人もでてくるだろう。子どもたちの自然学習にも最適だろう。実際に木を伐って自分で家具などを作ってみたい人もいるだろう。倒木から野生キノコを採って食べたい人もいるだろう。かなり遠回りでも、まずは、生物多様性を高め、成熟した森を作っていくことが、若者たちが山間地で暮らすことができるようになるための、はじめの一歩のような気がする。いずれにしても、長い時間をかけて豊かな森を作って行くことから始めなければならない。我々は子の世代、いや、孫か曾孫の世代に、すなわち一〇〇年後の世代に豊かな財産を残さなければならない。その後も一〇〇〇年続く森を創り、林業も一〇〇〇年を視野に入れ持続させる必要がある。そのためには、まずは針葉樹人工林の混交林化、天然林の大径化・成熟化、そして、その後の持続的管理のための施業方法を考えていかなければならない。自然のメカニズムに沿って木材を得るということは極めて高度な自然科学である。林業は自然にまかせて、のんべんだらりとやるのではない。かといって、自然のメカニズムから乖離した効率化も長続きしないだろう。持続的な林業は最先端科学に基づいた産業でなければならないのである。

薪は裏山から

薪ストーブは石油や電気の暖房とはまったく違うものである。部屋を暖めることだけが目的の暖房器具ではない。太い薪への着火を工夫したり、燃える火を見たり、穏やかな放射熱を楽しんだり、また、魚やイモや豆を美味しくたべるために薪を焚くのである。北海道に居た時は近所の森林組合から丸太を買って自分で薪を作っていたが、近年は忙しさにかまけて都会人のように薪になったものを買っている。ずっと福島の牧場から買っていたが放射能汚染で販売中止に追い込まれたので山形から買ったが、かなり値段がつり上がっていた。このような小口の薪は、家族経営的な小さな業者が広葉樹の二次林を小面積皆伐して売っているようである。買う側は伐採面積や伐採後の更新状況も分からない。薪を焚いてエコの気分でいるが実はそうでもないのかもしれない。

できることなら、遠い所から買うのではなく、家の周辺の山から抜き切り（択伐）して賄いたいと思う。しかし、現実には私の家の裏山は大手不動産の所有で一度も手入れされたことのないような込み合ったスギ林が広がっている。隣接するアカマツ林はマツ材線虫病で歯抜けのように疎らになりツルやササが繁茂し足を踏み入れられないほど荒れている。もし、薪を採るためにスギを間伐させてくれるなら、喜んで抜き切りしたいと思っている。そうしたら広葉樹も侵入し生態系機能も向上するだろう。なにより周囲が明るくなり景色が良くなるだろう。もともと山間地に住む人は家の周りの雑木林から薪をとって暮らしていた。手間さえ厭わなければ最もエコな暖房だろう。今、日本中で放置され荒れている針葉樹林などは、不在地主が放置するのではなく、生態系機能を高めるような抜き切りをするならば、地元に住む人間に限り、薪として伐採して使ってもよろしいといったキマリを作っても良いと思う。

私のような田舎者は冬を前にすると、積んだ薪の高さを見てこれで冬を越せるものかどうかで気を揉んでいる。しかし、都会に住む人の見方はもっと高邁だ。木材を「地球温暖化を減らすクリーンなエネルギー源」として見ている。でも木質エネルギーで温暖化を減らすというシナリオには注意が必要だ。「温暖化防止」の旗印の下に生物多様性を無視した森林管理に走ることになれば、それは短期的な問題解決にはなり得るだろうが長期的に見ればさまざまな生態系機能を失い、もっと大きなツケを払うことになるのは間違いない。独立行政法人 新エネルギー・産業技術総合開発機構（NEDO）が二〇一〇年に出した「バイオマスエネルギー導入ガイドブック」の木質系バイオマスの導入事例を見ると、建築廃材・製材端材・間伐材・おがくずなどもあるが木質チップやチップが圧倒的に多い。これは、針葉樹間伐材のチップだけでなく広葉樹チップも含まれている。特に広葉樹二次林から薪を切り出す場合は、森林の生態系機能を大きく低下させないような伐採方法を検討して行くべきだろう。広葉樹林を広く皆伐し、増えるエネルギー需要に応えるといったことは地域の森林生態系の健全性を損ない、本末転倒の感がある。また、ガイドブックには短周期栽培の木材も資源として挙げてある。つまり成長の早いポプラやヤナギ、ハンノキなどを大面積に高密度植栽し、短期間で伐採するといった燃料林の造成が想定されている。森林を皆伐し、大面積の燃料林（フユエルフォレスト）を造成することは拡大造林と同じ轍を踏む危険性が大きい。生物多様性の欠如が生態系機能を極端に低下させてきたことを今一度学ぶべきだろう。森林からのエネルギー資源の搬出は当面は針葉樹人工林の間伐材や林地残材を主にしてまず行い、足りない分を広葉樹二次林の小面積皆伐などにより補うといった形にすべきだろう。そして、いずれは地域の混交林化した人工林や広葉樹二次林から生態系を大きく壊さない程度の伐採・更新システムを開発していくべきだろう。

いずれにしても、地域の需要に見合う程度の持続的なシステムを作るべきだ。長距離輸送を前提とした、エネルギー生産のための木材生産地帯とエネルギー消費だけの地帯といったゾーニングは避けるべきだろう。東京などの異常に高いエネルギー消費のツケを山間地が支払うような仕組みはいただけない。まるで原発のシステムのようである。地域のエネルギーは地域の森林から得るといった地域完結型を目指すべきである（図10・1）。地域の森林の生物多様性を守り田舎に住む人たちの利益を考えることが大事である。地域の生態系の健全性の積み重ねが地球生態系全体の健全性なのである。

震災から立ち上がる三陸の人々

宮城県の南三陸町や気仙沼市あたりにかけて、潮風が吹きこむ山地には気持ち良さそうにスギの大径木が育っている。とりわけ、江戸時代からスギの産地として知られている南三陸の森林組合はスギの長伐期の優良大径材生産で二〇一〇年に農林大臣賞を受賞した。しかし、その祝賀会を開こうとした矢先に大震災に見舞われた。佐藤組合長、高橋副組合長はじめ、組合員の多くの方々が被災し家を流された。組合員の羽賀さんは自分の山で育てた総ヒノキ作りの家を築三年で海に持っていかれた。「まあ、また、働いて建てればいいさ」と言っておられたが、なんとももったいない。地域林業の中核となっていた丸平木材の製材工場も流された。社長の小野寺邦夫さんは大きな揺れの後、工場を見回って従業員を避難させた。なにかただならぬ胸騒ぎがする、と思ったら、二〇〇mほど先に大津波が押し寄せてくるのが見えたという。あわてて裏山の急斜面を駆け登った。どんどん登って一休みしたが、津波が下から追いかけてきた。さらに上を目指して駆け登った。そこで見た光景は忘れられないという。目の前をたくさんの住宅が山の方に流されていき、そして今度は海の沖の方に引かれていったという。製材工場も自宅も跡形も無くコンクリートの基礎だけが残っていた。津波から三カ月も経たない六月初旬、南三陸産材で家を建てようとする人たちを呼んで山林説明会をするという。留学生など五–六名をつれて出かけた。瓦礫が散乱する海岸のすぐ裏のスギ林には仙台などから子ども連れの四〇前後の若い夫婦が大勢集まっていた。組合長の佐藤さんは避難先から出勤してきた。高橋さんと羽賀さんは仮設住宅から、小野寺さんは津波を免れた高台の木材置き場のプレハブからの出勤であった。「あなた方の家に使う木はこの森で作られています」良く手入れのされたスギの高齢林を案内していた。これから家を建てる人たちにとっては、どんな森林の木を使うのか興味津々であろう。一方、山林所有者も、自分が育てた木がどんな家になるのか、そしてどのような家族が住むのかも分かるので、大いに張り合いになるだろう。生産者と消費者が互いを意識するのは林業では珍しいが、農業では生産者の顔が見える野菜や果物というのはもう普通のことである。林業においても両者が近づけば、しだいに人と森とも近くなり、森も健康な状態で維持されることは間違いないだろう。

それから、一年経ち、丸平木材は高台の土場に製材工場を新設し操業を再開した。さらに東京の木材会社の愛工房の木材乾燥機を二台入れた。これまでは一〇〇℃ほどの蒸気や高周波で乾燥させたりしてきたが、愛工房の乾燥機は四二℃の低温で乾燥させるため、スギ材に含まれる精油成分が外に放出されないで中に保たれるのだという。触ってみるとなるほど油分があり艶々した材の感触である。愛工房社長の伊藤さんに低温乾燥した人参やリンゴの輪切りをいただいたが、濃縮された味の濃さや甘みが感じられた。直感的には植物を傷つけないやさしい乾燥がなされているという気がした。今、木材の物理性や化学性などの科学的な評価が東北大学の谷口尚司さんを中心に行われており、高温乾燥に比べ有害物質が少ないという予備的な結果が出始めている。きちんとした結果が楽しみである。丸平木材の小野寺さんに「随分、思い切ったことをしましたねー」と尋ねてみたら、「賭けです」と言われた。震災後、何カ月も何もすることが無く、土場で座禅をくみながら将来を考えていたそうである。もともと会社の理念が「一〇〇年の緑の環を育む」ということで、復旧というより新しい価値観での復興を目指したい、と考えた末の決断だったそうである。愛工房の伊藤さんは「スギ材の高い潜在能力を最大限ひきだし、住む人にとって最も良い状態の木を提供したい」と考えておられ、お二人の考えが一致したようだ。このように、南三陸では将来を見据えた動きが少しずつ始まっている。

南三陸町の海岸線を車で三〇分ほど北上すると気仙沼市本吉町大谷という小さな町に着く。JR気仙沼線の大谷駅のすぐ目の前が海水浴場だったが、きれいな砂浜もろとも津波がすべてもっていってしまった。大谷地区の小学校と中学校では、子どもたちが震災前から郷土の誇りである海や田んぼのことを一生懸命に学んでいる。漁師であり百姓でもあり、そして林業の組合もまかされているマルチな小野寺雅之先生に連れられていろいろなフィールドを探索している。私も、磯焼け回復に執念を燃やしていた谷口和也教授に誘われ森の話をしに行った。その直後に津波が来た。小野寺先生も子どもたちの多くも被災し、谷口先生は震災直後に亡くなられた。しかし、大谷の豊かな自然は残っていた。アワビ祭りには約四〇cm四方ほどのトレイに直径二〇cmの大物も含め一〇個ほど山盛りになって一万円で売られていた。大型のアワビを一個だけ売ってもらい厚切りにしバター焼きにして醤油をかけて食べた。潮水を冠った田んぼはボランティアと共に除塩し、津波の年の秋には収穫できたという。いただいたお米はとても甘く感じられた。浜沿いはガランとして何もなくなったが、森も田んぼも海も、前と同じように豊かな恵みを与えてくれている。今、防潮堤防の計画が被災地いたるところに持ち上がり、海と陸を隔てようとしている。地元の漁師たちは、昔は護岸工事をしていない磯がたくさんあり、そこには魚やアワビが一杯いた、コンクリートの堤防は要らない、と言っていた。経験的ではあるが　漁師さんたちの多くは陸上生態系と沿岸の海洋生態系にはなにか強い相互作用があることを感じている。海にしても森にしても自然の発する声に耳を傾け、自然のメカニズムに沿った形で、農林水産業をやっていこう、その方がここで永く生計を立てていくことができることを世代を超えた長い経験で知っているのだ。

三陸の豊かな自然の恵みを活かした復興をどう実現していったら良いのか二人の小野寺さんと何度か話し合った。まずは、同じ想いをもつ東北の林業関係者を呼んで語り合おうということで、震災から半年経った九月二一日に気仙沼市本吉町大谷で「森の多様性とその恵み——山持ち・製材屋・大工・建具屋の連携で震災を越えよう」といったシンポジウムを行った。当日は台風の直撃と大潮が重なり暴風雨と高波で大荒れだったが、東北各地から駆けつけてくれた人たちが皆熱い想いを述べ合った。まずは、宮城県庁の小杉さんは地元の木材を使った復興住宅の建設に対して公的支援の枠組みを示した。それに対し地元の森林組合からも強い期待が述べられ、地産地消型の木材住宅建設が長い復興には重要だという考えで一致した。しかし、そうきれいごとでは進まない。大手住宅メーカーが安さや耐震性をアピールした簡易鉄骨住宅などでどんどん進出しているのが現状だ。長い時間をかけていくしかないようだ。また地元本吉町の大田和山組合の大江組合長は地域の人たちがまとまって共有林を長く維持してきた歴史から、地域の連帯が森を守ることに繋がることを静かな口調でお話しになった。大谷中の小野寺先生は子どもたちが海や森の生態系の仕組みやその機能を学ぶことを通じて次世代に繋がる長期的な復興をしていきたいと述べられた。二人の話から感じられたのは、ここには身の回りの自然を大事にしようという熱意ある人々がたくさん居るということである。このような地域では子どもから大人まで世代を超えた人たちが共通の認識を持って地域の生態系の管理をやって行けるであろう。例えば、共有林のスギ林についても、針広混交林化が生態系機能の向上につながることを子どもから老人まですべて理解していけば、長期的な管理方針が全体の納得尽くで決まりそうな気がする。そうなれば、森の仕組みを理解した森林経営が行われ、地域に馴染んだ森林景観が創られていくだろう。

被災地の林業や林産業の復興はとりもなおさず東北全体の問題でもある。隣県の秋田・山形からは共に解決して行こうという応援演説があった。すでに見てきたように、東北地方は森林面積が広い割には人工林率が低く広葉樹資源が多い。しかし、一山なんぼの買い取り林産でパルプチップに売られるのがほとんどである。秋田県では、広葉樹を用途に応じて樹種ごとに分けて流通させるシステムを作り始めている。一つ一つの樹種ごとに選別して少しでも高く売ろうというものである。しかし、東北の広葉樹産業はその担い手になっていけるほど成熟していないのが現実である。秋田・山形・宮城の県庁の人たちに伺うと、大手や中堅の家具・建具メーカーはほとんど例外なく外材を使用しているようだ。県産材を挽く数少ない製材工場を見学させてもらい、出荷先を聞くと「すべて県外」という答えであった。どうも東北は素材の産地であり、せいぜい乾燥・製材までである。東北の広葉樹は素材として中部・関東・関西に売られ、そこで椅子・机・テーブルなどに加工されブランド品として日本中・世界中に売られている。東北地方は素材を生産し安く売るだけの地方なのだ。これからは、針葉樹でも広葉樹でも地元産の木材を加工し付加価値を高めた製品を地元で作る必要がある（図10・1）。そういった実態を熟知している森林総合研究所東北支所長の山本さんは東北の森林資源を震災を機に見直し新しい利用方法を試みるべきだと指摘し、東北大の伊藤教授も森の魅力をブランド化することが必要だと強調した。多様な樹種の個性を活かした広葉樹の木材産業はまだ東北には少ない。小規模零細な個人商店はあるにはあるが、産業として多くの人たちの生活の糧にはまだなり得ていない。長期的な復興を目指すには被災地にも広葉樹を活かした産業を作っていく必要がある。

シンポジウムの最後にはわざわざ信州から一〇時間以上かけて駆けつけてくれた有賀恵一さんに家具作りのイロハについて講演していただいた。その後、たくさんの家具・建具を囲んで車座の懇談会をした。いろいろダンス、いろいろドアなども持って来てくれた。集まったのは皆林業・林産業の関係者なので、主要な樹種の材色はおよそ知っている。しかし、あまり使われていない果樹や低木の色合いを見て驚いていた。それればかりか、それらの組み合わせによって醸し出される色合い風合いの美しさに感嘆していた。これがいつもパルプチップに売られている材だとは思えなかった、と参加者の何人かが言っていた。この時、会場には地元の大工さんたちは出席してはいなかったが、三陸沿岸には気仙大工とよばれる腕の良い大工が大勢いる。松やスギの大径材をつかった豪壮な住宅や細かい装飾の技で知られている。学校や社寺の山門や大塔といった大きなものから、書院の欄間や茶箪笥までつくる技能集団である。今は数は少なくなったが三陸沿岸一帯の大工さんや建具屋さんにはその血がまだ色濃く残っている。

広葉樹の家具や建具に興味のある大工さんや建具屋さんがいれば、有賀さんが作っているようなドアや食器棚、テーブルや椅子、そして引き出し、タンスなどを作っていけるだろう。職人さんを育てていけば、将来、地元だけでなく海外などにも売れるようなものを作れるようになるかもしれない。デザインや色の組み合わせの水準を高めることによって、被災地の需要を超えて広く国内各地・国外にも市場を開拓できるかもしれない。そうすれば将来的にも雇用が促進され生活が安定するものと考えられる（図10・1）。当面は地元の広葉樹材などの択伐材を使い、いずれ、針広混交林化した林から抜き切りで伐るようになればよい。

津波から一年半、南三陸町の少し奥まった高台の小さな集落に新しく家が建てられていた。丸平木材で低温乾燥された地元のスギで作られていた。梁はアカマツの少し曲がった木を使っていた。自身も家を流されたという気仙大工の棟梁は「今時、こんな家を建てられるのは幸せだ」と言っていた。釘を使わない凝った造作を随所に見せ、一時間以上も熱心に説明してくれた。このような家は一〇〇年も二〇〇年も大丈夫だという。地道な復興が進んでいる。宮城県北部の栗駒にある木材会社ではスギ林を強度間伐し広葉樹との混交林化を実践していた。民間会社でも、種多様性の復元を試みている人が居ることに驚きを覚えた。家を流された羽賀さんの針広混交林も順調に成長を続けているようだ。これから、地道な復興が始まるのである。まず、当面は、今使われないで山に眠っているスギ材を地元の製材工場が挽いて、乾燥させ、地元の大工が復興のための住宅を建てていくことが大事だ。いずれ、復興のための住宅は建ってしまうだろう。そこに入れる家具や建具も地元の広葉樹で作っていくことによって、すぐれた広葉樹材の家具・建具をつくる職人が地元に根付けば、長期的な復興につながるだろう。そして、それが東北全体のモデルにもなるだろう。このような枠組みは震災復興と銘を打ってあるが、それはキッカケであって、震災がなくとも今の日本、今の世界のどこでもやっていかなければならないことなのだと思う。それを被災地、東北でやっていこうとしているだけである。何しろ、東北にはまだ、豊かな自然が残されている。遅くはない。

東北だけではない。もともと、日本には至る所に木工文化の伝統が息づいている。欄間、寄木細工、臼や杵、こけしや茶碗、茶筒などを作っている人たちが大勢いる。また、木の椅子やテーブルなどを手作りしている芸術家肌の人たちも多い。海外でも木工品を見るが、日本の技術の高さは息を呑むものが多い。しかし、日本の広葉樹産業、広葉樹の木工芸産業は大きく停滞している。世界に冠たる技術が残っているうちに手を打って、あらゆる広葉樹利用を考えて伝統的な意匠ももちろんだが新しいデザインで世代や国境を超えた家具・建具などを作っていけないものかと思う。特に、長持ちする無垢材を使ったものをもっと安く多くの人に使ってもらいたい。そのためには森林管理や林業のやり方を根本的に変え、持続的に大量の広葉樹が供給されるシステムを地道につくっていくしかないだろう。夢のような話だと笑われそうだが、そうすれば、日本の樹木・木材の文化が花咲くだろう。そして、本当の森林国として世界の見本になれるような気がする。

あとがき

この本では、天然の森がゆっくりと出来上がる仕組み、そしてその恵みを明らかにすることによって、現代人がやっきになって追い続けてきた「効率」を根本から問い直したかった。森の声に耳をすませば、なにが効率的かが分かるような気がしてこの本を書き進めてきた。

森が創られる仕組みは複雑にして精妙である。長い時間をかけて多くの種が共存する森が創られる。森を取り巻く温度や降水量そして土壌条件などの無機的な環境はもちろん、さまざまな生き物たちとの関わり合いによってゆっくりと出来上がるのである。そうして出来上がった森は汲めども尽きぬ恩恵を我々に与え続けてくれる。それは、多くの生き物たちが共に働くことによって初めて力を発揮できるのだ。しかしながら、我々人間は大量の木材をすぐに欲しがった。まるで、小麦やトウモロコシを作るのと同じやり方で、一種類の木だけを大面積に植えてきた。このような自然には存在しない人工の森は人間が手を入れ続けなければ、自ら崩れていく。病虫害が頻発し、暴風や豪雨でひっくり返ってしまう。これは自然が悪さをしているのではない。森自らが多様な生物が共存する生態系を取り戻そうとしているのである。本来の森の姿を取り戻すことによってさまざまな恵みをもう一度、我々に与えようとしているのだ。そのことにようやく気付く時がやってきたのである。自然のメカニズムに沿って、生物多様性を維持しながら森林を管理するのが最も合理的であり、長い目で見たら効率的だということがようやく分かってきたのである。

近代文明はすべてにおいて「効率的である」ことを求めてきた。しかし、それが自然のメカニズムに沿ったものかどうかを考える暇がなかったような気がする。地球は丸ごと生きた生態系であり、その中でも高度に発達した森林生態系に学ぶことは多い。森林生態系のように一見複雑だが合理的で効率的なシステムをよく理解すれば、東京などの大都会は地球という生態系のどこにも属さない、まるで中空に浮いた人造システムだということが良く分かる。コンクリートでできたビルを高層化・密集化させ、人の密度を極端に高くし、なにかしら経済的な効率を求めている。温度も光も水までもすべて人工的に制御し、衣食住、生活に必要なすべてが遠くから運ばれてくる。この危うい人造システムの維持に欠かせないのが電気だが、その供給には原発やその廃棄物処理場を必要とし、そして、それらは東京から離れた自然豊かな所に作られたのである。このような「効率的なゾーニング」によって自然のシステムの中で暮らしてきた「あまり効率的でなかった」人たちが汚染されたのである。地球生態系のシステムに反する者が被害を押し付けながらますます富み、生態系の枠組みに沿って暮らしている者が損をするような社会システム・経済システムが今、世界中で拡大している。こんな不平等な、そして偏ったシステムはもう終わりにしたいものだ。

都会に住んでいても、原発に引け目を感じ、自然豊かな所に移り住みたい人は大勢いる。学生時代の友人も研究室を卒業した学生たちも、みんな山や森が好きだったが、ほとんどの人は大都会に吸い込まれていった。コンクリートに囲まれ日々を過ごしている。都会に仕事が集中しているため都会に住まざるをえなかったのだ。今や、東京だけでない、地方都市でも自然はどんどん減り、その代わりビルは毎年高くなり、コンクリートの占める割合が増えている。ほとんどの日本人は、普段の日常生活では豊かな自然どころか土のにおいや草熅(くさいき)れなども感じられない生活を送るようになった。その代わり、休日は出来る限り自然豊かな所で過ごす人も多いだろう。仕事や住居は都会で、豊かな自然を感ずる所は郊外の公園か、観光地か山奥の世界遺産だったりするのが普通だ。特に都会の人ほど、生物多様性の保全に賛同協力し、また世界自然遺産を喜んで見にいくのはそのためだろう。このままでは、行き着くところ、住む所は都会、自然は山奥で守る。そして田舎はエネルギーや木材を効率的に生産する場所といった極端な住み分け、ゾーニングが進んでいくような気がする。まさに、「ゾーニング」という言葉は現代社会を蝕み続ける「効率化」の言い訳のように使われる言葉だ。もう騙されてはいけない。短期的な経済の効率と長い目で見た地球生態系や森林生態系の効率は、そもそも原理が異なるのである。どちらに従って生きていくのかを、未来の子どもたちのためにも我々は選択していかなければならない。

なによりも、まず、我々は、「普段の生活」に豊かさを取り戻さなくてはならない。毎日見る日常の風景が失われて久しい。近所の小川が消え、庭先から小鳥たちが消えた。車にのって遠くに出かけなければ、野鳥も魚も蝶も見ることが出来ない空間とはなんなのだろう。放射能で汚染させてまでイルミネーションで飾る都会はなんなのだろう。もう、気付いてもよい頃だ。遠くに行かなくても、家の近くに木々があれば、木陰で昼寝をしたり本を読むことも出来る。日常にもう少し自然を、木々を、森を取り戻さなければならない。日常生活にも生態系の機能を取り入れながら住めないものかと最近つくづく思う。東京のような大都会はもう解散すべきだろう。田舎に分散し地方でエコな生活を取り戻した方がどんなに住み易くなり、気持ちが豊かになるだろう。

要するに、効率化そのものは悪いことではないが、自然のメカニズムに沿った効率化を考えるべきなのだ。地球は人間だけでなく、多様な生物が共存している「生態系」なのである。一緒に共存する生物の力、生態系の力をもっと取り入れた方が「効率的」なのである。人間も生物社会の一員だ、ということを頭に入れて、生物社会の論理の中で、また、生態系の循環や連鎖の中で生きて行くすべを身につける時期に来ている。そうは言っても、我々は、長い間、人間の都合だけを考えた生産システムや生活スタイルを作り上げてきた。たとえ、それが破綻の予兆をみせてきたとしてもそれは経済的な問題にすりかえて、根本的な解決に目を瞑ってきた。この本で書いてきたような生態系の仕組みや機能をたとえ理解したとしても、いつも、目先の効率化に追いまくられて来た科学技術者にとって、その呪縛から離れることはそう容易なことではないだろう。

星の王子さまに次のような一節がある。この本で言いたかったことをうまく言い表してくれているので長いが引用する。

「こんにちは」と、王子様が言いました。「やあ、こんにちは」と、あきんどが言いました。それは、のどのかわきがケロリとなおるという、すばらしい丸薬を売っているあきんどでした。一週間に一粒ずつ、それをのむと、もう、それきりなにものみたくなくなる、というのです。「なぜ、それ売っているの？」と王子様がいいました。「時間がえらく倹約になるからだよ。そのみちの人が計算したんだがね、一週間に五十三分、倹約になるというんだ」とあきんどが言いました。「で、その五十三分て時間、どうするの？」「したいことするのさ……」〈ぼくがもし、五十三分って言う時間、すきに使えるんだったら、どこかの泉のほうへ、ゆっくり歩いてゆくんだがなあ〉と、王子様は思いました。

（星の王子さま、サン＝テグジュペリ作、内藤濯訳、岩波少年文庫）。

今や、湧き水も自販機から出てくるようになった。渇きを癒す丸薬が出て来てもおかしくはない。なにせ最近の都会には泉を作るより丸薬の方が良く似合う。少しずつだが、便利さに麻痺して来たような気がする。そろそろ、目先の効率化と自然のメカニズムに沿った真の効率化を区別する能力を身につけなければならない。自然に関わる産業に身を置くならどちらに委ねるのかを考えても良いだろう。すべてを自然に委ねることは無理にしても、自然がつくる真の効率的なメカニズムを科学的にしっかりと解明しそれを利用する技術が真の科学技術と呼べるものだろう。森林管理や林業のやり方も、結果が出るまでは時間が掛かるので、まあ、自分の代では手遅れでも、子どもや孫にはどのような姿の森林を引き継げるのかを今から深く考えて行くべきだろう。そして、子どもたちが森の恵みに囲まれて暮らしている光景を目に浮かべながら少しでも森を良くしていきたいものだ。

最後に、この本を書き始める直接のキッカケを与えてくれた二人の先輩に感謝したい。「世の中の人に役立って初めて良い研究といえる」と教えてくれたのは、磯焼けから豊かな海を取り戻すために日本中を講演して回った東北大の谷口和也先生である。産業を起こすには科学的な合理性が必要であることを日本中の漁協の方たちと共有しようとしていた。大型の冷蔵庫には五島列島から羅臼まで日本中の漁協から送られた高級魚が入っていて、いつも分けてくれた。もう一人は白血病と闘いながら山村の振興に力を振り絞っていた北大の夏目俊二先生である。誰よりも山の人で、実習では山芋づくりや炭焼きをしながら学生よりも楽しんでいた。森で働く人たちが自然を壊さずにどうしたら働き続けていけるかを考えていた。そして、カネやモノよりも、なによりも森とともに生きることそのものが幸せであると信じているような人であった。本書は夏目さんから見れば、頭でっかちかもしれない。でも、やはり一〇〇年後一〇〇〇年後を見据えて、山の人と一緒に実践していくしかない。震災直後に二人とも急に亡くなられ、もう話すことも教えていただくことも出来ない。残念だが、これからは具体的なことにどうにか着手していきたいと思っている。

この本はさまざまな人との出会いから出来上がっている。いちいち名前は挙げないが多くの方々に感謝したい。特に北海道林業試験場の先輩・後輩、東北大学の学生さんや先生方、技官の方々。国内外の大学などの森林研究者、技術者、行政の方。森林組合や製材工場、工務店、建具・家具屋の方々、製薬会社の方々。山間地の小さな商店の方々。逆に激励してくれた被災地の方々。本を書きなさい、と勧めてくれた菊沢喜八郎さん。山から木を伐り出し大きな作業場など何でも自分で作った父、庄右衛門。いつも自然の産物を愛おしそうに料理を作ってくれた母、晶子。最後に山あいの暮らしを一緒に楽しんでくれている妻、公子に心から感謝したい。

参考文献

序章　消えた巨木林　―生物多様性の喪失―

福岡イト子（1995）アイヌ植物誌　草風館
北海道大学北方資料室　北方関係資料総合目録（http://www.lib.hokudai.ac.jp/northern-studies/）
菅野弘一（1987）道産広葉樹製材の利用実態調査　林産試だより、北海道林産試験場
宮島寛（1985）雑木、インチ材から銘木へ―北海道の広葉樹評価の移り変り―　林産試だより、北海道林産試験場
岡田勝利（1980）北海道と雑木と私　北海道造林振興協会
大島正健（1993）クラーク先生とその弟子たち（大島正満・大島智夫補訂）教文館
太田猛彦（2012）森林飽和　国土の変貌を考える　NHKブックス、NHK出版
林業技術編集部（1995）戦後50年の林業生産活動「統計に見る日本の林業」　林業技術634、40-41
高橋丑太郎（1984）広葉樹に惚れて五十年　第一印刷出版株式会社
矢島崇・松田彊（1978）北海道北部針広混交林における主要樹種の生長について　北海道大学農学部演習林研究報告35：29-63

1章　病原菌が創る種の多様性

Hara M, Takehara A, Hirabuki Y（1991）Structure of a Japanese beech forest at Mt. Kurikoma, north-eastern Japan. *Saito-Ho-on Kai Mus. Res. Bull.* 59, 43–55

Janzen DH（1970）Herbivores and the number of tree species in tropical forests. ***American Naturalist*** 104, 501–528

今埜実希・清和研二（2011）Janzen-Connell モデルの温帯林での成立要因の検討　日本生態学会誌 61、319–328

Konno M, Iwamoto S, Seiwa K（2011）Specialization of a fungal pathogen on host tree species in a cross-inoculation experiment. ***Journal of Ecology*** 99, 1394–1401

Masaki T, Nakashizuka T（2002）Seedling demography of ***Swida controversa***: Effect of light and distance to conspecifics. ***Ecology*** 83, 3497–3507

Packer A, Clay K（2000）Soil pathogens and spatial patterns of seedling mortality in a temperate tree. ***Nature*** 404, 278–281

Packer A, Clay K（2004）Development of negative feedback during successive growth cycles of black cherry. ***Proceedings of the Royal Society of London B, Biological Sciences*** 271, 317–324

坂本直行（2000）私の草木漫筆　茗渓堂

Seiwa K, Miwa Y, Sahashi N, Kanno H, Tomita M, Ueno N, Yamazaki M（2008）Pathogen attack and spatial patterns of juvenile mortality and growth in a temperate tree, ***Prunus grayana***. ***Canadian Journal of Forest Research 38***, 2445–2454

Seiwa K（2010）Is the Janzen–Connell hypothesis valid in temperate forests? ***Journal of Integrated Field Science*** 7, 3–8

山倉拓夫（1998）熱帯林大規模長期観察計画―熱帯林研究100年の計―　地球環境 3、63–71

Yamazaki M, Iwamoto S, Seiwa K.（2009）Distance- and density- dependent seedling mortality caused by several fungal diseases for eight tree species. *Plant Ecology* 201, 181–196

2章　森を独占したがる種とそれを防ぐメカニズム

Dickie IA, Reich PB（2005）Ectomycorrhizal fungal communities at forest edges. *Journal of Ecology* 93, 244–255

Hood LA, Swaine MD, Mason PA（2004）The influence of spatial patterns of damping-off disease and arbuscular mycorrhizal colonization on tree seedling establishment in Ghanaian tropical forest soil. *Journal of Ecology* 92, 816–823

菊沢喜八郎（1983）北海道の広葉樹林　北海道造林振興協会

Klironomos JN（2002）Feedback with soil biota contributes to plant rarity and invasiveness in communities. *Nature* 417, 67–70

Mangan SA, Schnitzer SA, Herre EA, Mack KML, Valencia MC, Sanchez EI, Bever JD（2010）Negative plant–soil feedback predicts tree-species relative abundance in a tropical forest. Nature 466, 752–755

大園享司・鏡味麻衣子（編）（2011）微生物の生態学　共立出版

Seiwa K, Miwa Y, Akasaka S, Kanno H, Tomita M, Saitoh T, Ueno N, Kimura M, Hasegawa Y, Yamazaki M, Masaka K（2013）Landslide-facilitated species diversity in a beech-dominant forest. *Ecological Research* 28, 29–41

谷口 武士（2011）菌根菌との相互作用が作り出す森林の種多様性 日本生態学会誌、61：311–318

Tomita M, Hirabuki Y, Seiwa K（2002）Post- dispersal changes in the spatial distribution of *Fagus crenata* seeds. *Ecology* 83, 1560–1565

Tomita M, Seiwa K（2004）Influence of canopy tree phenology on understorey populations of *Fagus crenata*. *Journal of Vegetation Science* 15, 379–388

Ueno N, Suyama Y, Seiwa K（2007）What makes the sex ratio female-biased in the dioecious tree *Salix sachalinensis*? *Journal of Ecology* 95, 951–959

3章　環境のバラツキが種多様性を創る

Connell JH（1978）Diversity in tropical rain forests and coral reefs. *Science* 199, 1302–1310

Molino JF, Sabatier D（2001）Tree diversity in tropical rain forests: a validation of the intermediate disturbance hypothesis. *Science* 294, 1702–1704

Nagamatsu D, Seiwa K, Sakai A（2002）Seedling establishment of deciduous trees in various topographic positions. *Journal of Vegetation Science* 13, 35–44

寺原幹生・山崎実希・加納研一・陶山佳久・清和研二（2004）冷温帯落葉広葉樹林における地形と樹木種の分布パターンとの関係　複合生態フィールド教育研究センター報告20、21–26

Tilman D（1988）Plant Strategies and the Dynamics and Structure of Plant Communities. Princeton University Press

4章　森羅万象が創る多種共存の森

Bever JD, Dickie IA, Facelli E, Facelli JM, Klironomos J, Moora M et al.（2010）. Rooting theories of plant community ecology in microbial interactions. *Trends in Ecology & Evolution* 25, 468–478

Chesson PL（2000）Mechanisms of maintenance of species diversity. *Annual Review of Ecology and Systematics* 31, 343–366

Givnish TJ（1999）On the causes of gradients in tropical tree diversity. *Journal of Ecology* 87, 193–210.

Hubbell SP（2001）The Unified Neutral Theory of Biodiversity and Biogeography. Princeton University Press.

Imaji A, Seiwa K（2010）Carbon allocation to defense, storage, and growth in seedlings of two temperate broad-leaved tree species. ***Oecologia*** 162, 273–281

井上民二・和田英太郎編（1998）生物多様性とその保全　岩波講座　地球環境学5、岩波書店

Kitajima K（1994）Relative importance of photosynthetic traits and allocation patterns as correlates of seedling shade tolerance of 13 tropical trees. ***Oecologia*** 98, 419–428

Kohyama T（1993）Size-structured tree populations in gap-dynamic forest - the forest architecture hypothesis for the stable coexistence of species. *Journal of Ecology* 81, 131–143

中静透（2004）森のスケッチ　東海大学出版会

Seiwa K, Kikuzawa K, Kadowaki T, Akasaka S, Ueno N（2006）Shoot life span in relation to successional status in deciduous broad-leaved tree species in a temperate forest. *New Phytologist* 169, 537–548

Seiwa K（2007）Trade-offs between seedling growth and survival indeciduous broad-leaved trees in a temperate forest. *Annals of Botany* 99, 537–544

清和研二（2010）広葉樹林化に科学的根拠はあるのか？　―温帯林の種多様性維持メカニズムに照らして―　森林科学 59、3–8

湯本貴和（1999）熱帯雨林 岩波新書

II部　多種共存の恵み

5章　生産力を高め、人の生活を守る

Bardgett RD, Wardle DA（2010）Aboveground-belowground linkages. Biotic interactions, ecosystem processes, and global change. Oxford University Press

Cardinale BJ（2011）Biodiversity improves water quality through niche partitioning. ***Nature*** 472, 86–89

Haas SE, Hooten MB, Rizzo DM, Meentemeyer RK（2011）Forest species diversity reduces disease risk in a generalist plant pathogen invasion. ***Ecology Letters*** 14, 1108–1116

原秀穂（2004）カラマツ林に広葉樹が混交すると害虫の天敵類が豊富になる　グリーントピックス30

速水亨（2012）日本林業を立て直す 速水林業の挑戦　日本経済新聞出版社

東浦康友・中田圭亮（1991）１９７７～１９８６年に大発生したカラマツハラアカハバチによる被害と防除（２）天敵による死亡率　北方林業43、65–67

Higashiura Y（1991）Pest control in natural and man-made forests in northern Japan. ***Forest Ecology and Management*** 39, 55–64

Hooper DU, Chapin FS III, Ewel JJ, Hector A, Inchausti P, Lavorel S, Lawton JH, Lodge DM, Loreau M, Naeem S, Schmid B, Setala H, Symstad AJ, Vandermeer J, Wardle DA（2005）Effects of biodiversity on ecosystem functioning: a consensus of current knowledge. ***Ecological Monographs*** 75, 3–35

上条一昭（1973）コスジオビハマキの寄生性昆虫　日本応用動物昆虫学会誌17、77–83

環境省自然環境局（2007）クマ類出没対応マニュアル―クマが山から下りてくる―要約版

米田一彦（1998）生かして防ぐクマの害　農山漁村文化協会

箕口秀夫（1996）野ネズミからみたブナ林の動態―ブナの更新特性と野ネズミの相互関係―　日本生態学会誌 46、185–189

Mitchell CE, Tilman D, Groth JV 2002）Effects of grassland plant species diversity, abundance and composition on foliar fungal disease. ***Ecology*** 83, 1713–1726

Naeem S, Bunker WE, Hector A, Loreau M, Perrings C（2009）Biodiversity, Ecosystem functioning, & human wellbeing. An ecological and economic perspective. Oxford University Press

大橋章博、黒田慶子、齊藤正一、田中潔、肘井直樹、牧野俊一（2012）ナラ枯れ被害対策マニュアル　日本森林技術協会
恩田裕一（編）（2008）人工林荒廃と水・土砂流出の実態　岩波書店
佐藤孝夫（1987）広葉樹苗の根の伸長の季節変化　北海道林業試験場研究報告25、1–17
Scherer-Lorenzen M, Korner C, Schulze ED（2005）Forest diversity and function. Temperate and boreal systems. *Ecological studies* 176. Springer
鈴木重孝（1979）混交林と単純林とではハマキガとその天敵がどう違うか　光珠内季報39：18–22
Tilman D, Wedin D, Knops J（1996）Productivity and sustainability influenced by biodiversity in grassland ecosystems. *Nature* 379, 718–720
塚本良則（編）（1992）森林水文学 文永堂出版
津脇晋嗣・高山範理（2006）既存研究の整理による日本の森林の多面的機能に関する現状と課題—特に地球環境保全機能、水源かん養機能に着目して　森林総合研究所研究報告5、1–19
林野庁（2012）森林・林業白書

6章　さまざまな広葉樹の無垢の風合い

有賀恵一「日本の木」＝特徴と用途＝　有賀建具店パンフレット
原秀穂（1996）ハルニレの種子の害虫　光珠内季報101、4–7
Seiwa K（1997）Variable regeneration behavior of *Ulmus davidiana* var. *japonica* in response to disturbance regime for risk spreading. *Seed Science Research* 7, 195–207
柳宗悦（1985）手仕事の日本　岩波書店

7章　食と風景の恵み

萱野茂（2000）アイヌ歳時記　平凡社新書
真坂一彦・佐藤孝弘・棚橋生子（2013）養蜂業による樹木蜜源の利用実態―北海道における多様性と地域性―　日本森林学会誌95、15-22
坂本直行（1992）開墾の記（復刻版）北海道新聞社
志賀重昂（1976）日本風景論（明治28年）講談社学術文庫
砂沢クラ（1983）クスクップ　オルシペ　私の一代の話　北海道新聞社
舘脇操（1946）摘草百種（前・中・後）北方出版

III部　多種共存の森を復元する

8章　針葉樹人工林を広葉樹との混交林にする

浅井達弘（2011）無間伐トドマツ人工林の崩壊前後の林床稚樹のふるまい　シンポジウム「森林、そして生態学の未来を描く～フィールドから理論への出発点～」発表資料
藤森隆郎（2010）現場の旅 新たな森林管理を求めて　全国林業改良普及協会
深澤遊・九石太樹・清和研二（2013）境界の地下はどうなっているのか―菌根菌群集と実生更新との関係―　日本生態学会誌63：239-249
原秀穂（1995）タマゴバチによる森林害虫の生物的防除　光珠内季報100：22-25

北海道林業試験場（2006）植える本数を減らしてみませんか　北海道
菊沢喜八郎（1983）実験林に植えた広葉樹―かたまりで植えて混交林をつくる―　光珠内季報 56：6–9
「広葉樹林化」研究プロジェクトチーム（2010）広葉樹林化ハンドブック２０１０　森林総合研究所
中川昌彦、蓮井聡、石濱宣夫、大野泰之、八坂通泰（2011）広葉樹9種がパッチワーク状混植された林分の植栽後30年間の成績　日本森林学会誌93、163–170
日本樹木誌編集委員会（2009）日本樹木誌　日本林業調査会
清和研二（2013）スギ人工林における種多様性回復の階梯―境界効果と間伐効果の組み合わせから効果的な施業方法を考える―　日本生態学会誌63、251–260
Seiwa K, Kikuzawa K（1995）Optimum thinning ratio in a Japanese larch stand. *Proceedings of IUFRO International Workshop on Sustainable Forest Management*, 237–245, The University Forest of the University of Tokyo
Seiwa K, Watanabe A, Irie K, Kanno H, Saitoh T, Akasaka S（2002）Impact of site-induced mouse caching and transport behaviour on regeneration in *Castanea crenata*. *Journal of Vegetation Science* 13, 517–526
Seiwa K, Ando M, Imaji A, Tomita M, Kanou K（2009）Spatio-temporal variation of environmental signals inducing seed germination in temperate conifer plantation and natural hardwood forests in northern Japan. *Forest Ecology and Managent* 257, 361–369
Seiwa K, Eto Y, Hishita M, Masaka K（2012）Effects of thinning intensity on species diversity and timber production in a conifer（*Criptomeria japonica*）plantation in Japan. *Journal of Forest Research* 17, 468–478
Seiwa K, Etoh Y, Hisita M, Masaka K, Imaji A, Ueno N, Hasegawa Y, Konno M, Kanno H, Kimura M（2012）Roles of thinning intensity in hardwood recruitment and diversity in a conifer, *Criptomeria japonica* plantation: A five-year demographic study. *Forest Ecology and Management* 269, 177–187
森林施業研究会編（2007）主張する森林施業論　日本林業調査会

高原光・大住克博・平山貴美子・佐々木尚子（2013）温帯性針葉樹の植生帯での位置づけ—森林動態、古生態資料からの考察 — 第60回日本生態学会（口頭発表）
Utsugi E, Kanno H, Ueno N, Tomita M, Saitoh T, Kimura M, Kanou K, Seiwa K（2006）Hardwood recruitment into conifer plantations in Japan: effects of thinning and distance from neighboring hardwood forests. *Forest Ecology and Management* 237, 15–28
山田健四・八坂通泰・大野泰之・中川昌彦（2009）低密度植栽後24年間のグイマツ雑種F_1の成長　日林北支論 57、85–87
吉岡俊人・清和研二（編）（2009）発芽生物学　文一総合出版

9章　生物多様性を基軸に据えた境目のない曖昧なゾーニング

阿部信行（1990）ウダイカンバが侵入したトドマツ人工林の取扱い方法　光珠内季報79、15–19
Brockerhoff EG, Jactel H, Parrotta JA, Quine CP, Sayer J（2008）Plantation forests and biodiversity: oxymoron or opportunity? *Biodiversity and Conservation* 17, 925–951
本多勝一（編）（1987）知床を考える　晩聲社
梶山恵司（2011）日本林業はよみがえる　森林再生のビジネスモデルを描く　日本経済新聞出版社
川那部浩哉・水野信彦監修 中村太士編（2013）河川生態学　講談社
岸修司（2012）ドイツ林業と日本の森林　築地書館
長野県（2011）木造住宅の木材利用実態調査を行いました　長野県林務部プレリリース
農林水産省（2011）全国森林計画　林野庁ホームページ
岡田秀二（2012）「森林・林業再生プラン」を読み解く　日本林業調査会
大澤雅彦監修 日本自然保護協会編（2008）生態学からみた自然保護地域とその多様性保全　講談社

大田伊久雄（2005）海外における森林ゾーニングと我が国の機能類型区分　森林科学43：43‒50
Peterjohn WT, Correll DL（1984）Nutrient dynamics in an agricultural watershed: Observations on the role of a riparian forest. *Ecology* 65, 1466‒1475
清和研二（1990）林分生長量の林齢にともなう変化—カラマツ人工林における地位間の比較—　日林北支論38、53‒55
清和研二（2009）広葉樹林化を林業再生の起点にしよう—土地利用区分ごとの混交割合とその生態学的・林学的根拠—　森林技術811：2‒8
寺澤和彦・小山浩正（2008）ブナ林再生の応用生態学　文一総合出版
米山秀隆（2012）空き家急増の真実　日本経済新聞出版社

10章　森と人が共生する社会

伊藤好則（2012）樹と人に無駄な年輪はなかった　三五館
清和研二（2011）種の多様性を活かした林業の再生—震災を越えて—国際森林年：震災復興に林業・木材産業はいかに貢献できるか　農林水産叢書69、農林水産奨励会
徳野貞雄（2007）人口減少時代の農山村の〝ゆくえ〟　環境情報科学36、14‒19

あとがき

サン＝テグジュペリ（1953）星の王子さま　内藤濯（訳）岩波少年文庫

保護林　232
捕食性の天敵　103

【マ行】
埋土種子　181, 183, 199
毎日見る風景　161
薪　143, 246
魔法の効率　vi
マムシ　149
マユミ　127
慢性的なエサ不足　114
身近な風景　162
ミズキ　32, 33, 34, 35, 36, 37, 40, 44, 51, 126, 174, 187, 202
水浸透速度　89, 90
ミズナラ　4, 5, 8, 16, 41, 47, 48, 53, 54, 55, 57, 59, 63, 64, 71, 107, 113, 132, 134, 140, 174, 224, 232
ミズメ　140
水辺林　227
蜜源植物　157
密植　201
緑の回廊　210
ミミズ　91, 92
無間伐　87, 183, 187, 193
無垢　18, 126, 133, 142, 226, 256
銘木　135, 140
メグスリノキ　126
木材需要　218
木材生産機能　211
木質エネルギー　247
木工　256
森の民　147

【ヤ行】
野生動物　115
ヤチダモ　2, 16, 41, 76, 132, 140, 174, 224, 227
ヤナギ　14, 66, 228
ヤマナラシ　64
山の神　14
ヤマハンノキ　46, 60, 64, 65, 184
ヤマブドウ　4, 114
ヤマモミジ　3, 66
有害駆除　111, 113
優占種　140
優占度　52, 53, 59
有用広葉樹　135, 140, 223
ヨーロッパ　239
ヨコエビ　230
吉野スギ　203

【ラ行】
略奪林業　12, 135
両極端のゾーニング　211
良質材　189, 225
林縁　194, 195
林冠レベルで混交　97, 123, 190, 212
林業白書　80
リンゴ　127
林分施業法　235
林分全体の生産力　224
林齢　179
冷温帯林　46
列状皆伐　194
ローズウッド　134
路網の整備　211

冬眠窟　113
トガリネズミ　102
土壌環境の勾配　64
土壌中の空隙　91
土壌の容積密度　92
トチノキ　4, 54, 59, 64, 66, 76, 114, 134, 158, 224, 227
土地利用区分　xii, 208
トドマツ　97, 98, 171, 224
トレードオフ　69, 70, 73, 74
ドロノキ　2
トンビマイタケ　150

【ナ行】
苗木代　205
苗畑　12
ナシ　127
ナラ枯れ　107, 115
ニガキ　126
ニセアカシア　137, 153, 158
二段林施業　212
ニッチ分化　62, 73, 74, 76
二等地　224
日本神道　177
『日本風景論』　159
ニワトコ　154
ヌルデ　127, 131, 140, 185
熱帯雨林　21
根の密度　92
燃料林　248
年輪幅　192, 225

【ハ行】
ハクウンボク　126
はじめの一歩　245
パソー　67
蜂蜜　138, 150, 157
発芽　183
伐期　179
バッコヤナギ　174
伐採　179, 194
パッチワーク　201
馬搬　196
ハマキガ　97
ハマナス　155
速水林業　122
バラ科樹木　128
ハリギリ　i, 4, 15, 114, 140, 174, 232
ハルニレ　41, 46, 47, 66, 131, 143, 224, 227, 230
パルプチップ　127, 133, 139, 143, 225, 229
搬出　179,193
ハンノキ　140, 185, 228
光環境の勾配　64
微環境　64
非生物的な環境　62, 65, 75
ヒノキ　i, 76, 175, 177
ヒメネズミ　184
病原菌　25, 35, 51, 52, 56, 73, 109, 119
フォレスター　216
フキ　230
節　192
物質循環　vi
ブナ　i, 4, 32, 48, 52, 53, 54, 55, 56, 57, 59, 60, 64, 66, 76, 113, 146, 236
ブビンガ　134
鞭撻者　167
変動環境　117
萌芽更新　109
萌芽枝　192
萌芽林施業　108
防御　38, 72, 74
豊凶　32, 113
ホオノキ　32, 36, 37, 44, 47, 51, 54, 55, 57

スギ　i, 87, 177, 213
棲み分け　63
精英樹　201
生活の糧　220
生産コストの削減　189
生産力　84
生存の基盤　220
生存率　70
生態系機能　xi, 122, 123, 189, 216, 220, 224
成長率　70
生物社会の論理　260
生物多様性　ix, 83, 119, 123, 210, 220, 238
生物との相互作用　75
赤色光/遠赤色光比　186
施業の履歴　179
接種実験　36
遷移後期種（極相種）　48, 53, 59, 60, 66, 119
遷移初期種　47, 48, 60, 65, 119, 185
遷移中期種　186
先駆種　47
戦後の林業人　208
前生稚樹　187, 199
一〇〇〇年続く森　245
前歴（植栽前の植生）　179
雑木　140
造材・搬出のコスト　191
相利共生　49
造林学　viii
造林樹種　179
ゾーニング　xii, 208, 220, 221, 237, 248

【タ行】

大久商店　148
大樹候補木　176
大面積皆伐　ix, 227
太陽の放射エネルギー量　68
択伐　13, 234
ダケカンバ　46, 65, 128
多種共存の仕組み　20
立ち枯れ病　29, 42, 56
建具・家具　226
舘脇操　151
卵の死亡率　195
多様度指数　187, 188
タラノキ　174, 185
単純林　65, 211
淡水魚　229
炭素吸収量　191
団粒構造　90
地位　222, 226
地域完結型　248
地下水汚染　87
地球温暖化防止　191, 215, 247
治山ダム　227
チャンチン　131
中規模攪乱　65, 188
中立説　74
超疎植　205
長伐期化　211
直接流出　89
貯蔵物質　72
直径成長　191
突板　16
『摘草百種』　151
ツル　115, 128
低温乾燥　142, 250, 255
低木　127
低密度植栽　205
テルマン　84, 93, 105, 223
天敵　97, 98, 101, 137, 195
伝統的な狩猟　116
天然林　234, 235

最先端科学　245
再造林　203, 222
最大高　68
最多密度　173
在来種　165
坂本直行　30, 154, 165
サクラ　44, 114, 140
里山　108, 141
砂防ダム　227
サホロ岳　231
サルナシ　114, 128
サワグルミ　64, 227
サワシバ　227
三極分化　214
三等地　224
三陸　248
シウリザクラ　127
シオジ　133, 227
志賀重昂　159
自鏡山　i, 14, 54
地すべり　59, 60
自然枯死線　173
自然の自律的な再生　175
自然の復元力　175
自然力による種多様性の復元　171
下刈り　204
質朴な自然観　178
シデ　140
シナノキ　15, 153, 158, 174
弱度間伐　87, 188, 191, 193
ジャンゼン―コンネル仮説　24, 27, 32, 44, 48, 51, 52, 57, 58, 73, 74, 76, 137
収量―密度図　171
シュガーメープル　155
宿主選択性　35
宿主範囲　100
修験道　14
種子散布　43, 74
種子の供給　181
種子発芽　185
樹種　33, 200
種数　187, 188
種多様性　39, 65, 67, 109, 117, 188
種特異性　34, 35, 36, 39, 42, 73
純林　46, 48, 51
小径材　133
照査法　234
硝酸態窒素　84, 85, 94, 95
尚武沢　87, 93
植栽密度　203
食物連鎖　vi, 228, 230
食葉性昆虫　195
シラカシ　107
シラカンバ　46, 47, 65, 71, 128, 174
知床　210
神域　177
針広混交林　ix, xii, 88, 174, 176
人工植栽　200
人工林　iii, 198
真の効率化　261
針葉樹人工林　ix, 12, 170, 174, 179
森林・林業基本法　209
森林・林業再生プラン　211, 214, 220
森林管理　119
森林計画制度　209
森林構造仮説　69
森林生態学　viii
森林施業の集約化　211
森林認証制度　121, 123
森林の有する多面的機能　80
森林面積　198
水源涵養機能　88, 96, 191
水質浄化機能　96, 191
水生昆虫　228
巣植え　206

カスミザクラ　41, 202
下層植生　96
下層土　86
過疎化　115, 240
渇水　87
カツラ　15, 64, 227
花粉発生源対策　213
花木　163
カラマツ　101, 102
カラマツハラアカハバチ　102
カレイ　230
環境の駆動力　76
環境のバラツキ　117
環境要求性　65
乾燥　142
カンバ　184, 185
間伐　iv, 87, 179, 183, 188, 189, 205
希釈効果　107
寄生性昆虫　98
寄生蜂　99, 195
基底流出　89
キハダ　114, 158
ギブニッシュ　67, 70, 73
ギャップ　29, 52, 57, 64, 66
境界効果　196
共生　xii, 52
強度間伐　87, 122, 187, 188, 191, 193
郷土樹種　165
強度の抜き切り　178
巨木　iii, 1, 5, 14, 18, 167, 231, 233
菌根菌　48, 49, 51, 52, 74, 119, 202
菌糸ネットワーク　49, 50, 51, 53
近代農業　117
グイマツ雑種F1の密度試験　204
空間スケール　75
クズ　128, 153
クヌギ　107, 141
クマゲラ　175, 236
クマ　110, 112, 113
クリ　4, 16, 32, 52, 63, 64, 114, 132, 140, 224
栗駒山　26, 54, 58
黒森　31, 42, 51
経営目標　189
経済的な効率　v, vii
経費節減　205
気仙大工　254, 255
ケヤキ　i, 132, 134, 140, 224
ケヤマハンノキ　14, 71
堅果（ドングリ）　113
原始の森　159, 166
原子力発電　v
原始林　1, 30
ケンポナシ　131
洪水　87, 227
降水量　68
後生稚樹　187
コウヤマキ　177
広葉樹　179, 182, 193, 224, 256,
効率　v, 257, 258, 259, 260, 261
高齢化　116
高齢者　241
心の糧　221
コシアブラ　126, 140, 183
コナラ　i, 5, 52, 107, 114, 141, 184, 202
コハウチワカエデ　64
コブシ　126
コリドー　210, 232
コレトトリカム–アンスリサイ　35, 36
コンクリートから木材へ！　214
根系層　85, 86
混交林　48, 179, 198, 201, 223, 255

【サ行】
材積成長量　191

索引

【ア行】

アーバスキュラー菌根菌　202
アイスキャンデー　155
アイヌ　9, 14, 155
アオダモ　32, 33, 34, 35, 36, 37, 51, 63, 64, 66, 140, 224
アオハダ　183
アカエゾマツ　4
アカシデ　60, 63, 64, 65
アカネズミ　102, 184
アカマツ　46, 76
亜高木　127
アサダ　131
アザミ　158
アズキナシ　47, 127
遊び場　227
アラカシ　107
有賀建具店　125, 225
アンズ　127
アンモニア態窒素　84, 85
育成単層林　211
育成複層林　211
伊勢神宮林　175
イタヤカエデ　32, 41, 44, 47, 54, 59, 64, 66, 71, 155, 224
イチイ　140
一等地　222
一桧山　23, 63, 67
遺伝的多様性　109
イヌエンジュ　140, 224
イヌシデ　i
いろいろダンス　129, 136
いろいろドア　130
植え付け代　205
ウエンジ　134
ウダイカンバ　46, 128, 224
内村鑑三　6, 167
ウメ　127
埋もれ木　129
ウリハダカエデ　202
ウルシ　125, 131, 140
ウワミズザクラ　26, 29, 31, 33, 34, 35, 36, 37, 41, 42, 51, 54, 64
栄養段階　74
エゾマツ　8
おいしい水　95
オオイタドリ　155
オオウバユリ　154
オーク突然死病　106
オオスズメバチの焼酎漬け　150
奥地林　231
オサムシ　103
落ち葉　91, 229
お茶の代用品　153
オニグルミ　174, 224, 227
オノエヤナギ　46, 153
帯状皆伐　194
温度の日較差（変温）　186

【カ行】

外生菌根菌　202
階層構造　69, 164
害虫の大発生　97
快適環境形成機能　213
買い取り林産　139, 141, 253
皆伐　8, 188
外来種　137, 163
街路樹　163, 164
カエデ　i, 131
拡大造林　ix, 8, 93, 215, 227, 248
果樹　127

著者紹介：清和研二（せいわ　けんじ）

1954年山形県櫛引村（現 鶴岡市黒川）生まれ。月山山麓の川と田んぼで遊ぶ。

北海道大学農学部卒業。北海道林業試験場で広葉樹の芽生えの姿に感動し、種子の散布から発芽・成長の仕組みを研究する。近年は多種共存の不思議に魅せられている。

針葉樹人工林の施業にも長く関わり、生態系と調和した1000年続く林業を夢見る。戦後開拓の放棄田跡に住み、クマ・カモシカ・タヌキ・キジ・コルリ・マムシ・オニヤンマなどとの生活圏の境界の曖昧さに一喜一憂しながら暮らしている。

趣味は焚き火、植物スケッチ、食物の採取と栽培、木工、ハンモック。

現在、東北大学大学院農学研究科教授（seiwa@bios.tohoku.ac.jp）。

著書に『樹は語る』『樹に聴く』（以上、築地書館）、編著・共著に『発芽生物学』『森の芽生えの生態学』（以上、文一総合出版）、『日本樹木誌』（日本林業調査会）、『樹木生理生態学』『森林の科学』（以上、朝倉書店）、『樹と暮らす』（築地書館）など。

多種共存の森——1000年続く森と林業の恵み

2013年11月10日　初版発行
2021年 1 月28日　2刷発行

著者　清和研二
発行者　土井二郎
発行所　築地書館株式会社
東京都中央区築地7-4-4-201　〒104-0045
TEL 03-3542-3731　FAX 03-3541-5799
http://www.tsukiji-shokan.co.jp/
振替 00110-5-19057
印刷・製本　シナノ印刷株式会社
装丁　Boogie Design

 ISBN 978-4-8067-1467-5 C0045

●築地書館の本

◎総合図書目録進呈。ご請求は左記宛先まで。
〒一〇四―〇〇四五　東京都中央区築地七―四―四―二〇一　築地書館営業部

樹に聴く　香る落葉・操る菌類・変幻自在な樹形

清和研二［著］二四〇〇円＋税

芽生えや種子散布に見る多様な樹種の共存、種ごとに異なる生育環境や菌類との協力、人の暮らしとの関わりまで。

ケヤキ、サワグルミ、カツラ、ブナ、コブシなど日本の森を代表する一二種の樹それぞれの生き方を、一二〇点以上の緻密なイラストとともに紹介する。

樹は語る　芽生え・熊棚・空飛ぶ果実

清和研二［著］二四〇〇円＋税

発芽から芽生えの育ち、他の樹や病気との攻防、花を咲かせ花粉を運ばせ、種子を蒔く戦略まで。

ハルニレ、シラカンバ、イタヤカエデ、ウワミズザクラなど日本の森の一二種の樹木を、その生きる場所ごとに八〇点を超える緻密なイラストで紹介する。

樹と暮らす　家具と森林生態

清和研二＋有賀恵一［著］二二〇〇円＋税

これからの日本列島で、樹を育て、使っていく豊かな暮らしとは、どのようなものなのか。

「雑木」と呼ばれてきた六六種の樹木の、森で生きる姿とその木を使った家具・建具から、森の豊かな恵みを丁寧に引き出す暮らしを考える。

植物と叡智の守り人

ネイティブアメリカンの植物学者が語る科学・癒し・伝承

ロビン・ウォール・キマラー［著］三木直子［訳］

三二〇〇円＋税

ニューヨーク州の山岳地帯。美しい森の中で暮らす植物学者であり、北アメリカ先住民である著者が、自然と人間の関係のありかたを、ユニークな視点と深い洞察でつづる。